“十三五”职业教育规划教材

环保设备

相会强　苏少林　主　编

武彦生　朱海波　冉治霖　李　欢　副主编

高红武　主审

中国环境出版集团・北京

图书在版编目（CIP）数据

环保设备/相会强，苏少林主编. —北京：中国环境出版集团，2020.1（2025.1 重印）
（“十三五”职业教育规划教材）
ISBN 978-7-5111-3536-0

Ⅰ. ①环… Ⅱ. ①相… ②苏… Ⅲ. ①环境保护—设备—高等职业教育—教材 Ⅳ. ①X505

中国版本图书馆 CIP 数据核字（2018）第 029640 号

责任编辑 侯华华
封面设计 宋 瑞

出版发行 中国环境出版集团
（100062 北京市东城区广渠门内大街 16 号）
网 址：http://www.cesp.com.cn
电子邮箱：bjgl@cesp.com.cn
联系电话：010-67112765（编辑管理部）
010-67112735（第一分社）
发行热线：010-67125803，010-67113405（传真）
印 刷 北京中科印刷有限公司
经 销 各地新华书店
版 次 2020 年 1 月第 1 版
印 次 2025 年 1 月第 3 次印刷
开 本 170×230
印 张 16.5
字 数 304 千字
定 价 63.00 元

前　言

随着世界人口的增长、工农业生产快速发展和科学技术的不断进步，环境保护和环境污染治理问题越来越引起人们的关注。环境保护事业的发展，促进了环保设备制造业的迅速发展。环保设备在环境污染治理工程中起着关键作用，做好环保设备的选择、运行与维护管理工作是污染治理工程正常运行的重要保证。本书针对高等职业技术教育的特点，在内容安排上力求简明、实用、系统、全面，体现规范、必需、够用的原则，具有适时的先进性和较好的教学适用性。

本书结合环境污染治理工程的特点，全面、系统地介绍了常用环保设备的工作原理、结构组成、规格参数、安装及应用维护等知识。全书共分 7 章，由浅入深重点论述了水、大气、噪声及固体废物污染的治理设备。

本书由深圳信息职业技术学院相会强、杨凌职业技术学院苏少林担任主编。由昆明冶金高等专科学校武彦生、杨凌职业技术学院朱海波、深圳信息职业技术学院冉治霖、长沙环境保护职业技术学院李欢担任副主编。编写分工为：第 1 章，冉治霖；第 2 章，李欢；第 3 章，武彦生；第 4 章、第 5 章，相会强；第 6 章，朱海波；第 7 章，苏少林。全书由相会强负责统稿，高红武主审。

本书在编写过程中，编者参考并引用了大量文献资料，在引用这些资料中的图、表时，因篇幅容量所限，没有一一标注其来源，笔者恳请被引用者予以谅解，在此向所有被引用的参考文献的作者们致以诚挚的敬意!

由于编者水平有限，加之时间仓促，书中难免出现错误和纰漏，敬请广大读者予以批评指正。

编　者

2018 年

本教材为国家精品课程“环境保护设备及其应用”配套教材，课程链接：https://icve-mooc.icve.com.cn/cms/courseDetails/index.htm?classId=ba831999a45a2f85b2cacfb025642614

课程链接及课件申请邮箱：hit88@163.com

目　录

第1章 绪 论

1.1 环保设备的概念

当前的环保产业主要包括环保设备制造、环境工程建设和环境保护服务及自然生态保护三大部分。环保设备是环境保护设备的简称，是以控制环境污染为主要目的的设备，是水污染治理设备、空气污染治理设备、固体废物处理处置设备、噪声与振动控制设备、放射性与电磁波污染防护设备的总称。环保设备制造业是环保产业的主体。

1.2 环保设备的分类

1.2.1 按设备的功能分类

环保设备按设备功能分类可分为水污染控制设备、大气污染控制及除尘设备、固体废物处理设备、噪声与振动控制设备、环境监测及分析设备、采暖通风设备、放射性与电磁波污染防护设备。

1.2.2 按设备的性质分类

①机械设备：各种用于治理污染和改善环境质量的机械加工设备，如除尘器、机械式通风机、机械式水处理设备等。机械设备是目前环保设备中种类及型号最多、应用最普遍、使用最方便的环保设备。

②仪器设备：包括大气监测仪器、水质自动连续监测仪器、噪声监测仪器及环境工程实验仪器4种。

③构筑物：为治理环境而用混凝土、钢筋混凝土、玻璃钢或其他材料建造的设施，如各种沉沙池、沉淀池、塔滤、生化处理池等。

1.2.3 按设备的构成分类

①单体设备：是环保设备的主体，如各种除尘器、单体水处理设备等。

②成套设备：是以单体设备为主，与各种附属设备（如风机、电机等）组成的整体。

③生产线：是指由一台或多台单体设备、各种附属设备及其管线所构成的整体，如废旧轮胎回收制胶粉生产线。

1.2.4 按设备的通用性分类

①通用设备：已定型的可用于环境污染治理的设备，如各类水泵、风机等。

②专用设备：为去除某种污染而选取或开发的设备，如吸收塔、填料塔等。

1.3 环保设备选择与设计的原则

1.3.1 定型设备的选择

定型设备，也称标准设备，如泵、风机、阀门等。这类设备有产品目录或样本手册，有各种规格牌号，有不同的生产厂家，国家有相应的技术标准，包括设备的型号规格、技术条件、使用条件、使用寿命、检测检验、适用范围等的规定，生产厂家均应执行国家标准。

定型设备选择的原则如下。

①合理性：必须满足处理工艺一般要求，与工艺流程、处理规模、操作条件、控制水平相适应，并能充分发挥设备的作用。

②先进性：设备的运行可靠性、自控水平、处理能力、处理效率要尽量达到先进水平，同时还应满足规划发展的要求，还要查看所配置的设备是否属于国家规定的淘汰产品。

③安全性：要求安全可靠、操作稳定、有缓冲能力、无事故隐患，既要考虑处理工艺对介质的要求，又要注意周边环境的要求。

④经济性：选用时应考虑设备的性价比。

1.3.2 非定型设备的设计

环境工程中需要专门设计的特殊设备，称为非标准设备或非定型设备。这类设备一般是设计者根据所处理对象（污染物）进行选取或开发，没有国家规定的技术标准。非定型设备设计原则与定型设备大致相同，主要的设计程序如下。

①根据工艺条件（流程）确定处理设备的类型。例如，生活污水采用活性污泥法处理时，曝气池和二沉池为常用构筑物；除尘时常用机械设备。

②确定设备的材质。根据处理的污染物、工艺流程和操作条件，确定适合的设备材料。如上述水处理工艺中常用的曝气池和二沉池一般采用钢筋混凝土材料；除尘机械设备采用钢铁材料；气态污染物处理设备一般采用不锈钢或工程塑料等防腐材料。

③汇集设计条件和参数。根据污染物的处理量、处理效率、物料平衡和热量平衡等条件，确定设备的负荷、操作条件，如温度、压力、流速、卸灰形式、工作周期等，作为设备设计计算的主要依据。

④选定设备的基本结构形式。根据各类处理设备的性能、使用特点和使用范围，依据各类规范、样本和说明书，参照环境保护产品认定技术条件，确定设备的基本结构形式。

⑤设计设备的基本尺寸。根据设计数据进行有关的计算和分析，确定处理设备的外形尺寸，画出设备简图。

⑥进行结构计算。参考化工设备设计计算手册、机械设备设计手册等资料，进行结构计算，明确设计使用寿命。

⑦按照有关国家标准，进行非标准设备图纸的制作，提出制作技术要求。

第2章　管道、阀门

管道、阀门和管件都是流体输送系统中的重要组成部分。管道不仅大量用于污水、废气及其他各种流体的输送，还被用作许多环保设备的内部构件或零部件，如曝气池的曝气管、隔油池的集油管、换热器的蛇形管和列管、消声器的内外管，以及各种处理设备的配水管、配气管等。阀门是截断、接通流体（含粉尘）通路或改变流向、流量及压力的装置，具有导流、截断、调节、节流、防止倒流、分流或卸压等功能。储罐、过滤池、压缩机、泵等环保设备上都要安装各种各样的阀门，以便系统的正常使用和这些设备的维修、更换。

2.1　管道

目前市场上管道可分为金属管、非金属管、复合管 3 类。金属管主要有钢管、铸铁管、有色金属管；非金属管主要有塑料管、混凝土管和玻璃钢管；复合管主要有塑塑复合管、钢塑复合管、铝塑复合管。

2.1.1　金属管

2.1.1.1　钢管

钢管包括无缝钢管、焊接钢管、镀锌钢管。

①无缝钢管，包括一般无缝钢管和不锈钢无缝钢管。

一般无缝钢管用普通或优质碳素钢、普通低合金钢和合金结构钢轧制而成，可用于输送一般无腐蚀性介质的液体，温度适用范围为−40～475℃。

不锈钢无缝钢管采用国家标准《不锈、耐酸钢无缝钢管》中规定的不锈钢和耐酸钢钢种轧制而成。不锈钢无缝钢管具有以下优点：耐腐蚀性能优良，自重轻，强度高，使用寿命长，安全无毒，清洁卫生，不影响水质，外表美观，废管子可以完全再生利用。

环境工程通常选用不锈钢管输送废水、废气、粉末或颗粒状固体废物及其他腐蚀性介质。例如，选用不锈钢管制作配水管、曝气管等，因其优良的耐腐蚀性，几乎无须维护或更新，大大减少了构筑物和设备的日常维护管理工作，同时也降低了相关的运行管理费用。

无缝钢管管径规格及其表示方法为“ϕ外径×壁厚”。在 DN 为 10～150 mm 时，无缝钢管在同一公称直径 DN 下有两种不同的外径和壁厚，例如，ϕ108×4.0、ϕ114×7.0 均表示 DN 为 100 mm 的无缝钢管；大于 DN 为 200 mm 的无缝钢管，在同一公称直径 DN 下只有一种外径及壁厚。无缝钢管的管壁上没有接缝，所以能承受较高的压力，其公称压力的范围为 1.0～25 MPa。

②焊接钢管，一般是由钢带材或钢板材先卷成管材，再加以焊接制成的。焊接钢管由于管壁上有焊接缝，因而不能承受高压，一般适用于公称压力＜1.6 MPa 的管道。常用的焊接钢管包括低压流体输送用焊接钢管、螺旋缝电焊钢管和钢板卷制直缝电焊钢管。

③镀锌钢管，常用于给水、暖气、压缩空气、煤气、低压蒸汽和凝液以及无腐蚀性物料的输送。其极限工作温度为 175℃，且不得用于输送爆炸性及毒性介质。它分为普通型（公称压力＜1 MPa）和加强型（公称压力＜1.6 MPa）两种。

2.1.1.2　铸铁管

铸铁管耐腐蚀性优于钢管，因而常用作污水管，特别是当管道需要埋地铺设时，采用铸铁管比钢管更能耐受土壤对管道外壁的侵蚀。但铸铁管不能用于输送蒸汽及在有压力下输送爆炸性与有毒气体。其公称直径有 50 mm、75 mm、100 mm、125 mm、150 mm、200 mm、250 mm、300 mm、350 mm、400 mm、450 mm、500 mm、600 mm、700 mm、800 mm、900 mm 和 1 000 mm 等，连接方式有承插式、单端法兰式和双端法兰式 3 种，连接件和管子一起铸出。

2.1.1.3　有色金属管

（1）铜管及铜合金管

铜的化学性能比较稳定，能很好地耐大气甚至海洋大气腐蚀，但不耐氨等的腐蚀。铜与锡、铅、铝、铁等元素以不同的比例结合，可得到具有不同性能的一系列铜合金。在火灾危险区内，不宜使用铜材料。

铜及其合金具有良好的韧性，易变曲、易扭转、不易裂缝、不易折断，抗冻胀和抗冲击性能好，尤其是在耐温、耐压方面性能很优越。但铜管对水质有较高的要求。否则，它依然面临腐蚀、渗漏、生锈、结垢的传统问题。例如，铜管系统与泵、阀门、水嘴的连接，是铜质材料与钢或碳钢材料的连接，在供水系统中，会不可避免地发生腐蚀，这种腐蚀将首先使存在杂质的铜管发生穿孔，同时因为水中不可避免地含有杂质，也会使铜管发生腐蚀。

铜管分黄铜管与紫铜管，多用作冷冻系统的低温管道、仪表的测压管线或传送有压力的液体的管道（如油压系统、润滑系统的管路）。

（2）铝管

铝具有质轻、塑性好、耐腐蚀等优点。铝与铜、镁、硅、锰按不同的比例组成多种力学性能和耐腐蚀性能不同的合金。

铝管用于输送脂肪酸、硫化氢、二氧化碳及低温介质；铝管的最高使用温度为 200℃，温度高于 160℃时，不宜在压力下使用。铝管还可用于输送浓硝酸、醋酸、蚁酸、硫化物等，不可用于输送盐酸、碱液，特别是含氯离子的化合物。

在火灾危险区内，不宜使用铝材料。铝与其他金属连接时，有电解液存在的情况下，应考虑产生腐蚀的可能性。

（3）钛及钛合金管

钛密度小、强度高、耐蚀性好，在许多有腐蚀介质的场合，特别是在有氧化性介质及含氯、氯化物等的条件下，钛合金管耐蚀性远超过其他合金材料。因此，钛及钛合金管已广泛用于输送腐蚀性介质。

2.1.2 非金属管

2.1.2.1 塑料管

塑料管与传统金属管相比，具有自重轻、耐腐蚀、耐压、管壁光滑、过流能力好、密封性能好、使用寿命长、运输安装方便等特点。因此，近年来国内外都大力推广塑料管在工程中的应用，并形成了一种势不可当的发展趋势。

塑料管按管道的材质可分为聚四氟乙烯（PTFE）管、硬聚氯乙烯（UPVC）管、聚乙烯（PE）管、交联聚乙烯（PE-X）管、无规共聚聚丙烯（PP-R）管、聚丁烯（PB）管、丙烯腈-丁二烯-苯乙烯共聚物（ABS）管等。按管壁构造可分为实壁管、加筋管、双壁波纹管、螺旋缠绕管等。最常用的分类方法是按照制造管道的材质进行分类。

（1）聚四氟乙烯（PTFE）管

聚四氟乙烯是一种结晶型的高分子化合物，性能特点如下。

①具有极好的耐腐蚀性能。除了熔融碱金属、单体氟和三氟化氮外，几乎能抗一切强酸、强碱、有机溶剂、王水等腐蚀介质的腐蚀。

②具有良好的耐热性和耐低温性能，在 260℃时仍具有稳定的性能，长期适用温度可达 180℃；低温（−270℃）下仍具有一定的韧性，能长期在−196℃下使用。

③具有良好的润滑性和表面不黏性，摩擦系数极小，与钢发生相对滑动摩擦时，摩擦系数为 0.1，几乎所有物质都不能黏附在其表面上。

④具有良好的耐大气老化性能。

（2）硬聚氯乙烯（UPVC）管

UPVC 管是由聚氯乙烯（PVC）树脂为主要原料，添加稳定剂、润滑剂等后加热，在制管机中挤压而成的不同压力等级、各种规格型号的硬质管材。UPVC 管质量轻、耐腐蚀性能好、强度较高、使用寿命长。UPVC 管道主要有 3 种连接形式，即橡胶接口（R-R）、粘接（T-S）和法兰连接。

在世界范围内，硬聚氯乙烯管道是各种塑料管道中消费量最大的，也是目前国内外都在大力发展的新型化学建材。采用这种管材，可对我国钢材紧缺、能源不足的局面起到积极的缓解作用，经济效益显著。

UPVC 管的常用规格为：给水管管径ϕ16～710 mm，管壁厚 1.8～20.7 mm；建筑排水管管径ϕ90～160 mm。

UPVC 管材的压力等级一般分为 4 种：Ⅰ型 0～0.5 MPa，Ⅱ型 0.5～0.63 MPa，Ⅲ型 0.63～1.0 MPa，Ⅳ型 1.0～1.6 MPa。使用温度范围为 0～50℃。

现介绍各种常见的 UPVC 管如下。

①UPVC 双壁波纹管　UPVC 双壁波纹管于 20 世纪 90 年代初在西方发达国家被成功开发并得到大量应用。双壁波纹管是同时挤出两个同心管，再将波纹管外管熔接在内壁光滑的铜管上而制成的，具有光滑的内壁和波纹状外壁。这种管材设计新颖、结构合理，突破了普通管材的“板式”传统结构，使管材质轻而强度高，且具有良好的柔韧性，比普通 UPVC 管节省 40%的原料，可广泛地应用在市政给排水管道系统、低压输水、农业灌溉、电线电缆套管等领域。

②UPVC 芯层发泡管　UPVC 芯层发泡管是采用三层共挤出工艺生产的一种

新型管材。三层结构中，内外两层为密实的皮层，这点与普通 UPVC 管相同；中间是相对密度 0.7～0.9 的低发泡层。这种管材的环向刚性是普通 UPVC 管的 8 倍，而且在温度变化时稳定性好，隔热性好，特别是发泡芯层能有效阻隔噪声传播，更适用于高层建筑排水系统。我国针对这种管材已经颁布了国家标准《排水用芯层发泡硬聚氯乙烯（UPVC）管材》（GB/T 16800—2008）。

③UPVC 消声管　UPVC 消声管内壁带有 6 条三角凸形螺旋线，使下水沿着管内壁自由连续呈螺旋状流动，使排水旋转形成最佳排水条件，从而在立管底部起到良好的消能作用，降低噪声。同时，UPVC 消声管的独特结构可以使空气在管中央形成气柱直接排出，没有必要像以往那样另外设置专用通气管，使高层建筑排水通气能力提高 10 倍，排水量增加 6 倍，噪声比普通 UPVC 排水管和铸铁管低 30～40 dB（A）。UPVC 消声管与消声管件配套使用时，排水效果良好。UPVC 消声管主要用于排水管道系统，特别是高层建筑排水管道系统。

④UPVC 螺旋缠绕管　UPVC 螺旋缠绕管由带有“T”形肋的 UPVC 塑料板材卷制而成，板材之间由快速嵌接的自锁机构锁定。在自锁机构中加入黏结剂黏合。这种制管技术的最大特点是可以在现场按工程需要卷制出不同直径的管道，管径范围为 150～600 mm。其适用于城市排水、农业灌溉、输送工程和通信工程等。

⑤UPVC 径向加筋管　UPVC 径向加筋管是采用特殊模具和成型工艺生产的 UPVC 塑料管，其特点是减薄了管壁厚度，同时还提高了管子承受外压荷载的能力，管外壁上带有径向加强筋，起到了提高管材环向刚度和耐外压强度的作用。此种管材在相同外荷载能力下，比普通 UPVC 管节约 30%左右的材料，主要用于城市排水。

（3）聚乙烯（PE）管

PE 管材以聚乙烯树脂（PE）为主要原料。国际上聚乙烯材料先后已有 3 代产品：低密度聚乙烯（LDPE）、中密度聚乙烯（MDPE）、高密度聚乙烯（HDPE）。

HDPE 管以它优秀的化学性能、韧性、耐磨性及低廉的价格和安装费受到管道界的重视，它是仅次于聚氯乙烯，使用量占第二的塑料管道材料。

近年来，聚乙烯管在埋地排水工程中的使用量有增长的趋势，主要为聚乙烯双壁波纹管和聚乙烯缠绕熔接管（或称缠绕螺旋管）。HDPE 双壁波纹管是一种用料省、刚性高、弯曲性优良，具有波纹状外壁、光滑内壁的管材。在欧美等国家和地区中，HDPE 双壁波纹管在一定范围内取代了钢管、铸铁管、水泥管、石棉管和普通塑料管，广泛用作排水管、污水管、地下电缆管、农业排灌管。

（4）交联聚乙烯（PE-X）管

PE-X 管由于具有很好的卫生性和综合性能，被视为新一代的绿色管材。生产 PE-X 管的主要原料是 HDPE 以及引发剂、交联剂、催化剂等助剂，采用世界上先进的一步法技术制造，用普通聚乙烯原料加入硅烷接枝料，在聚合物大分子链间形成化学共价键以取代原有的范德华力，从而形成三维网状结构的交联聚乙烯，其交联度可达 60%～89%，使其具有优良性能。

交联聚乙烯管在发达国家已获得广泛运用，与其他塑料管相比，具有以下优点：不含增塑剂，不会霉变和滋生细菌；不含有害成分，可应用于饮用水传输；耐热性好；耐压性能好；耐腐蚀性能好；隔热效果好；能够任意弯曲，不会脆裂；抗蠕变强度高，可配金属管，可省去连接管件，降低安装成本，缩短安装周期，便于维修，使用寿命可达 50 年之久。

目前在欧美国家，交联聚乙烯管道是运用较为广泛的塑料管道。在我国，交联聚乙烯管已被列入了国家推广的新型建筑材料行列，并作为国家小康住宅推荐产品，已经在建筑、太阳能、城镇改水等领域得到广泛应用。

（5）无规共聚聚丙烯（PP-R）管

PP-R 管是欧洲开发出来的新型塑料管道产品，原料属聚烯烃，其分子中仅有碳、氢元素，无毒性、卫生。PP-R 管在原料生产、制品加工、使用及废弃全过程中均不会对人体及环境造成不利影响，与 PE-X 管材同为绿色建材。

PP-R 管除具有一般塑料管材质量轻、强度好、耐腐蚀、使用寿命长等特点外，还有以下特点：①无毒卫生，符合国家卫生标准要求；②具有较好的耐热保温性能；③连接安装简单可靠，具有良好的热熔焊接性能，管材与管件连接部位的强度大于管材本身的强度，无须考虑在长期使用过程中连接处是否会渗漏；④弹性好、防冻裂，该材料优良的弹性使管材和管件可防冻胀，从而不会被冻胀的液体胀裂；⑤环保性能好；⑥抗紫外线性能差，在阳光的长期直接照射下容易老化。

其管道连接方式有热熔连接、电熔连接、丝扣连接、法兰连接等，应按不同的施工场合、不同的施工要求合理选择。热熔连接和电熔连接适用于无规共聚聚丙烯管材与管件的连接，凡采用直埋布管形式的必须采用热熔或电熔连接。其中电熔连接施工成本较高，适用于管道的最后连接或不方便使用施工工具的场合。丝扣连接和法兰连接适用于无规共聚聚丙烯管与金属管或金属用水器具的连接。一般小口径管适于用丝扣连接；大口径管适于用法兰连接。在管道拆装较多的场合使用带活接头的丝扣连接或法兰连接。

（6）聚丁烯（PB）管

PB 管既有 PE 管的抗冲击韧性，又有好于 PP-R 管的耐应力开裂性和出色的抗蠕变性能，并具有橡胶的特性。

PB 管除具有一般塑料管卫生性能好、质量轻、安装简便、寿命长等优点外，还具有以下特点：①耐热，热变形温度高，耐热性能好，90℃热水可长期使用；②抗冻，脆化温度低（−30℃），在−20℃以内结冰不会冻裂；③柔软性好；④隔温性好；⑤绝缘性能较好；⑥耐腐蚀（易为热而浓的氧化性酸所侵蚀）；⑦环保、经济，废物可重复使用，燃烧不产生有害气体。

PB 管的主要用于建筑物内的冷热水系统、采暖系统、饮用水供水系统、中央空调供回水系统等。

PB 管的连接方式主要有两种：热熔连接和电熔连接，这两种方式用于管材与管材的连接，凡采用直埋安装方式时必采用热熔或电熔连接。电熔的施工成本较高，主要适用于最后连接施工不方便的场合。PB 管的另外两种次要连接方式是：丝扣连接和法兰连接。丝扣连接适用于小口径，法兰连接适用于大口径，在水表及阀门等有可能需要拆卸的场合宜采用丝扣连接或法兰连接。

（7）丙烯腈-丁二烯-苯乙烯共聚物（ABS）管

ABS 树脂是在聚苯乙烯树脂改性的基础上发展起来的三元共聚物，ABS 树脂是由丙烯腈、丁二烯、苯乙烯组成的。其中 A 代表丙烯腈，B 代表丁二烯，S 代表苯乙烯。

ABS 管是以 ABS 为主要原料，经挤出而成型的一种新型耐腐蚀管道。ABS 管在一定的温度范围内具有良好的抗冲击性和表面硬度，综合性能好，易于成型和机械加工，表面还可镀铬。由于它兼有 PVC 管的耐腐蚀性能和金属管道的力学性能，适用于生活供水、污水、废气输送及灌溉系统等领域，也可用于输送多种化学介质，如作为水处理的加药管道、有强腐蚀性介质的工业管道等。

ABS 管外径 15～300 mm，管壁厚 2.5～13.5 mm，工作压力 0.6 MPa、0.9 MPa、1.6 MPa。ABS 管多采用胶黏承插连接，也可采用螺纹连接等形式。

（8）氯化聚氯乙烯（CPVC）管

CPVC 管具有刚性高、耐内压强度高、耐热性好、耐腐蚀、阻燃性能好、线性膨胀系数低等优点，因此可用于明管排设，需要的支撑少，采用溶剂粘接，安装方便。但 CPVC 管的加工难度较大，加工过程中须加入重金属盐稳定剂，用于上水管时，要着重考察其卫生性能。

CPVC 管是 PVC 管的氯化改性，它有效地提高了 PVC 管的使用温度、耐化学稳定性、抗老化性及阻燃消烟性，综合性能超过了一般 ABS 管，特别适用于一些对温度及消防有特殊要求的场合，其发展前景十分广阔。CPVC 管可用于建筑内冷热水管系统、化工、环保管路或电力电缆套管。

2.1.2.2　玻璃钢管

玻璃钢是以各种树脂（如环氧树脂、不饱和聚酯树脂等）为基体材料，以玻璃纤维织物为骨架材料，由特殊的工艺固化而成的非金属材料。其抗拉强度较高，轴向抗拉强度可达 140 MPa 以上，故使用的管子规格可达 DN 900；其耐蚀性不如塑料和橡胶，但价格便宜，常用于循环水、海水、气和一些弱腐蚀性介质的输送。

最常用的玻璃钢材料为不饱和聚酯玻璃钢，使用温度一般低于 15℃。管道用玻璃钢可依照《玻璃钢管和管件》（HG/T 21633—1991）的规定。

2.1.2.3　混凝土管

混凝土管有普通、轻型和重型 3 种。混凝土管制造容易，价格便宜，但不承压。混凝土管常被用作城市污水、工业废水和雨水的大口径输送管道。

2.1.3　复合管

复合管主要有塑塑复合管、钢塑复合管、铝塑复合管。

2.1.3.1　塑塑复合管

由两种不同品种或不同性质的塑料复合制成的管子称为塑塑复合管，其包括两大类。

①缠绕增强热塑性复合管。用玻璃钢缠绕在各种热塑性管（如 PVC 管、PP 管、PE 管）外表面制成，因此称为 FRP 缠绕增强热塑性管。此类复合管包括玻璃钢缠绕增强聚氯乙烯塑料管（FRP/PVC 复合管）、玻璃钢缠绕增强聚丙烯塑料管（FRP/PP 复合管）、玻璃钢缠绕增强聚乙烯管（FRP/PE 复合管）、玻璃钢缠绕增强聚偏二氟乙烯塑料管（FRP/PVDF 复合管）等。

②热塑性塑料复合管，包括 UPVC-PE 复合管、PE 基塑料复合管、PE-X 阻隔管、HDPE 保温管等种类。其中，UPVC-PE 复合管外层为 UPVC，与水接触的内

层为 PE，用作给水管，以提高管材的卫生性；HDPE 保温管的内管和外管均为 HDPE，中间为聚氨酯硬质泡沫塑料，可用于高寒、高热地区输送冷水，也可用于空调系统。

2.1.3.2 钢塑复合管

钢塑复合管是国内近年来发展起来的一种新型管道材料。金属与塑料的复合管是一种金属/高聚物的宏观复合体系，金属基体通过界面结合承受管材内外压力，塑料基体在防腐蚀方面发挥作用。它既有金属的坚硬、刚直不易变形、耐热、耐压、抗静电等特点，又具有塑料的耐腐蚀、不生锈、不易产生垢渍、管壁光滑、容易弯曲、保温性好、清洁无毒、质量轻、施工简易、使用寿命长等特点。

钢管与 UPVC 塑料管复合管材，使用温度的上限为 70℃，用聚乙烯粉末涂覆于钢管内壁的涂塑钢管可在−30～55℃下使用。环氧树脂涂塑钢管的使用温度高达 100℃，可用作热水管道。钢塑复合管可代替不锈钢管广泛应用于石油化工、冶金、医药、食品加工等部门，是输送腐蚀性气体和液体的理想管道，它的价格仅为不锈钢管的 1/5 左右，其经济效益显著。

2.1.3.3 铝塑复合（PAP）管

PAP 管是一种集金属与塑料优点为一体的新型管材。PAP 管是一种五层结构的复合管。最外层和里层是中、高密度聚乙烯或交联聚乙烯，中间层为一层约 3 mm 厚的薄铝板焊接管，铝管与内外层聚乙烯之间各有一层黏结剂。铝塑复合管的结构决定了这种管材兼有塑料管与金属管的特点。塑料在外层及强度较好的金属层在中间位置，一方面可耐腐蚀；另一方面可增强管材的强度和塑性。

铝塑复合管主要应用领域：①自来水、采暖及饮用水供应系统用管；②煤气、天然气及管道石油气室内输送用管；③化工，各种酸、碱溶液的输送；④医药，各种气体、液体输送；⑤石化，煤油、汽油等流体的输送；⑥船用管材，水上运输工具内各种管路系统用管；⑦食品工业，输送酒、饮料等；⑧压缩空气等工业气体的输送。

上述 6 种常见管材的特点比较见表 2-1。

表 2-1　6 种常见管材的特点比较

比较项目	聚氯乙烯管	高密度聚乙烯管	无规共聚聚丙烯管	镀锌钢管	铝塑复合管	镀锌钢塑管（内层 PVC）
价格比	1.0	1.4	1.6～2.0	1.3	2.2	1.6～1.8
安全卫生	一般	好	好	差	好	一般
安装难度	容易	易（时间长）	容易	一般	易	一般
安装可靠性	较好	好	好	一般	一般	一般
尺寸稳定性	低	低	较高	高	高	高
抗冲击及耐压力性	一般	强	较强	很强	强	很强
使用年限	较长	较长	长	短	长	中
维修	较方便	较方便	较方便	方便	不方便	方便
主要缺点	硬度低、耐热性差、易老化、膨胀系数大	刚性差、抗老化性能差	硬度低、刚性差，长时间曝晒下成分易分解。室外明敷须采取保护措施	易腐蚀、不卫生，属淘汰产品，国家已限时禁用	管道连接采用铜管件，水头损失大，使用时应尽量减少管件量；管件易漏水	不美观、外壁碰伤易腐蚀；内保护层质量不稳定
标准	一般标准	一般标准	标准	低标准	中高标准	中等标准

注：价格比是以聚氯乙烯管为基准（1.0）参比。

2.2　阀门

阀门是流体输送系统中的控制部件，它用于接通或切断管路中的流通介质，或者用于改变介质的流动方向，或者用于控制介质的压力和流量，或者用于保护管路和设备的安全运行。阀门种类繁多，分类方法多。通常按阀门的用途可将阀门分为以下几大类。

①截断阀类：用来接通或切断管路介质流，如闸阀、截止阀、蝶阀、旋塞阀、球阀、隔膜阀、柱塞阀、针型仪表阀等。

②止回阀类：用来防止介质倒流，包括各种结构的止回阀。

③调节阀类：用来调节介质的压力和流量，如调节阀、节流阀、减压阀、水位调整器及疏水器等。

④安全阀类：在介质压力超过规定值时，用来排放多余的介质，保证管路系统及设备安全，如安全阀、事故阀。

⑤其他特殊用途：如放空阀、排污阀等。

2.2.1 典型阀门

2.2.1.1 闸阀

闸阀（见图 2-1），又称为闸板阀，是利用在阀体内与通路垂直的平面闸板的升降来控制阀的启闭。闸阀只作为截断装置，或者完全开启，或者完全关闭，不能做调整或节流之用。

图 2-1 闸阀

（1）闸阀的分类

①按闸板形状的不同，可分为平行式闸阀、楔式闸阀。

②按阀杆的构造不同，可分为明杆（升降杆）式闸阀和暗杆（旋转杆）式闸阀。

（2）闸阀的特点

闸阀有以下优点：①与截止阀相比，流体阻力小，密封性能好，密封面受工作介质的冲刷和侵蚀小；②开闭所需外力较小；③介质的流向不受限制；④形体结构比较简单，结构长度短，铸造工艺性较好。由于闸阀具有许多优点，因此使用范围很广。通常 DN≥50 mm 的管路切断介质的装置都选用闸阀，甚至在某些小口径的管路上（如 DN 为 15～40 mm），目前仍保留了一部分闸阀。

闸阀也有不足之处：

①外形尺寸和开启高度都较大，所需安装的空间也较大；

②开闭过程中，密封面间有相对摩擦，磨损较大，甚至在高温时容易引起擦伤现象；

③闸阀一般都有两个密封面，给加工、研磨和维修增加一些困难；

④开启需要一定的空间，开阀时间长。

（3）闸阀的选用

阀闸在环境工程的设备和管道中一般只适用于全开或全闭，不宜作为调节流量使用。闸阀适用于低温低压也适用于高温高压，并可根据阀门的不同材质用于各种不同的介质。但闸阀一般不用于输送泥浆等介质的管路中。

选择楔式闸阀一般依据下面的原则。

①流阻小、流通能力强、密封要求严的工况选用闸阀。

②高温、高压介质，如高压蒸汽。

③安装位置：当高度受限制时用暗杆楔式闸阀；当安装高度不受限制时用明杆楔式闸阀。

④在开启和关闭频率较低的场合下，宜选用楔式闸阀。

闸阀适于制成用于大口径管道上的大口径阀门，但该种阀结构比较复杂，外形尺寸较大，密封面易磨损，目前正在不断改进中。

2.2.1.2　截止阀

截止阀是关闭件（阀瓣）沿阀座中心线移动的阀门（见图 2-2）。截止阀的阀杆轴线与阀座密封面垂直。

图 2-2　截止阀

（1）截止阀的分类

截止阀的种类很多，可按以下方式分类：

①根据阀杆上螺纹的位置可分上螺纹阀杆截止阀和下螺纹阀杆截止阀。

②根据截止阀的通道形状和密封面形式的不同，截止阀可分为直通式、直流式和柱塞式3种。

（2）截止阀的特点

截止阀最明显的优点是：

①在开启和关闭过程中，由于阀瓣与阀体密封面间的摩擦力比闸阀小，因而耐磨。

②开启高度一般仅为阀座通道直径的1/4，因此比闸阀小得多。

③通常在阀体和阀瓣上只有一个密封面，因而制造工艺性比较好，便于维修。

截止阀的缺点主要是流阻系数比较大，因此造成阻力损失，特别是在液压装置中，这种阻力损失尤为明显。

（3）截止阀的选用

截止阀使用较为普遍，广泛用于各种环保设备和管道中作截流、切换流道和调节流量使用，但由于截止阀的流体阻力损失较大，为防止堵塞或磨损，不能用于输送含有悬浮物和黏度较大的介质。截止阀由于开闭力矩较大，结构长度较长，一般 DN≤200 mm。

高温、高压介质的输送管路或装置上宜选用截止阀。对流阻要求不严格的管路，可考虑用截止阀。小型阀可选用截止阀。有流量调节或压力调节，但对调节精度要求不高，而且管路直径又比较小，如 DN≤50 mm 的管路上，宜选用截止阀或节流阀。

2.2.1.3 蝶阀

蝶阀启闭件是一个圆盘形的蝶板，在阀体内绕内轴线旋转，从而达到启闭或调节的作用（见图2-3）。蝶阀的蝶板安装于管道的直径方向。当圆盘形的蝶板旋转至与流体流动方向平行时，阀门开启；当蝶板旋转至与流体流动方向垂直时，阀门关闭。

（1）蝶阀的结构

蝶阀主要由阀体、蝶板、阀杆、密封圈和驱动机构组成，靠驱动机构带动转轴及蝶板旋转以实现启闭和控制流量的目的。

D71X 型蝶阀　D371X 型蝶阀　D971X 型电动蝶阀　D671X 型气动蝶阀　D341H 型硬密封蝶阀　D341X 型蝶阀

D941X型电动蝶阀　D641X型气动蝶阀　D341H型硬密封蝶阀　软密封伸缩蝶阀　D941H型硬密封蝶阀　D941H型硬密封蝶阀

图 2-3　蝶阀

①阀体　阀体呈圆筒状，上下部分各有一个圆柱形凸台，用于安装阀杆。蝶阀与管道多采用法兰连接；如采用对夹连接，其结构长度最小。

②阀杆　阀杆是蝶板的转轴，轴端采用填料函密封结构，可防止介质外漏。阀杆上端与传动装置直接相接，以传递力矩。

③蝶板　蝶板是蝶阀的启闭件。根据蝶板在阀体中的安装方式，蝶阀可以分为中心对称板式、斜板式、偏置板式、杠杆式 4 种。

蝶阀全开到全关通常是小于 90°，蝶阀和阀杆本身没有自锁能力，为了蝶板的定位，要在阀杆上加装蜗轮减速器。采用蜗轮减速器，不仅可以使蝶板具有自锁能力，使蝶板停止在任意位置上，还可以改善阀门的操作性能。

（2）蝶阀的分类

①按结构形式的不同，可分为偏置板式、垂直板式、斜板式和杠杆式。

②按密封形式的不同，可分为软密封型和硬密封型两种。软密封型一般采用橡胶环密封，硬密封型通常采用金属环密封。采用金属密封的阀门一般比橡胶密封的阀门寿命长，但很难做到完全密封。金属密封能适应较高的工作温度，橡胶密封则具有受温度限制的缺陷。

③按连接形式的不同，可分为对夹式蝶阀和法兰式蝶阀两种。对夹式蝶阀是

用双头螺栓将阀门连接在两管道法兰之间，法兰式蝶阀是阀门上带有法兰，用螺栓将阀门上两端法兰连接在管道法兰上。

④按传动方式的不同，可分为手动、齿轮传动、气动、液动和电动五种。

（3）蝶阀的特点

蝶阀的优点如下：①结构简单，外形尺寸小，由于结构紧凑，结构长度短，体积小，质量轻；②流体阻力小，全开时阀座通道有效流通面积较大，因而流体阻力较小；③启闭方便迅速，调节性能好，蝶板旋转即可完成启闭，通过改变蝶板的旋转角度可以分级控制流量；④启闭力矩较小，由于转轴两侧蝶板受介质作用基本相等，而产生转矩的方向相反，因而启闭较省力；⑤低压密封性能好，密封面材料一般采用橡胶、塑料，故密封性能好，受密封圈材料的限制，蝶阀的使用压力和工作温度范围较小。

（4）蝶阀的选用

蝶阀在石油、煤气、化工、水处理等领域中用于输送和控制的介质有凝结水、循环水、污水、海水、空气、煤气、液态天然气、干燥粉末、泥浆、果浆及含悬浮物的混合物。

在蝶阀的选用过程中应注意如下事项：

①由于蝶阀相对于闸阀、球阀压力损失比较大，故适用于压力损失要求不严的管路系统。

②由于蝶阀不易和管壁严密配合密封，故不能用于切断管路。

③由于蝶阀可以用作流量调节，故在需要进行流量调节的管路中宜于选用。如空气和一烟气输送管路中常用蝶阀调节流量。同时，如果要求蝶阀用于流量控制，要正确选择阀门的尺寸和类型。

④由于蝶阀的结构和密封材料的限制，不宜用于高温、高压的管路系统。

⑤大型高温蝶阀采用钢板焊接制造，主要用于高温介质的烟风道和煤气管道。

⑥由于蝶阀结构长度比较短，且又可以做成大口径，故在结构长度要求短或是大口径阀门（如 DN 1 000 mm 以上）的场合宜选用蝶阀。

⑦由于蝶阀仅旋转不到 90°就能开启或关闭，因此在启闭要求快的场合宜选用蝶阀。

⑧目前国产蝶阀参数：公称压力 PN 0.25～4.0 MPa；公称直径 DN 100～3 000 mm；工作温度≤425℃。

2.2.1.4 旋塞阀

旋塞阀是关闭件呈柱塞状的旋转阀，通过旋转 90°使阀塞上的通道口与阀体上的通道口相通或切断，实现开启或关闭的一种阀门（见图 2-4）。旋塞阀在管路中主要用作切断、分配和改变介质流动方向。

图 2-4 旋塞阀

旋塞阀是历史上最早被人们采用的阀件。由于该类阀门结构简单，开闭迅速（塞子旋转 1/4 圈就能完成开闭动作），操作方便，流阻小，至今仍被广泛使用。阀塞的形状可制成圆柱形或圆锥形。其应用在城市煤气、食品、医药、给排水、化工等行业。

旋塞阀按通道形式可分为直通式、三通式和四通式 3 种；按结构形式可分为紧定式、填料式、自封式和油封式 4 种。

①紧定式旋塞阀　紧定式旋塞阀通常用于低压直通管道，密封性能完全取决于塞子和塞体之间的吻合度，其密封面的压紧是靠拧紧下部的螺母来实现的，一般 PN≤0.6 MPa。

②填料式旋塞阀　填料式旋塞阀是通过压紧填料来实现塞子和塞体密封。由于有填料，因此密封性能较好。通常这种旋塞阀有填料压盖，塞子不用伸出阀体，因而减少了一个工作介质的泄漏途径，一般 PN≤1 MPa。

③自封式旋塞阀　自封式旋塞阀是通过介质本身的压力来实现塞子和塞体之间的压紧密封的。塞子的小头向上伸出体外，介质通过进口处的小孔进入塞子大头，将塞子向上压紧，此种结构一般用于气体介质。

④油封式旋塞阀　近年来旋塞阀的应用范围不断扩大，出现了带有强制润滑的油封式旋塞阀。由于强制润滑使塞子和塞体的密封面间形成一层油膜，密封性能更好，开闭省力，防止密封面受到损伤。

旋塞阀不适用于输送高温、高压介质（如蒸汽），只适用于温度较低、黏度较大的介质和要求开关迅速的部分，不宜作调节流量用。旋塞阀只适用于公称直径为 15～20 mm 的小口径管路以及温度不高、公称压力在 1 MPa 以下的管路。

2.2.1.5 球阀

球阀是由旋塞阀演变而来。球阀的启闭件是一个有孔的球体，球体绕阀体中心线做旋转，从而达到开启、关闭的目的（见图 2-5）。球阀在管路中主要用来作切断、分配和改变介质的流动方向。

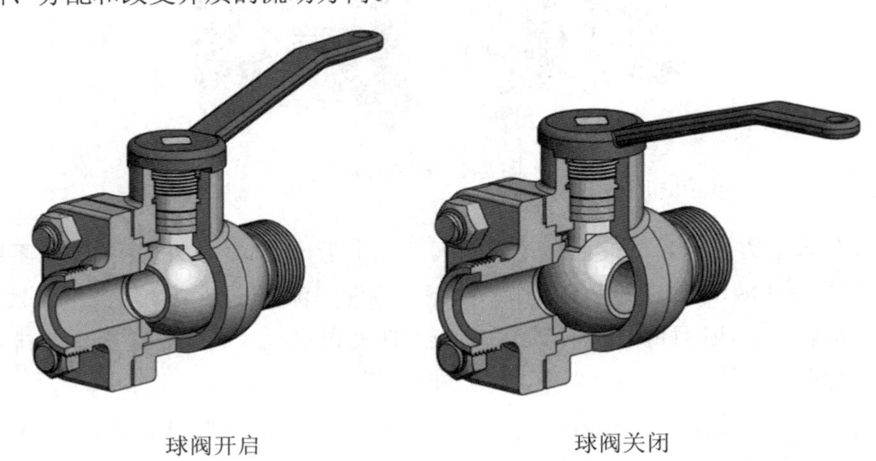

图 2-5 球阀

（1）球阀的分类

按连接方式的不同，可分为螺纹连接、法兰连接和焊接连接 3 种；按结构形式的不同，可分为浮动球球阀、固定球球阀、弹性球球阀和油封球阀 4 种。

①浮动球球阀 球阀的球体是浮动的，在介质压力作用下，球体能产生一定的位移并紧压在出口端的密封面上，保证出口端密封。浮动球球阀的结构简单，密封性好，但球体承受工作介质的载荷全部传给了出口密封圈，因此要考虑密封圈材料能否经受得住球体介质的工作载荷。这种结构广泛用于中低压球阀。

②固定球球阀 球阀的球体是固定的，受压后不产生移动。固定球球阀都带有浮动阀座，受介质压力后，阀座产生移动，使密封圈紧压在球体上，以保证密封。通常在球体的上、下轴上装有轴承，操作扭矩小。为了减少球阀的操作扭矩

和增加密封的可靠程度，近年来又出现了油封球阀，即在密封面间压注特制的润滑油，以形成一层油膜，既增强了密封性，又减少了操作扭矩，更适合高压大口径的系统。

③弹性球球阀　球阀的球体是有弹性的。球体和阀座密封圈都采用金属材料制造，密封比压很大，依靠介质本身的压力已达不到密封的要求，必须施加外力。这种阀门适用于高温高压介质。弹性球体是在球体内壁的下端开一条弹性槽而获得弹性。当关闭通道时，用阀杆的楔形头使球体胀开与阀座压紧达到密封。在转动球体之前先松开楔形头，球体随之恢复原形，使球体与阀座之间出现很小的间隙，可以减少密封面的摩擦和操作扭矩。

（2）球阀的特点

球阀是近年来被广泛采用的一种新型阀门，它具有以下优点：①流体阻力小；②结构简单、体积小、质量轻；③紧密可靠，目前球阀的密封面材料广泛使用塑料，密封性好，在真空系统中也已广泛使用；④操作方便，开闭迅速，从全开到全关只要旋转 90°，便于远距离控制；⑤维修方便，球阀结构简单，密封圈一般都是活动的，拆卸更换都比较方便；⑥在全开或全闭时，球体和阀座的密封面与介质隔离，介质通过时不会引起阀门密封面的腐蚀；⑦适用范围广，从高真空至高压力都可应用。

球阀的主要缺点：①使用温度不高；②节流性较差。

（3）球阀的选用

球阀结构比闸阀、截止阀简单，密封面比旋塞阀易加工且不易擦伤。其适用于低温、高压及黏度大的介质，不能作调节流量用。目前因密封材料尚未解决，其不能用于温度较高的介质。

2.2.1.6　隔膜阀

隔膜阀是一种特殊形式的截断阀，发明于 20 世纪中期。它的开闭元件是一块软质材料制成的隔膜片，把阀体内腔与阀盖内腔及驱动部件隔开，故称作隔膜阀，其结构见图 2-6。隔膜中间突出部分固定在阀杆上，阀体内衬有橡胶（或其他材料），由于介质不进入阀盖内腔，因此无需填料箱。其工作过程见图 2-7。

图 2-6 隔膜阀外形及内部结构

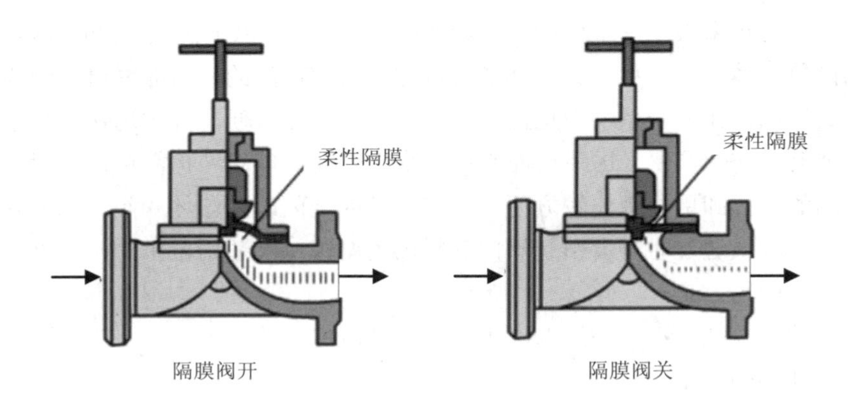

图 2-7 隔膜阀工作过程

隔膜阀最突出的特点是隔膜把下部阀体内腔与上部阀盖内腔隔开，使位于隔膜片上方的阀杆压块等零部件不直接与介质接触，省去了附加的阀杆密封结构，而且不会产生介质外漏。

隔膜片是隔膜阀的关键部件。在不同的工况下选择合适材质的隔膜片是相当重要的。如在温度较高的情况下，隔膜片的耐热性是相当重要的。因为隔膜片是相对较软的、具有弹性的塑料，通过一定时间的受热后，其抗变形性和开闭寿命将有所降低。目前常用的隔膜片材质有三元乙丙橡胶（EPDM）、氟橡胶（FPM）、聚四氟乙烯（PTFE）、硅胶、丁腈橡胶（NBR）、氯磺化聚乙烯（CSM）等。采用橡胶或塑料等软质密封材料制作的隔膜片，密封性较好，抗磨损能力强。但由于隔膜片毕竟为易损件，所以应视介质特性和具体工况（如温度、压力等）而定期更换。

根据阀体材质和管道直径的不同，隔膜阀的驱动方式可以选用手动、气动和电动。一般情况下，各阀门厂家为了减少驱动装置的备库量，一种型号的驱动装置可以适用于几种不同的阀体材质和阀体管道直径。

隔膜阀按结构形式可分为屋脊式、直流式、截止式、堰式、直通式、闸板式和直角式 6 种，见图 2-8。

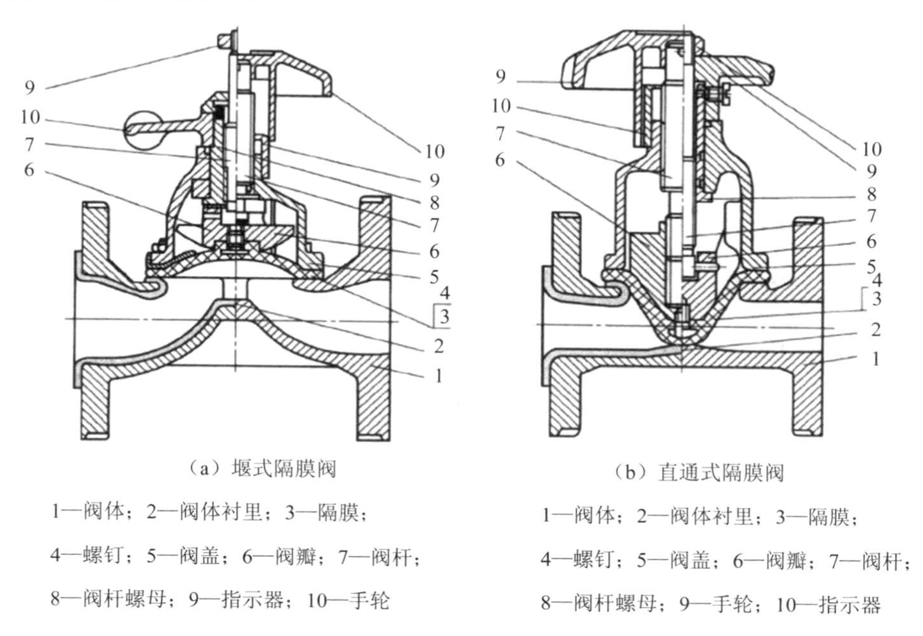

（a）堰式隔膜阀

1—阀体；2—阀体衬里；3—隔膜；4—螺钉；5—阀盖；6—阀瓣；7—阀杆；8—阀杆螺母；9—指示器；10—手轮

（b）直通式隔膜阀

1—阀体；2—阀体衬里；3—隔膜；4—螺钉；5—阀盖；6—阀瓣；7—阀杆；8—阀杆螺母；9—手轮；10—指示器

图 2-8　隔膜阀形式

根据阀体材质和管道直径的不通用，隔膜阀接口方式也有所不同，通常采用法兰连接。

隔膜阀结构较简单，便于检修，流体阻力小，适用于输送酸性介质和带悬浮物的介质。

隔膜阀受隔膜片材料的限制，适用于低压和温度相对不高的场合，可用于真空工况。但隔膜阀不适用于温度高于 60℃的介质及有机溶剂和强氧化剂等介质。

2.2.1.7　止回阀

止回阀又称为逆流阀、单向阀。这类阀门是靠管路中介质本身流动产生的力而自动开启和关闭的，属于一种自动阀门。止回阀的主要作用是防止介质倒流、防止泵及其驱动电机反转，以及容器内介质的泄放。当处理工艺管路只允许流体向一个方向流动时需要使用止回阀。

止回阀根据其结构可分为升降式（见图 2-9）、旋启式（见图 2-10）、蝶式和隔膜式等类型。升降式止回阀可分为立式和卧式两种。旋启式止回阀分为单瓣式、双瓣式和多瓣式 3 种。蝶式止回阀为直通式。

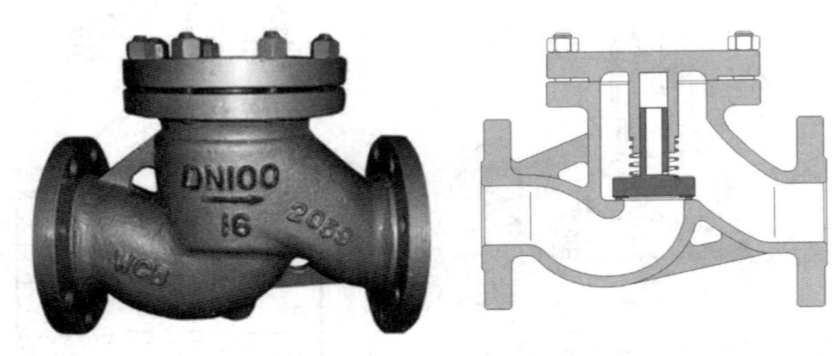

图 2-9　升降式止回阀

图 2-10　旋启式止回阀

底阀是止回阀的一种，具有防止水倒流的作用。底阀由阀体、阀盖、阀瓣、密封圈和垫片等部件组成（见图 2-11）。底阀在接入管路后，液体介质从阀盖方向进入阀体，液体的压力作用于阀瓣，使阀瓣被打开，允许介质流过；当阀体内的介质压力变化或消失时，阀瓣关闭，阻止介质倒流。

图 2-11　底阀

隔膜式止回阀有多种形式，均采用隔膜作为启闭件。其密封原理是：当介质正向流动时，靠介质压力冲开隔膜，介质通过，达到开启隔膜式止回阀的目的；当停泵时，没有介质正向流动，隔膜紧抱阀芯，达到关闭隔膜式止回阀的目的。关闭后的隔膜式止回阀，再靠介质逆流时的压力使隔膜压紧阀芯，产生密封力，使隔膜式止回阀达到密封的目的。工作介质压力越高，其密封性能越好。由于隔膜式止回阀的隔膜是用橡胶或工程塑料制成，因此不能使用在工作压力较高的管路上，一般公称压力在 1.6 MPa 以下，过高的工作压力会损坏隔膜，使止回阀失效。隔膜式止回阀的隔膜材料还使止回阀受温度的限制，一般隔膜式止回阀的介质工作温度不能超过 150℃，否则会使隔膜损坏，止回阀失效。

由于隔膜式止回阀防水击性能好，结构简单，制造成本较低，近年来发展较快，应用较广。

止回阀选用：一般在各种泵和压缩机的出口管上都要安装止回阀，其目的是防止介质倒流，使泵和压缩机反转。止回阀一般适用于清净介质，对有固体颗粒和黏度较大的介质不适用。

对于 DN 50 mm 以下的高中压止回阀，宜选用立式升降式止回阀。

对于 DN 50 mm 以下的低压止回阀，宜选用蝶式升降式止回阀、立式升降式止回阀。

对于 DN 大于 50 mm、小于 600 mm 的高中压止回阀，宜选用旋启式止回阀。

对于 DN 大于 200 mm、小于 1 200 mm 的中低压止回阀，宜选用无磨损球形止回阀。

对于 DN 大于 50 mm、小于 2 000 mm 的低压止回阀，宜选用蝶式止回阀和隔膜式止回阀。

对于水泵进口管路，宜选用底阀。

旋启式止回阀 PN 可达 42 MPa，而且 DN 也可做到很大，可达 2 000 mm 以上。根据壳体及密封件的材质不同，其可以适用任何工作介质和任何工作温度范围。介质为水、蒸汽、气体、腐蚀性介质、油品、食品、药品等。介质工作温度范围在−196～800℃。

卧式升降式止回阀宜装在水平管线上，立式升降式止回阀应装在垂直管线上。旋启式止回阀的安装位置不受限制，通常安装于水平管线上，对小口径管道也可安在垂直管线上。蝶式止回阀的安装位置不受限制，既可以安装在水平管线上，也可以安装在垂直管线或倾斜管线上。蝶式止回阀可以做成对夹式，一般都安装在管路的两法兰之间，采用对夹连接的形式。

底阀一般只安装在泵进口的垂直管线上，并且介质自下而上流动。

2.2.1.8 节流阀

节流阀是指通过改变通道面积来控制或调节介质流量与压力的阀门（见图 2-12）。节流阀在管路中主要作节流使用。节流阀通过启闭件改变通道截面积来达到调节流量和压力的目的。

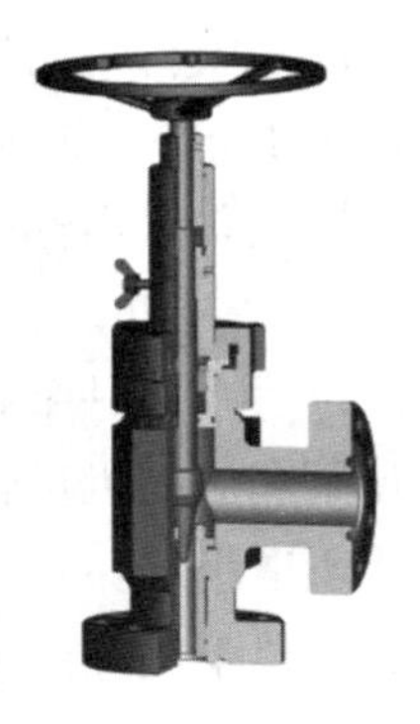

图 2-12 节流阀

采用截止阀节流较为常见。但用改变截止阀或闸阀开启高度来作节流是极不合适的，因为介质在节流状态下流速很高，必然会使密封面冲蚀磨损，失去切断密封作用。同样用节流阀作切断装置也是不合适的。

节流阀的外形尺寸小，质量轻，公称直径较小，一般在 25 mm 以下。节流阀调节性能较盘形截止阀和针形阀好，但调节精度不高，由于流速较大，易冲蚀密封面。

节流阀适用于温度较低、压力较高的介质，以及需要调节流量和压力的部位，但不适用于黏度大和含有固体颗粒的介质。

2.2.1.9　安全阀

安全阀是防止介质压力超过规定数值起安全作用的阀门。安全阀用在受压设备、容器或管路上，作为超压保护装置。当设备、容器或管路内的压力升高超过允许值时，阀门便自动开启，排放出多余介质；而当工作压力恢复到规定值时，又会自动关闭。

安全阀的种类如下。

①根据安全阀的结构可分杠杆重锤式、弹簧式、脉冲式 3 种。

杠杆重锤式安全阀（见图 2-13）用杠杆和重锤来平衡阀瓣的压力。重锤式安全阀靠移动重锤的位置或改变重锤的质量来调整压力。它的优点在于结构简单，缺点是对振动较敏感，且回座性能较差。这种结构的安全阀只能用于固定的设备上，重锤的质量一般不应超过 60 kg，以免操作困难。

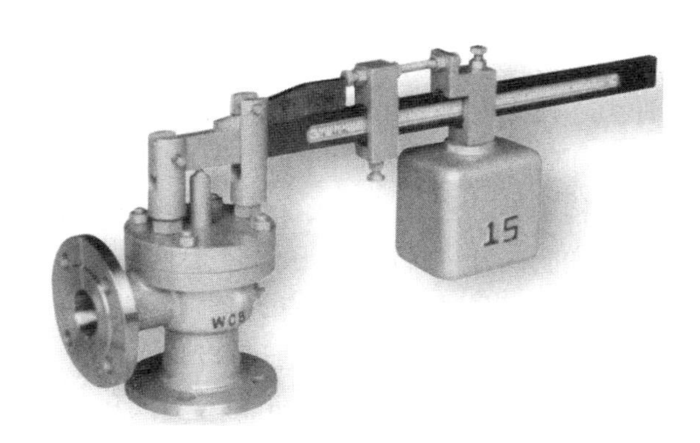

图 2-13　杠杆重锤式安全阀

弹簧式安全阀（见图 2-14）是利用压缩弹簧的力来平衡阀瓣的压力，并使其密封的安全阀。它的优点在于比重锤式安全阀体积小、质量轻、灵敏度高，安装位置不受严格限制；缺点是作用在阀杆上的力随弹簧变形而发生变化。同时必须注意弹簧的隔热和散热问题。

脉冲式安全阀（见图 2-15）由连在一起的主阀和辅阀组成，通过辅阀的脉冲作用带动主阀动作。脉冲式安全阀通常用于大口径管路、大排量及高压系统。

图 2-14 弹簧式安全阀　　　　图 2-15 脉冲式安全阀

②根据安全阀阀瓣最大开启高度与阀座直径之比，可分为微启式和全启式两种。

微启式安全阀：阀瓣的开启高度为阀座直径的 1/20～1/10，即安全阀阀瓣的开启高度很小，适用于液体介质和排量不大的场合。由于液体介质是不可压缩的，少量排出即可使压力下降。

全启式安全阀：阀瓣的开启高度为阀座直径的 1/4～1/3。全启式安全阀是借助气体介质的膨胀冲力，使阀瓣达到足够的高度和排量。此种结构灵敏度高，使用较多，但上、下调节环的位置难以调整，使用须仔细。

③根据安全阀阀体构造又可分全封闭式、半封闭式和敞开式。

全封闭式安全阀：安全阀开启排放时，介质不会向外界泄漏，而是全部通过排泄管排放。这种结构适用于易燃、易爆、有毒介质。

半封闭式安全阀：排放介质时，一部分通过排泄管排放，另一部分从阀盖与阀杆配合处向外泄漏。这种结构的安全阀适用于一般蒸汽和对环境有污染的介质。

敞开式安全阀：安全阀开启排放时，介质不引到管道或容器内，而直接由阀瓣上方排放到大气中。这种安全阀适用于对环境无污染的介质。

2.2.2 阀门的选择

阀门的选择十分重要，不合适的阀门会造成系统流体泄漏、产品偏离规格、停工检修、工作场所不安全以及对环境的危害。选择阀门的过程中，应注意以下事项。

（1）输送介质的性质

在选择阀门前，考虑系统输送的是什么样的流体介质。流体介质稠还是稀？是气体还是液体？是腐蚀性的还是惰性的？这些不确定的因素对系统的元件和运行都会造成影响。

例如，流体中有些物质具有极强的腐蚀性，有的相当危险，如果忽视这些物质，如硫化氢之类的化合物，而选择不合适的金属材料，必将缩短阀门的寿命；同时如果选用了不合适的密封机理，也很可能造成有毒物质泄漏。流体中的固体是一个不可忽视的因素，如果忽视流体中的微小凝结固体，阀门的磨损就会加剧。

（2）系统的运行条件

系统运行条件，如温度和压力等是选择阀门的重要因素。例如，在高温或低温条件下，要考虑材料的选用；各元件材料的膨胀率不同，也会造成流体泄漏。塑料元件可能收缩和渗漏，或者由于吸收水和其他系统介质，从而在低温时变脆。合成橡胶也可能在低温的工作条件下变硬和破裂。不同的压力也可能影响密封能力。

例如，大流量、低压力的水和空气等介质，使用蝶阀比较方便和经济。蝶阀不仅可以作为闭路阀门，而且可以调节流量。

高压阀门主要是以截止阀尤其是直角式截止阀为主。目前也开始用高压球阀。

（3）阀门的材质

制造阀门零件的材料很多，包括各种不同牌号的黑色金属和有色金属及其合金、各种非金属材料等。制造阀门零件的材料选择不仅取决于工作介质的压力、温度、特性，还取决于零件的受力情况以及在阀门结构中所起的作用，要保证阀门安全可靠、经济合理。

①阀体、阀盖和闸板（阀瓣）是阀门主要零件之一，直接承受介质压力，所用材料必须符合《钢制阀门一般要求》（GB/T 12224—2015）的规定。

②阀门密封面质量的好坏关系到阀门的使用寿命。通常密封面必须选用耐腐蚀、耐冲刷、抗磨蚀和抗氧化的材料。密封面材料通常分两大类：一是软质材料，包括橡胶（丁腈橡胶、氟橡胶等）、塑料（聚四氟乙烯、尼龙等）；二是硬质材料，包括铜合金（用于低压阀门）、铬不锈钢（用于普通高中压阀门）、司太立合金（用于高温高压阀门及强腐蚀阀门）和镍基合金（用于腐蚀性介质）。

③阀杆在阀门开启和关闭过程中，承受拉、压和扭转作用力，并与介质直接接触，同时和填料之间还有相对的摩擦运动，因此阀杆材料必须保证在规定温度

下有足够的强度和冲击韧性，有一定的耐腐蚀性和抗擦伤性，以及良好的工艺性。常用的阀杆材料有碳素钢、合金钢、不锈耐酸钢和耐热钢等。

④阀杆螺母在阀门开启和关闭过程中，直接承受阀杆轴向力，因此必须具备一定的强度。同时它与阀杆是螺纹传动，要求摩擦系数小、不生锈和避免咬死现象。选用钢制阀杆螺母时，要特别注意螺纹的咬死现象。

⑤紧固件在阀门上直接承受压力，对防止介质外流起关键作用，因此选用的材料必须保证在使用温度下有足够的强度与冲击韧性。例如，选用合金钢材料时必须经过热处理。若对紧固件有特殊耐腐蚀要求时，可选用 Cr17Ni2、2Cr13、1Cr18Ni9 等不锈耐酸钢。

⑥在阀门上，填料用来充填阀盖填料室的空间，以防止介质经由阀杆和阀盖填料室空间泄漏。填料不仅能耐腐蚀、密封性好，而且摩擦系数小。常根据介质、温度和压力来选择填料。常用的材料包括油浸石棉绳、橡胶石棉绳、石墨石棉绳、聚四氟乙烯。其中聚四氟乙烯是目前使用较广的一种填料，特别适合腐蚀性介质，但温度不得超过 200℃，一般采用压制或棒料车制而成。

⑦垫片是用来充填两个结合面（如阀体和阀盖之间的密封面）间所有凹凸不平处，以防止介质从结合面间泄漏。垫片材料在工作温度下应具有一定的弹性、塑性以及足够的强度，以保证密封，同时要具有良好的耐腐蚀性。垫片可分为软质和硬质两种。软质垫片一般为非金属材料制成，如硬纸板、橡胶、石棉橡胶板、聚四氟乙烯、柔性石墨等。硬质垫片一般为金属材料或者金属包石棉、金属与石棉缠绕等制成。金属垫片的材料一般用 08、10、20 优质碳素钢和 1Cr13、1Cr18Ni9 不锈钢，加工精度较高，适用于高温高压阀门；非金属垫片材料一般塑性较好，用不大的压力就能达到密封，适用于低温低压阀门。

（4）结构形式

阀门的结构形式各种多样，用哪种好呢？应首先了解每种类型阀门的结构特点和它的性能。阀门启闭件有 4 种运动方式，即闭合式、滑动式、旋转式、夹紧式，每种方式都有其优缺点。

①截止和开放介质用的阀门通常应选择截止后密封性能好，开启后流阻较小的阀门。

流道为直通式的阀门作为截止和开放介质用最适宜。截止阀由于流道曲折、流阻比其他阀门高，故较少选用。但允许有较高流阻的场合，则选用截止阀也未尝不可。对流阻要求严格的工况可选用闸阀、全通径球阀、旋塞阀等；对于受安装位置限制，对流阻要求不严格的地方可选用蝶阀、缩径球阀等。

②控制流量用的阀门通常选择易于调节流量的阀门，如调节阀、节流阀。闸阀通常不用于控制流量。“V”形开口的球阀和蝶阀有较好的控制流量特性，一般粗调时可以选用。

对于要求流量和开启高度成正比例关系的严格场合，应选专用的调节阀。精确地调节小流量，必须采用节流阀，而截止阀和闸阀都不行。

③换向分流用的阀门根据换向分流需要，可有 3 个或更多的通道。旋塞阀和球阀较适用于这一目的。

④刀形平板闸阀、直流式泥浆用截止阀、球阀等阀门适用于输送含悬浮颗粒的介质。

⑤凡是需要双向流通的管路，都不宜使用截止阀，因为截止阀是有方向性的，倒过来会影响效能和寿命。

⑥压力不太高的大阀门，常做成闸阀，因为结构长度小，比较省料和便于拆装。

⑦使用于腐蚀介质的阀门，虽然主要是材质选择问题，但结构选择也不能忽视，例如，闸阀中的暗杆双闸板式就不利于防腐蚀，明杆单闸板式则适合于防腐蚀，选型时必须注意。

⑧某些化工介质有析晶现象，或含有不可留存的沉淀物质，输送这类介质时，不应该选用截止阀和闸阀（因为它们都有留存介质的角落），而应选用球阀或旋塞阀。

⑨阀门处于高空、远距离、高温、危险或其他不适合亲手操作的位置，应采用电动或电磁驱动。对易燃易爆部位，为防止出现火花，应采用液动或气动。手力不及和需要快速开闭的阀门，也应采用电动、气动或液动。

（5）阀门的密封性

阀门的密封性能是考核阀门质量优劣的重要指标之一。阀门的密封性能主要包括两个方面：内漏和外漏。内漏是指阀座与关闭件之间介质的泄漏。外漏是指阀杆填料部位的泄漏、密封垫片部位的泄漏及阀体因铸造缺陷造成的渗漏。外漏是不允许的，如果介质不允许排入大气，则外漏的密封比内漏的密封更为重要。阀门的密封性能对于输送可燃、有毒、危险的流体极其重要。

因此，阀门的密封作用是对阀门的基本要求。在选择阀门时，一定要注意阀门的密封形式，并结合各自的实际应用情况，检查阀门的密封效果。

在实际应用中，密封有多种形式，如软密封、硬密封、阀杆密封、阀体密封、面密封、线密封等。软密封使接触面容易配合，使阀门能达到极高程度的密封性，而且这种密封性可以重复达到。但软密封材料受到介质适应性及使用温度的限制。例如，软密封蝶阀密封面通常采用丁腈橡胶及三元乙丙橡胶等。阀杆的密封通常用压缩填料，使阀杆周围密封。

很多阀门使用填料密封做旋转运动的阀杆和做直线运动的阀杆，填料密封形式取决于流体的性质，有时需要加水封装置、气封装置或加中间引漏孔。对于具有危险性的流体，有时使用隔膜阀或管夹阀替代有填料函的阀门效果更好。

（6）安全性

在选择阀门时，应检查阀门是否含有污染流体的成分。阀门直接与流体接触的部分主要是阀体内侧、密封部分等，目前许多厂家生产的阀门密封部分采用橡胶材料。丁腈橡胶（NBR）、氯丁橡胶（CR）或三元乙丙橡胶（EPDM）等常用的橡胶材料中含有防老化剂等添加剂，会污染流体。

为了保障设备或管路的安全，一般采用弹簧式安全阀。但需注意，弹簧式安全阀的一种公称压力又有一个压力段，用不同弹力的弹簧来区分，选型时不但要选准公称压力，还必须选准压力段，否则阀门不灵，不能保障安全。

（7）阀门的压力损失

阀门的压力损失对整个系统将造成巨大的影响。泵需要足够的压力把流体输送到管道中，如果阀门压力损失过大，压缩机必须超负荷工作，系统的寿命将大大缩短。

大部分阀门与被连接管道有相似的直线圆孔，但也有一些阀门的通道不是圆形的，有的阀门还是缩径的。阀门流道的形状和尺寸直接影响阀门的压力损失。

2.3 管件

管件用于管道连接、转向、汇合或分流。管件包括法兰、管托、管道的支架、吊架、弯头、三通、四通和管道补偿器等部件。

2.3.1 法兰及其选用

法兰连接是管路中最常用的连接方式。法兰连接拆装方便，密封可靠，适用的压力、温度和管径范围大。法兰的材料有钢、铝、不锈钢、硬聚氯乙烯等。常用的法兰形式有承插法兰、螺纹法兰、对焊法兰、平焊法兰、松套法兰、法兰盖等（见图 2-16）。

图 2-16　法兰

板式平焊法兰在环境工程中应用较为普遍。这种法兰由于刚度较低，在螺栓压紧力的作用下易发生变形而导致泄漏，所以仅适用于中低压容器（PN≤1.0 MPa），并适用于有毒、易燃、易爆以及真空度要求较高的场合。

带颈平焊法兰和带颈对焊法兰不仅在法兰平板上增加了一个短颈，大大增加了法兰的刚度，而且有多种密封面，适用的压力范围较广。带颈对焊法兰由于法兰的颈较高，且与钢管的连接处采用对接焊，因而有很高的承载能力，适用压力范围更广，可用于中高压场合。

承插焊法兰在法兰和钢管之间仅有单面填角焊，承载力较差，只适用于 DN ≤ 50 mm 的小口径管道，且 PN≤1.0 MPa。

平焊环松套板式法兰和翻边松套板式法兰是松套法兰的两种主要形式。这两种松套法兰套在管子的翻边或套环外侧，拧紧法兰的螺栓时，法兰将管子的翻边或套环压紧，使管子连接起来，承受压力时法兰力矩完全由翻边或套环来承担。该类法兰适用于具有腐蚀性介质或有色金属管道系统。

翻边松套板式法兰和平焊环松套板式法兰由于都采用平板式，因而适用于PN＜1.6 MPa 的场合，且前者适用的 PN 和 DN 较后者更小。

法兰盖主要用于管道端头以及人孔、手孔的封头。

选择标准法兰时，首先根据 PN、工作温度和介质性质，选出所需法兰的类型、标准号及其材料牌号；其次根据 PN 和 DN，按已选出的法兰标准号，确定法兰的结构尺寸和螺栓数目与尺寸。

按公称压力选择标准法兰时，应注意下列问题：

①当选择与设备或阀件相连接的法兰时，应按设备或阀件的 PN 来选择，否则将造成所选用的法兰与设备或阀件上的法兰尺寸不相符合。

②对气体管道上的法兰，当 PN＜0.25 MPa 时，一般应按 0.25 MPa 等级选用。

③对液体管道上的法兰，当 PN＜0.6 MPa 时，一般应按 0.6 MPa 等级选用。

④真空管道上的法兰，一般按 PN＜≥1 MPa 时的等级选用凸凹式法兰。

⑤易燃、易爆、有毒性和刺激性介质管道上的法兰，其 PN 等级不小于 1 MPa。

2.3.2 法兰垫片及其选用

为了法兰结合面的密封，在结合面之间都置有垫片，法兰垫片是法兰连接必须使用的管件附件（见图 2-17）。在管路设计中选择法兰垫片主要是选择适合的垫片材料。垫片材料取决于管道输送介质的性质、最高工作温度和最大工作压力。法兰连接用的垫片一般分软垫片、金属垫片、石棉缠绕式垫片 3 类。软垫片适用于中低压管道的法兰；金属垫片适用于高压管道的法兰；石棉缠绕式垫片适用于大直径法兰，或者管道输送的介质温度和压力变化波动较大的管道上。软垫片是用整块的平板制成的，常用的有橡胶板、橡胶石棉板、耐酸石棉板和耐油橡胶板。

图 2-17 法兰垫片

2.3.3 弯头

弯头是管道中常用的管件。如图 2-18 所示，管道中安装各种不同角度（常见 45°、90°、180°等）的弯头，用于改变管道的走向和位置。弯头根据制造方法的不同，可分为冷弯弯头、热弯弯头、冲压弯头和焊接弯头等。

三通、四通、“Y”形管是管道中常见的管件，用在有分支管的地方。

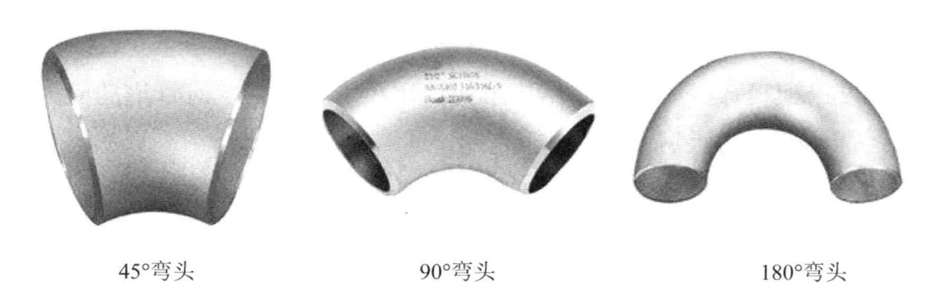

图 2-18 弯头

2.3.4 管托

管托主要用于圆形管道与支架间的固定连接，见图 2-19。

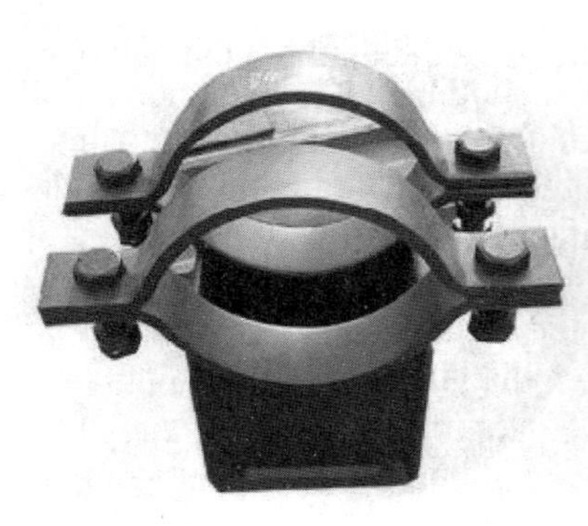

图 2-19 管托

2.3.5 管道支吊架

管道在环境工程中往往都要加以支撑和固定，这些支撑和固定管道的机构设施，就叫管道的支吊架。管道支吊架的功能有：

①承受管道的自重和管道的各种附件、保温层以及管道内介质的质量；

②对热力管道热变形进行限制和固定；

③减少由于管道热膨胀所引起的应力对设备、装置的推力和力矩，并防止或减缓管道的振动等。

管道支吊架设计得好坏，其结构形式选用得恰当与否，对管道的应力状况和安全运行有着很大的影响。

支架按其固定方式可分为固定支架、活动支架、导向支架、弹簧支架等。

图 2-20 为固定支架安装在墙体上的两种形式：（a）为角钢墙架通过墙体上的预埋螺栓固定在墙体上；（b）为角钢墙架通过膨胀螺栓固定在墙体上。

图 2-21 为活动支架安装在墙体上的两种形式：（a）为角钢墙架与墙体上的预埋件采用焊接连接；（b）为角钢墙架插入墙体上的预留孔中，然后再在孔中填入混凝土（称为“二次灌浆”）加以固定。

吊架主要用于室内架空管道的支撑（见图 2-22）。上端固定在建筑物的梁底或楼板底部，下端是用于固定管子的管箍，中间是可以调节长度的活动吊杆。

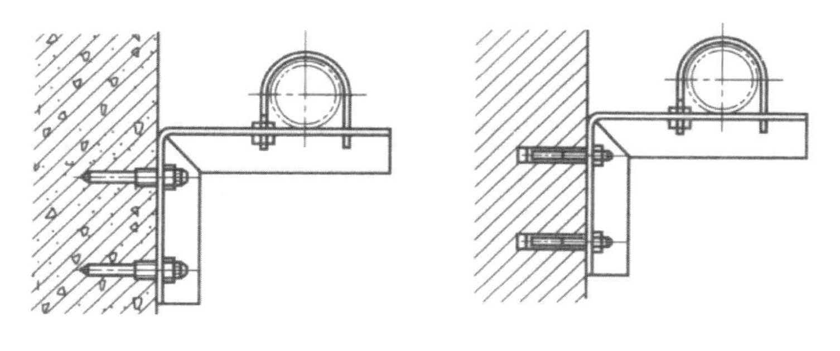

（a）预埋螺栓固定　　（b）膨胀螺栓固定

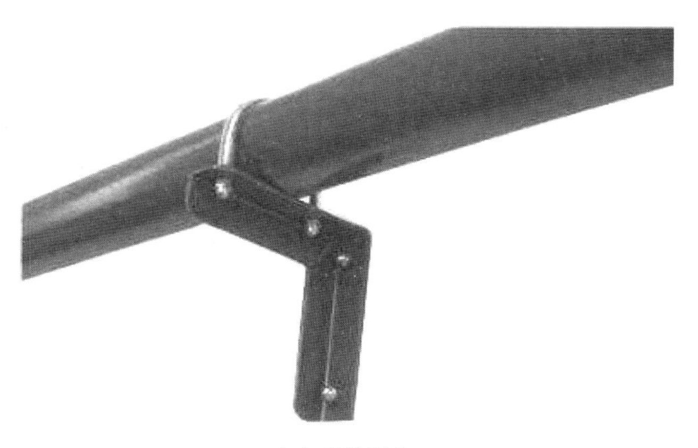

（c）实物照片

图 2-20　固定支架

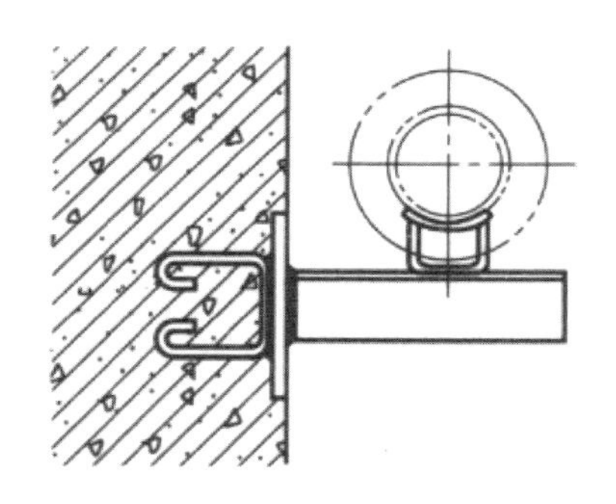

（a）预埋件焊接连接

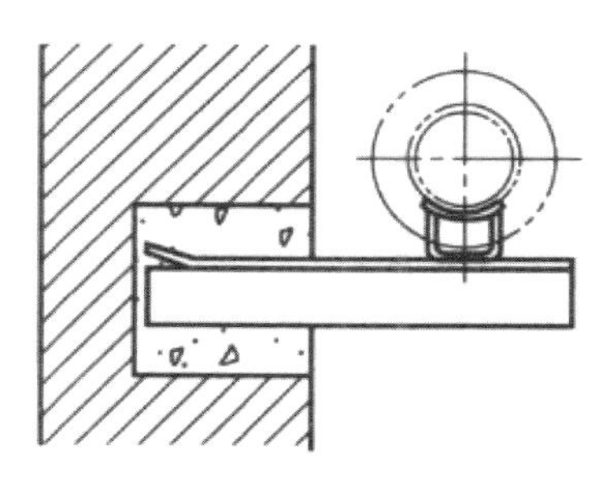

（b）预留孔二次灌浆连接

图 2-21　活动支架

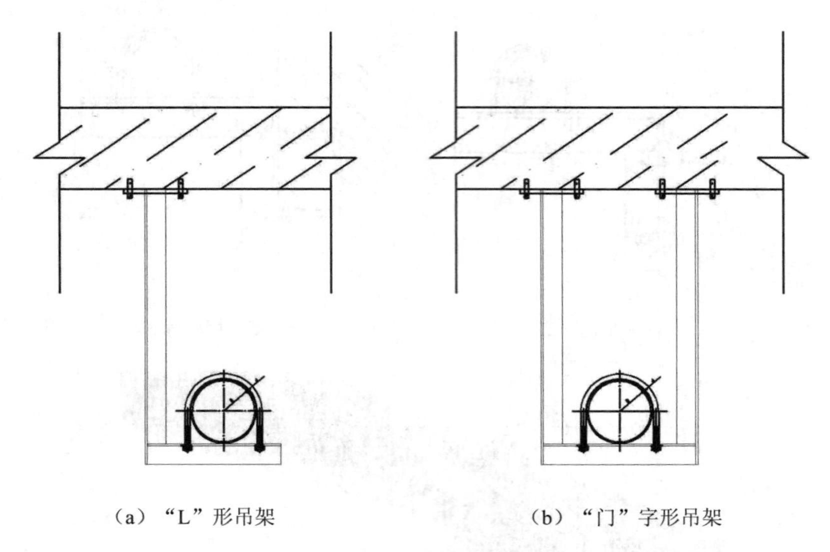

（a）“L”形吊架　　（b）“门”字形吊架

图 2-22　吊架

第 3 章　泵与风机

泵与风机是输送废水、污泥、混凝剂、空气、烟气等液相或气相物料的重要设备。泵通常被人比作废水处理工艺流程中的“心脏”，泵一旦出现故障，往往会使整个废水处理系统停止工作。风机常用于输送气体、产生高压气体和获得真空，不仅在大气污染控制工程中得以广泛应用，在部分水污染治理工程中也是必不可少，如活性污泥法工艺的鼓风曝气等。为了选用符合生产要求且经济合理的泵和风机，不仅要熟知被输送流体的性质、工作条件、输送要求，还要了解各种类型泵和风机的工作原理、结构和特性。

3.1　泵

3.1.1　泵的主要性能参数

泵的主要性能参数有：流量、扬程、功率、空高度、允许汽蚀余量等。在泵的铭牌上，一般都标有这些参数的具体数值，以说明泵在最佳或额定工作状态时的性能（见图 3-1）。

①流量是指泵在单位时间内输送的流体量，常用体积流量 q_V 表示，单位为 m^3/s 或 m^3/h。

②扬程又称压头，表示单位重量液体流过泵后的能量增值。通常用“米水柱（mH_2O 柱）”作单位，习惯简称“mH_2O[①]”。通常一台泵的扬程是指铭牌上的数值，实际上扬程比此值要低，因为泵的扬程不仅要用来使液体提升，而且要用来克服液体在输送过程中的阻力头。

① $1\ mH_2O = 9.806\ kPa$。

③轴功率、有效功率与效率。泵的功率是指泵的轴功率，又叫输入功率，它是电动机传到泵轴上的功率，用 N 表示，单位为 kW。泵的有效功率又称输出功率，是指单位时间内通过泵的液体所获得的总能量，用 Ne 表示，单位为 kW。效率是泵总效率的简称，指泵的输出功率与输入功率之比的百分数，用符号η表示。

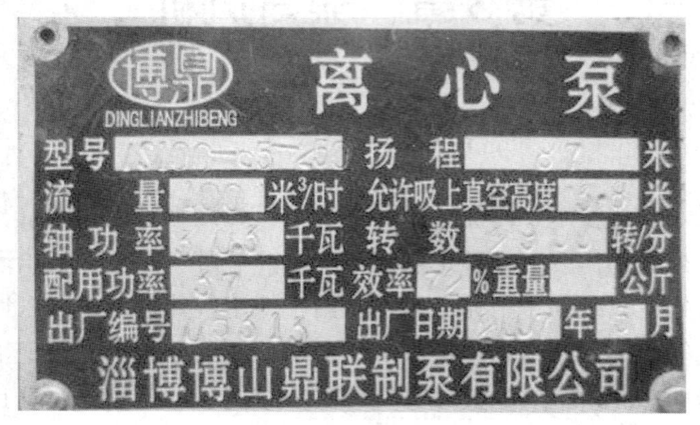

图 3-1 水泵铭牌

④转速。转速是指泵叶轮每分钟的转数 n，单位为 r/min。它是影响泵性能的一个重要因素，当转速变化时，泵的流量、扬程、功率等都要发生变化。实际转速和额定转速不一致时会引起泵性能发生变化。增加转速可加大排量，但会造成动力机械超载或带不动。降低转速会使排量和扬程减小，设备利用率降低，所以通常不允许改变泵的转速。

⑤允许吸上真空高度和允许气蚀余量。允许吸上真空高度和允许气蚀余量都是泵的气蚀性能参数。当允许吸上真空高度越小或允许气蚀余量越大时，泵的抗气蚀性能就越差。在泵的运行中，通常都要求掌握不同工况下泵的允许吸上真空高度或允许气蚀余量，以设法防止气蚀的发生。

3.1.2 泵的类型及特点

泵按产生的压强分为低压泵（全压小于 2 MPa）、中压泵（全压在 2～6 MPa）和高压泵（全压大于 6 MPa）。

按其结构与工作原理，通常可以将泵分成叶片式泵、容积式泵及其他类型的泵。

（1）叶片式泵

叶片式泵依靠装在主轴上的叶轮旋转，由叶轮上的叶片对流体做功，从而使流体获得能量。根据流体在叶轮内的流动方向和所受力的性质不同又分为：离心式、轴流式、混流式3种泵。其中，离心泵在环境工程中应用最为广泛。离心泵常用于输送水、腐蚀性液体及悬浮液，但不适于输送黏度大的物料。离心泵提供的压头范围和适用的流量范围都很大。冶金化工厂的液体输送所用的泵，有80%～90%是离心泵。离心泵不适用于周期脉动供料。轴流泵是流量大、扬程低、比转数高的叶片式泵，轴流泵的液流沿转轴方向流动，其设计的基本原理与离心泵基本相同。与离心泵不同的是，轴流泵流量越小，轴功率越大。混流泵流量较大、压头较高，是一种介于轴流式与离心式之间的叶片式泵。

（2）容积式泵

容积式泵是利用机械内部的工作室容积周期性的变化，从而吸入或排出流体。根据其结构的不同，可分为往复式、回转式两种。

往复泵是借活塞在气缸的往复作用使缸内容积反复变化，以吸入和排出流体。柱塞泵、活塞泵、隔膜泵都属于往复泵。

对于回转泵，机壳内的转子或转动部件旋转时，转子与机壳之间的工作容积发生变化，从而吸入和排出流体。齿轮泵、螺杆泵、滑片泵等属于回转泵。

（3）其他类型的泵

即无法归入叶片式或容积式的各类泵，如射流泵（喷射泵）、水锤泵等。

3.1.3 常见泵的工作原理及应用

3.1.3.1 WQ 污水潜水泵

WQ 系列污水潜水泵（以下简称潜污泵，见图 3-2）是单级、单吸、立式、无堵塞离心式潜污泵，泵和电动机连成一体，潜入水中工作。具有节能效果显著、防缠绕、无堵塞、自动安装和自动控制等特点。潜污泵无须建泵房，潜入水中即可工作，大大减少了工程造价。潜污泵适用于工矿企业、医院、宾馆、院校、住宅区的污水排放系统，在排送固体颗粒和长纤维垃圾方面，具有独特效果。

（1）潜污泵的基本结构

潜污泵主要由底座、泵体、叶轮、三相异步电动机、机械及橡胶密封圈和电器保护装置等部分组成（见图 3-3）。在电动机和泵体之间设有油隔离室，在油隔离室中安装了机械密封，以防止水进入电动机，造成电动机线短路而烧毁。泵配用电动机功率在 30 kW 以上时，接线腔内设有漏水检测探头。当电缆断裂或因其他原因漏水时，探头发出信号，控制系统对泵进行保护。泵配用电动机功率在18.5 kW以上时，各泵均有自备冷却系统。

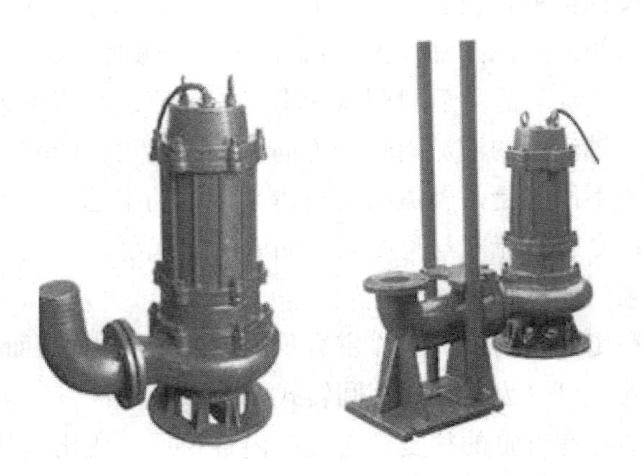

图 3-2 WQ 系列污水潜水泵外形图

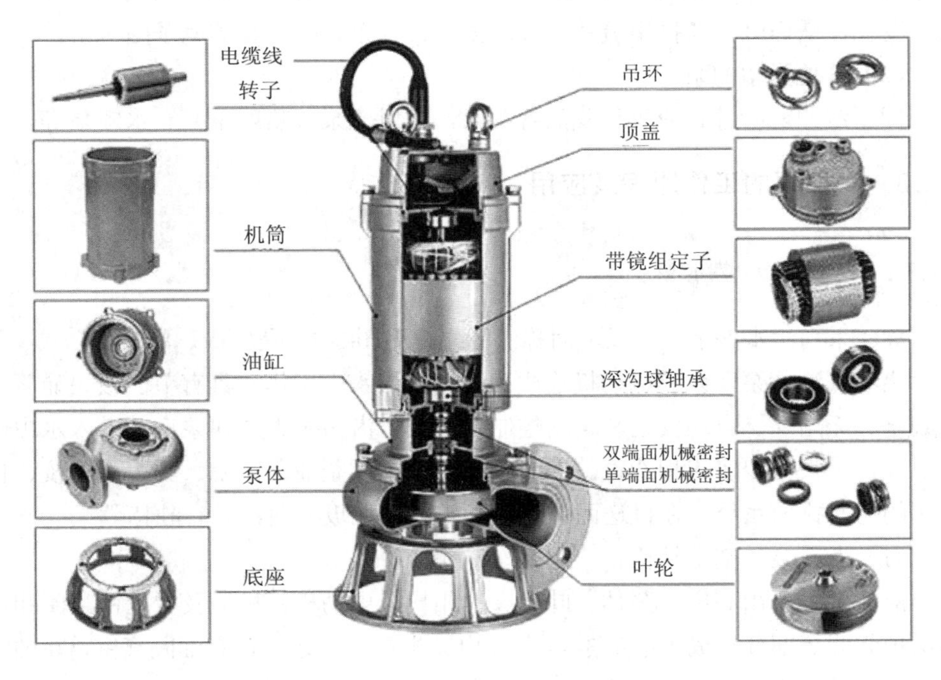

图 3-3 WQ 系列污水潜水泵结构图

（2）潜污泵的型号说明

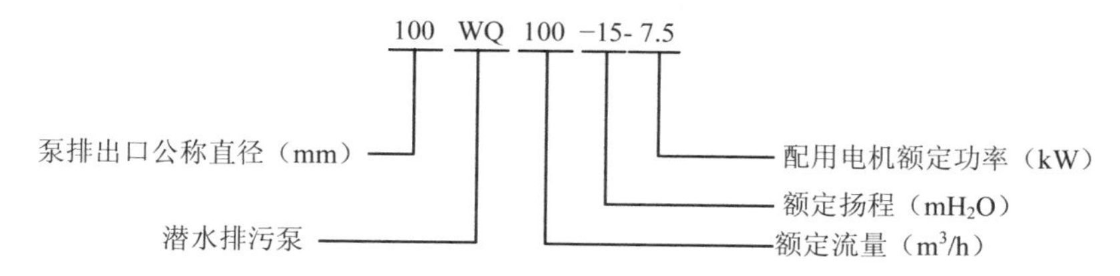

（3）潜污泵的性能参数（见表3-1）

表3-1 WQ型污水潜水泵主要性能参数表

序号	型号	流量	扬程/mH_2O	转速/（r/min）	口径/mm	功率/kW
1	25WQ8-22-1.1	8	22	2 900	25	1.1
2	32WQ12-15-1.1	12	15	2 900	32	1.1
3	40WQ15-15-1.5	15	15	2 900	40	1.5
4	40WQ15-30-2.2	15	30	2 900	40	2.2
5	50WQ20-7-0.75	20	7	2 900	50	0.75
6	50WQ10-10-0.75	10	10	2 900	50	0.75
7	50WQ25-10-1.5	25	10	2 900	50	1.5
8	50WQ20-15-1.5	20	15	2 900	50	1.5
9	50WQ27-15-2.2	27	15	2 900	50	2.2
10	50WQ15-25-2.2	15	25	2 900	50	2.2
11	50WQ18-30-3	18	30	2 900	50	3
12	50WQ24-20-4	24	20	2 900	50	4

（4）潜污泵的特点

①采用大流道抗堵塞水力部件设计，大大提高污物通过能力，能有效地通过直径为水泵口径5倍的纤维物质和直径为泵口径约30%的固体颗粒。

②设计合理，配套电机合理，效率高，节能效果显著。

③机械密封采用双道串联密封，材质为硬质耐腐碳化钨，具有耐用、耐磨等特点，可以使潜污泵安全连续运行8 000 h以上。

④潜污泵的结构紧凑，体积小，移动方便，安装简便，无须建泵房，潜入水中即可工作，大大减少了工程造价。

⑤可根据用户需要配合全自动安全保护控制柜，对泵的漏水、漏电、过载及超温等进行监控，保证潜污泵的运行可靠安全。

⑥在使用扬程范围内保证电机运行不过载。

⑦根据使用场合电机可采用水套式外循环冷却系统，能保证水泵在无水（干式）状态下安全运行。

（5）潜污泵的应用范围

①市政工程、建筑工地；

②住宅区的污水排放；

③医院、宾馆等的污水排放；

④城市污水处理厂排水系统；

⑤人防系统排水站，自来水厂的给水装置；

⑥工厂、商业严重污染污水的排放。

（6）潜污泵的安装

潜污泵的安装方式有固定式安装和移动式安装，固定式安装又分为自动耦合安装与固定干式安装，移动式安装又称为自由式安装。可满足不同的使用场合。

①自动耦合安装。自动耦合安装装置可以将电泵快而简便地沿着滑移导轨放入污水介质中，泵和底座自动耦合密封。安装及维修提升非常方便。在这种安装形式中，泵与耦合装置相连，耦合底座固定于泵坑底部（在建造污水坑时，已预埋好地脚螺栓，使用时将耦合底座固定即可），泵可以在导轨中上下自动移动，当泵放下时，耦合装置自动地与耦合底座耦合，而提升泵时与耦合底座自动脱离（见图 3-4）。这种方式可根据用户要求配备液压开关、中间端子箱及全自动保护控制柜。在选型时，应注明泵的型号、安装方式、池深、泵控制保护方式，以便提供最优的系统。

②固定干式安装。泵装置于泵坑另一侧，与进水管一起固定在底座上。由于采用水套式冷却系统，可确保水泵在满载条件下运行。优点是水流对积水坑的连续冲击不损坏水泵且可承受意外的泛滥。适合于市政建设、立交桥地下泵站污水的排放。

③移动式安装方式。潜污泵以支架支撑，接上出水软管或钢管即可，见图 3-5。适合于河道治理、工业废水排放、市政建设污泥的抽送等场合。

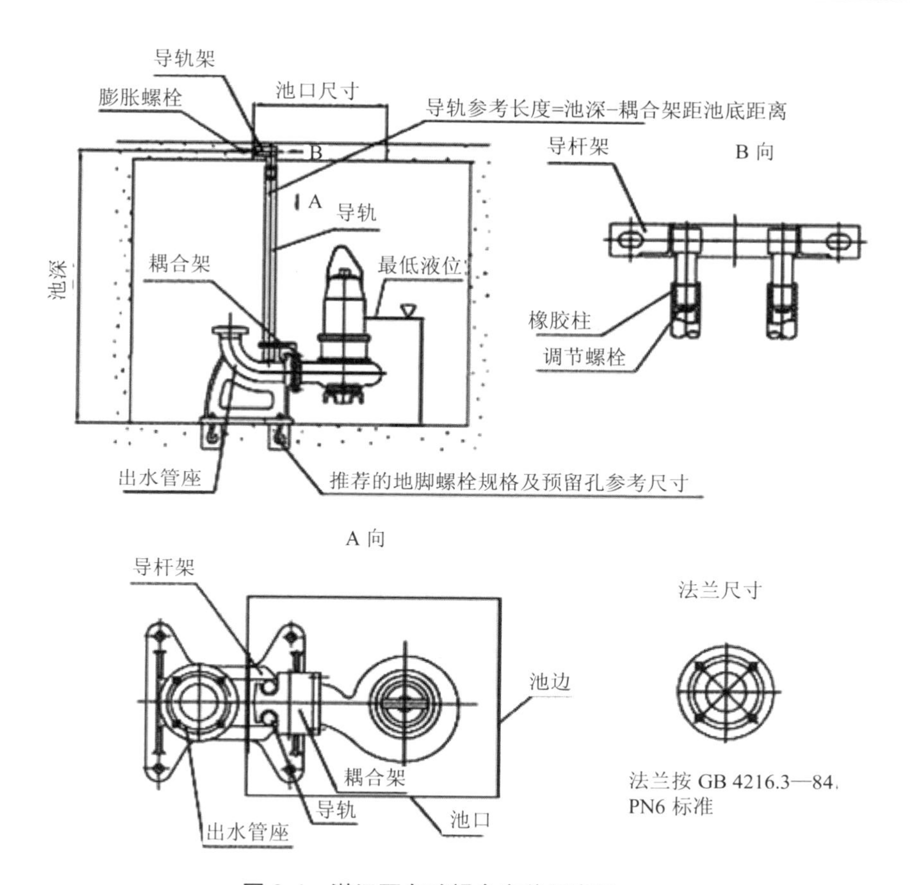

图 3-4 潜污泵自动耦合安装示意图

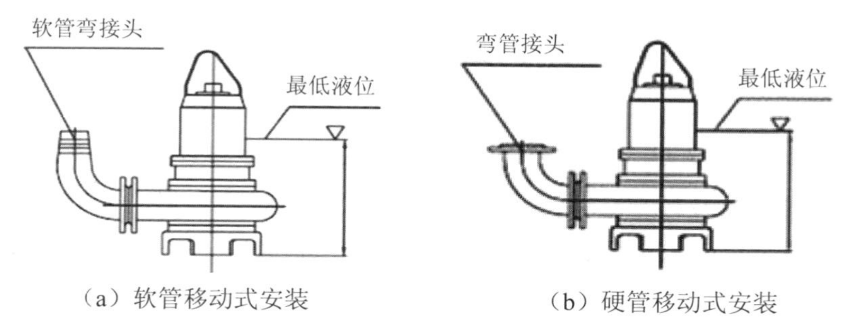

（a）软管移动式安装　（b）硬管移动式安装

图 3-5 潜污泵移动式安装示意图

（7）潜污泵的安装与使用注意事项

①启动前应仔细检查电泵在运输、存放、安装过程中有无变形或损坏，紧固件是否松动或脱落。

②检查电缆有无破损、断裂等现象，如有损伤，需更换以免漏电。

③检查电源装置是否安全可靠、额定电压与铭牌必须相符。

④用兆欧表检查电机定子绕组冷态对地绝缘电阻，不得小于 50 MΩ。

⑤严禁用泵的电缆作为安装和起吊绳，以免发生危险。

⑥泵的旋转方向从进水口看为逆时针转动，如果泵反转，只需将电缆中的任意两根对调一下接线位置，水泵即可正转。

⑦水泵应垂直潜入水中，不允许横放，不能陷入污泥中，水泵移动时，必须切断电源。

⑧电泵多次使用后，必须放入清水中运转数分钟，防止泵内留下沉积物，保证电泵清洁。

⑨电泵长期不用时，应将电泵从水中取出，以减少电机定子绕组受潮的机会，增加电泵使用寿命。

⑩在正常工作条件下，电泵工作一年后，应进行维护保养，更换已磨损的易损件，检查紧固状态，补充或更换轴承润滑脂及油室中的机械油，保证电泵良好运转。

3.1.3.2 自吸泵

所谓自吸泵，就是在启动前不需要灌水（安装后第一次启动仍然需灌水），经过短时间运转，靠泵本身的作用即可以把水吸上来，投入正常工作（见图 3-6）。

ZCQ 磁力自吸泵以静密封取代动密封，使过流部件处于完全密封状态，不需底阀和引灌水。该类型泵结构紧凑，外形美观，体积小，噪声低，运行可靠，使用维修方便，用于石油、化工、制药、电镀、印染、食品等行业抽送酸、碱、油类、易燃易爆液体及稀有液体、毒液、挥发性液体，以及与循环水设备配套。

WFB 型无密封自控自吸泵具有耐温、耐压、耐磨、一次引流、终身自吸等功能。目前有不锈钢、增强聚丙烯、铸钢、铸铁等材质的系列无密封自控自吸泵整机。

图 3-6 自吸泵外形图

SFBX 型耐腐蚀不锈钢自吸泵具有耐腐蚀性能可靠，使用、维护方便，结构紧凑，能耗低，密封性能好等优点。耐腐蚀不锈钢自吸泵适用于食品、医药、污水处理、化工、电镀、漂染、精细化工等行业输送温度不高于 90℃（直联式）或不高于 105℃（带轴承托架式），带有细小软颗粒或纤维质，带腐蚀性或有卫生要求的液体。

ZZB 型无堵塞自吸污水泵是中美合资温保利泵业有限公司引进美国最新技术和工艺开发而成的新产品。该泵克服了传统污水泵所固有的缺点，具有成本低、性能可靠的特点，专用于市政污水和工业废水的处理工程，广泛用于各类废水分级处理和集中处理系统。其流量为 10～1 200 m^3/h，扬程为 7～40 mH_2O。

3.1.3.3 排污泵

排污泵种类主要有 YW 型液下排污泵、GW 型管道排污泵、WL 型立式排污泵、ZW 型自吸式排污泵、LW 立式无阻塞排污泵、YWJ 型自动搅匀液下泵、AS/AV 型撕裂潜水排污泵、WQ 型潜水无堵塞排污泵、YW 型液下式无堵塞排污泵、JYWQ 系列自动搅匀排污泵、WQK/QG 带切割装置排污泵等规格系列。

YW 型液下排污泵具有结构先进、排污力强等优点，配备液位自动控制柜，使用极为方便。YW 型液下排污泵基本长度为 1～5 m，有两种结构：一种是单管，另一种是双管，工作时由于泵体浸在液体中，因此对外界而言具有无泄漏的特性，适合安装在水池和水槽的支架上，电机在上，泵体淹没在液面以下，可用于固定或移动的场合。其适用于输送生活污水、建筑施工中的泥浆水、地下排污、含块状介质的工业液体，也可用于抽送清水。

型号说明：

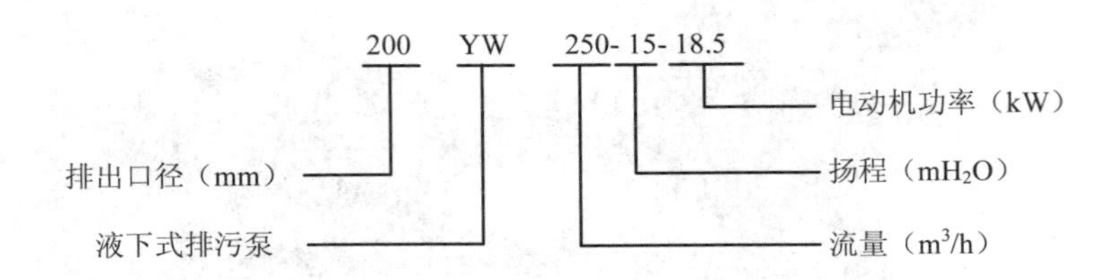

WI 型立式污水泵适于输送生活污水、粪便或其他含有少量纤维、纸屑等块状悬浮物的液体。抽送液体的温度应低于 80℃。本泵为单级、单吸、立式结构，泵体及叶轮直接浸没于液面以下，启动前不需要灌水。流量为 12.5～25 m^3/h，扬程为 8～12.1 mH_2O，转速为 2 850～2 900 r/min。

3.1.3.4 隔膜泵

隔膜泵是容积式泵中较为特殊的一种形式（见图 3-7）。它是依靠一个隔膜片的来回鼓动而改变工作室容积来吸入和排出液体的（见图 3-8 和图 3-9）。隔膜泵是一种新型输送机械，可以输送各种腐蚀性液体，带颗粒的液体，高黏度、易挥发、易燃、剧毒的液体。

图 3-7 隔膜泵外形图

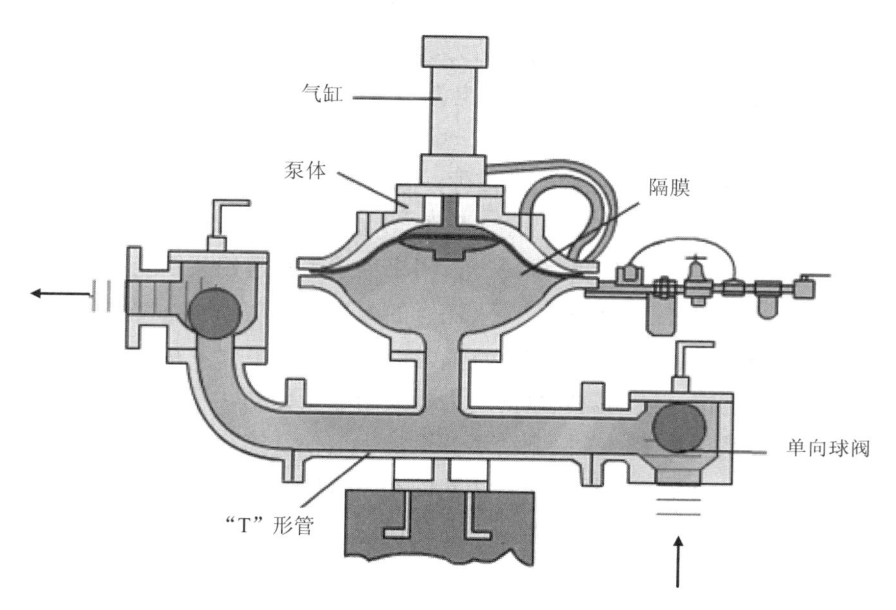

图 3-8　隔膜泵工作原理——吸入

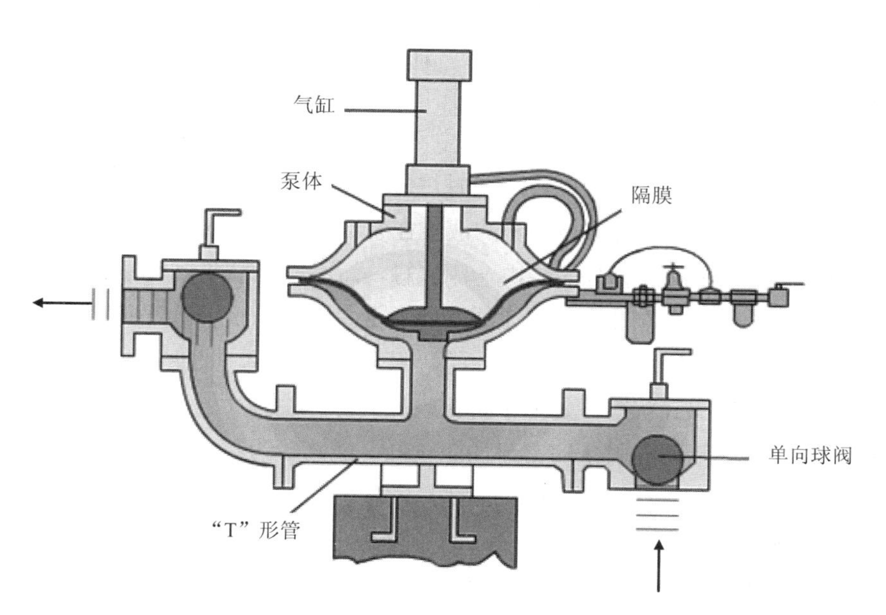

图 3-9　隔膜泵工作原理——排出

隔膜泵按其所配执行机构使用的动力，可以分为气动、电动、液动 3 种，即以压缩空气为动力源的气动隔膜泵，以电为动力源的电动隔膜泵，以液体介质（如油等）压力为动力源的液动隔膜泵。气动隔膜泵采用空气压缩机压缩空气为动力源，对于各种腐蚀性液体，带颗粒的液体，高黏度、易挥发、易燃、剧毒的液体，均能予以抽光吸尽。气动隔膜泵应用于石油、化工、电子、陶瓷、纺织、油漆、制药机械等系统，安置在各种特殊场合，用来抽送各种常规泵不能抽吸的介质，是替代齿轮泵的理想产品，取得了令人满意的效果。气动隔膜泵常用的材质有 5 种：塑料、铝合金、铸铁、不锈钢、特氟龙。电动隔膜泵有 4 种材质：塑料、铝合金、铸铁、不锈钢。液动隔膜泵的动力端采用液压传动，用液压取代了曲轴连杆、减速器等一系列装置，直接驱动活塞运动。这使其结构大为简化，成本大大降低。液动式隔膜泵是一种技术比较成熟的泵。近年来，由于在隔膜材质上取得了突破性的进展，国际上越来越多的工业化国家，采用液动式隔膜泵取代部分离心泵、螺杆泵、齿轮泵等，应用于电力、石化、陶瓷、冶金等行业。

隔膜泵的工作部分主要由曲柄连杆机构、柱塞、液缸、隔膜、泵体、吸入阀和排出阀等组成，其中由曲柄连杆机构、柱塞和液缸构成的驱动机构与往复柱塞泵的驱动机构十分相似。隔膜泵工作时，曲柄连杆机构在电动机的驱动下，带动柱塞做往复运动，柱塞的运动通过液缸内的工作液体（一般为油）而传到隔膜，使隔膜来回鼓动。气动隔膜泵缸头部分主要由一隔膜片将被输送的液体和工作液体分开，当隔膜片向传动机构一边运动时，泵缸内为负压而吸入液体；当隔膜片向另一边运动时，则排出液体。被输送的液体在泵缸内被膜片与工作液体隔开，只与泵缸、吸入阀、排出阀及膜片的泵内一侧接触，而不接触柱塞以及密封装置，这就使柱塞等重要零件完全在油介质中工作，处于良好的工作状态。隔膜片既要有良好的柔韧性，还要有较好的耐腐蚀性能，通常用聚四氟乙烯、橡胶等材质制成。隔膜片两侧带有网孔的锅底状零件是为了防止膜片局部产生过大的变形而设置的，一般称为膜片限制器。气动隔膜泵的密封性能较好，能够较为容易地达到无泄漏运行。

隔膜泵选择往往从下列两个方面考虑：

（1）从输出力考虑

执行机构无论是何种类型，其输出力都是用于克服负荷的有效力（主要是指不平衡力和不平衡力加上摩擦力、重力等有关力的作用）。

（2）执行机构类型的确定

①阀芯形状结构主要根据所选择的流量特性和不平衡力等因素考虑。

②当流体介质是含有高浓度磨损性颗粒的悬浮液时应考虑耐磨损性。

③若介质具有腐蚀性，在能满足调节功能的情况下，尽量选择结构简单的阀门。

④当介质的温度、压力高且变化大时，应选用阀芯和阀座的材料受温度、压力影响而变化小的阀门。

3.1.3.5　螺旋泵

螺旋泵是一种低扬程（一般为3～6 mH_2O）、低转速、流量范围较大、效率稳定、运转和维护简易的机械。该设备最适用于扬程较低、流量较大、进水水位变化较小的场合，因此被广泛用于给水、雨水和污水的中途泵站，水厂和污水处理厂的给水和出水泵站及回流污泥的提升，尤其适用于提升活性污泥和回流污泥。

（1）型号说明

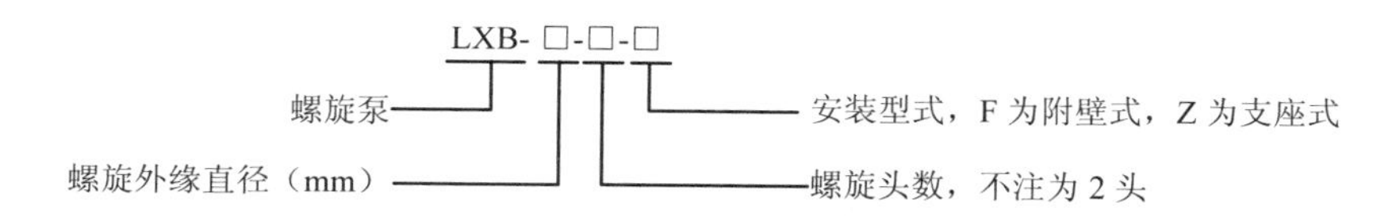

（2）结构

泵壳为一圆筒，也可用圆底形斜槽代替泵壳。叶片缠绕在泵轴上，呈螺旋状，叶片断面一般呈矩形。泵轴主体为一圆管，下端有轴承，上端接变速装置。变速装置用传动轮接电动机，构成泵组。泵组用倾斜的构件承托，泵的下端浸没在水中。螺旋泵在工作时，电动机带动泵轴及叶轮转动，叶轮给流体一种沿轴向的推力作用，使流体源源不断地沿轴向流动。

螺旋泵的使用和维护应注意以下事项：

①应尽量使螺旋泵的吸水位在设计规定的标准点或标准点以上工作，此时螺旋泵的扬水量为设计流量，如果低于标准点，哪怕只低几厘米，螺旋泵的扬水量也会下降很多。

②当螺旋泵长期停用时，如果长期不动，很长的螺旋泵螺旋部分向下的挠曲会永久化，因而影响螺旋与泵槽之间的间隙及螺旋部分的动平衡，所以，每隔一段时间就应将螺旋转动一定角度以抵消向一个方向挠曲所造成的不良影响。

③螺旋泵的螺旋部分大都在室外工作，在北方冬季启动螺旋泵之前必须检查吸水池内是否结冰、螺旋部分是否与泵槽冻结在一起，启动前要清除积冰，以免

损坏驱动装置或螺旋泵叶片。

④确保螺旋泵叶片与泵槽的间隙准确均匀是保证螺旋泵高效运行的关键，应经常测量运行中的螺旋泵与泵槽的间隙是否在 5～8 mm，并调整到均匀准确的程度。巡检时注意螺旋泵声音的异常变化，例如，螺旋叶片与泵槽相摩擦时会发出钢板在地面刮行的声响，此时应立即停泵检查故障，调整间隙。上部轴承发生故障时也会发出异常的声响且轴承外壳体发热，巡检时也要注意。

⑤由于螺旋泵一般都是 30°倾斜安装，驱动电动机及减速机也必须倾斜安装，这样一来会影响减速机的润滑效果。因此，为减速机加油时应使油位比正常油位高一些，排油时如果最低位没有放油口，应设法将残油抽出。

⑥要定期为上、下轴承加注润滑油，为下部轴承加油时要观察是否漏油，如果发现有泄漏，要放空吸水池紧固盘根或更换失效的密封垫。在未发现问题的情况下，也要定期排空吸水池空车运转，以检查水下轴承是否正常。

3.1.3.6 计量泵

J 型计量泵，也称为比例泵或可控容积泵，是液体输送、流量调节、压力控制等多功能组合体，联合多种类型泵头，可输送各种易燃、易爆、剧毒、放射性、强刺激性、强腐性介质，广泛用于石油、化工、制药、炼油、食品、环保、电力、科研等行业（见图 3-10）。

图 3-10 计量泵外形图

该泵按机座分为微机座（JW）、小机座（JX）、中机座（JZ）、大机座（JD）和特大机座（JT）五大类；按泵头分为单柱塞型和双柱塞型、单隔膜型和双隔膜型；

按传动形式分为凸轮式、N 轴式；按电机形式分为普通型、调速型、户外型、防爆型。

J 型计量泵供输送温度在−30～100℃、黏度为 0.3～800 mm^2/s 及不含固状颗粒的介质。按液体腐蚀性质，可选用不同材料满足其使用要求。如确定选用计量泵后，可进一步考虑以下项目：

①当介质为易燃、易爆、剧毒及贵重液体时，常选用隔膜计量泵。为防止隔膜破裂时介质与液压油混合引起事故，可选用双隔膜计量泵并带隔膜破裂报警装置。

②流量调节一般为手动，如需自动调节时可选用电动或气动调节方式。

3.1.3.7　离心泵

（1）离心泵的工作原理

离心泵（见图 3-11）是指靠叶轮旋转时产生的离心力来输送液体的泵。水泵在启动前，必须使泵壳和吸水管内充满水，然后启动电动机，使泵轴带动叶轮和水做高速旋转运动，水发生离心运动，被甩向叶轮外缘，经蜗形泵壳的流道流入水泵的压水管路（见图 3-12）。其适用于工业和城市给水、排水，也可用于农业排灌。

图 3-11　离心泵外形图

图 3-12　离心泵工作原理图

（2）离心泵的基本构造

离心泵的基本构造是由 6 部分组成的，分别是叶轮、泵体、泵轴、轴承、密封环、填料函（见图 3-13）。

①叶轮是离心泵的核心部分，它转速高出力大，叶轮上的叶片又起到主要作用，叶轮在装配前要通过静平衡实验。叶轮上的内外表面要求光滑，以减少水流

的摩擦损失。离心泵式水泵叶轮主要有以下 4 种形式：闭式、前半开式、后半开式、开式（见图 3-14）。

1—泵体；2—叶轮；3—轴承；4—泵轴；5—密封环；6—填料函

图 3-13 离心泵内部结构图

（a）闭式　　（b）前开式　　（c）开式

图 3-14 离心泵叶轮

闭式叶轮：由叶片与前、后盖板组成。闭式叶轮的效率较高、制造难度较大。在离心泵中应用最多。适于输送清水、溶液等黏度较小的不含颗粒的清洁液体。

半开式叶轮：一般有两种结构。一种为前半开式，由后盖板与叶片组成，此结构叶轮效率较低，为提高效率需配用可调间隙的密封环；另一种为后半开式，由前盖板与叶片组成，由于可应用与闭式水泵叶轮相同的密封环，效率与闭式叶轮基本相同，且叶片除输送液体外，还具有背叶片或副叶轮的密封作用。半开式叶轮适于输送含有固体颗粒、纤维等悬浮物的液体。半开式叶轮制造难度较小、成本较低，且适应性强，近年来在炼油化工用离心泵中应用逐渐增多，并用于输送清水和近似清水的液体。

开式叶轮：只有叶片及叶片加强筋，无前后盖板的叶轮。开式叶轮叶片数较少，为 2～5 片，水泵叶轮效率低，应用较少。主要用于输送黏度较高的液体以及浆状液体。

离心泵式水泵叶轮的叶片一般为后弯式叶片。叶片有圆柱形和扭曲形两种，应用扭曲叶片可减少叶片的负荷，并可改善离心泵的吸入性能，提高抗气蚀能力，但制造难度较大，造价较高。

②泵体也称泵壳，它是水泵的主体。起到支撑固定作用，并与安装轴承的托架相连接。

③泵轴的作用是借联轴器和电动机相连接，将电动机的转矩传给叶轮，所以它是传递机械能的主要部件。

④滑动轴承使用透明油作润滑剂，加油到油位线。太多油要沿泵轴渗出，太少轴承又要过热烧坏造成事故。在水泵运行过程中轴承的温度最高在 85℃，一般运行在 60℃左右。

⑤密封环又称减漏环。

⑥填料函主要由填料、水封环、填料筒、填料压盖、水封管组成。填料函的作用主要是为了封闭泵壳与泵轴之间的空隙，不让泵内的水流流到外面来也不让外面的空气进入泵内，始终保持水泵内的真空。当泵轴与填料摩擦产生热量时，就要靠水封管注水到水封圈内使填料冷却、保持水泵的正常运行，所以在水泵的运行巡回检查过程中对填料函的检查要特别注意。在运行 600 h 左右就要对填料进行更换。

型号说明：

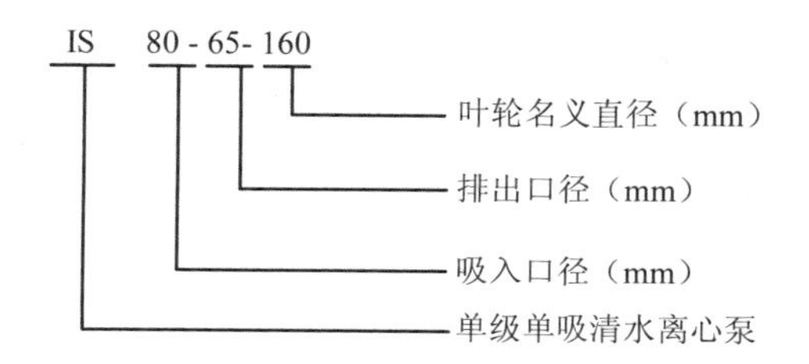

（3）离心泵的种类

①按叶轮数目来分类（见图 3-15）：

单级泵：即在泵轴上只有一个叶轮。

多级泵：即在泵轴上有两个或两个以上的叶轮，这时泵的总扬程为 n 个叶轮产生的扬程之和。

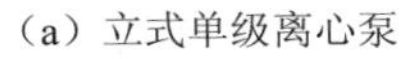
（a）立式单级离心泵　（b）立式多级离心泵

图 3-15　单级、多级离心泵

②按工作扬程来分类：

低压泵：扬程低于 100 mH_2O；

中压泵：扬程在 100～650 mH_2O；

高压泵：扬程高于 650 mH_2O。

③按叶轮吸入方式来分类：

单侧进水式泵：又称为单吸泵，即叶轮上只有一个进水口。

双侧进水式泵：又称为双吸泵，即叶轮两侧都有一个进水口。它的流量比单吸泵大 1 倍，可以近似看作两个单吸泵叶轮背靠背地放在了一起。

④按泵壳结合来分类：

水平中开式泵：即在通过轴心线的水平面上开有结合缝。

垂直结合面泵：即结合面与轴心线相垂直。

⑤按泵轴位置来分类（见图 3-16）：

卧式泵：泵轴位于水平位置。

立式泵：泵轴位于垂直位置。

（a）卧式离心泵

（b）立式离心泵

图 3-16 卧式、立式离心泵

⑥按叶轮出方式分类：

蜗壳泵：水从叶轮出来后，直接进入具有螺旋线形状的泵壳。

导叶泵：水从叶轮出来后，进入它外面设置的导叶，之后进入下一级或流入出口管。

⑦按安装高度分类：

自灌式离心泵：泵轴低于吸水池池面，启动时不需要灌水，可自动启动。

吸入式离心泵（非自灌式离心泵）：泵轴高于吸水池池面。启动前，需要先用水灌满泵壳和吸水管道，然后驱动电动机，使叶轮高速旋转运动，水受到离心力作用被甩出叶轮，叶轮中心形成负压，吸水池中水在大气压作用下进入叶轮，又受到高速旋转的叶轮作用，被甩出叶轮进入压水管道。

另外，根据用途也可进行分类，如油泵、水泵、凝结水泵、排灰泵、循环水泵等。

（4）离心泵常见故障及解决方法（见表 3-2）

表 3-2 离心泵常见故障及解决方法

故障	原因	解决方法
1. 泵不吸水，压力表指针剧烈摆动	灌注引水不够，管路与仪表连接处漏气	检修底阀是否漏水，在灌足引水后，拧紧或修复漏气处
2. 水泵不出水，真空表表示高度真空	底阀没有打开或已堵塞，吸水管路阻力太大，吸水高度过高	检查底阀，更换水管，降低吸水高度

故障	原因	解决方法
3. 压力表有压力，但仍不出水	出水管阻力太大，旋转方向不对，叶轮堵塞，泵转速不足	检查或缩短水管。检查电动机，清除叶轮内的污物，增加泵转速
4. 流量低于设计要求	水泵堵塞，密封环磨损过多，转速不足	清洗水泵及管路，更换密封环，增加泵转速
5. 泵消耗功率过大	填料压盖太紧，并发热，叶轮有磨损，泵流量增大	调整填料压盖松紧程度，检查泵轴是否弯曲，更换叶轮，增加出水阻力，降低流量
6. 泵内声音反常，泵不出水	吸水管阻力过大，吸入管路漏气，输送的液体温度过高	检查吸入管和底阀，堵塞漏气处、减少吸水高度，降低水温
7. 水泵振动，轴承过热	电机与泵不同心，轴承缺油或磨损	调整电机轴与泵轴的同轴度，加油或更换轴承

3.1.4 泵的选型

合理选泵就是要综合考虑泵机组和泵站的投资和运行费用等综合性的技术经济指标，使之符合经济、安全、适用的原则。具体来说，有以下几个方面。

①必须满足使用流量和扬程的要求，即要求泵的运行工况点（装置特性曲线与泵的特性曲线的交点）经常保持在高效区间运行，这样既省动力又不易损坏机件。

②具有良好的抗气蚀性能，这样既能降低泵体平台的建造强度，又不会使泵体发生气蚀，运行平稳、寿命长。

③必须满足介质特性的要求：对输送易燃、易爆、有毒或贵重介质的泵，要求轴封可靠或采用无泄漏泵，如屏蔽泵、磁力驱动泵、隔膜泵等；对输送腐蚀性介质的泵，要求过流部件采用耐腐蚀材料；对输送含固体颗粒介质的泵，要求过流部件采用耐磨材料，必要时轴封应采用清洁液体冲洗。

④所选择的泵既要体积小、质量轻、造价便宜，又要具有良好的特性和较高的效率。

⑤按所选泵建泵站，工程投资少，运行费用低。

⑥必须满足现场的安装要求：对安装在有腐蚀性气体存在场合的泵，要求采取防大气腐蚀的措施；对安装在室外、环境温度低于-20℃的泵，要求考虑泵的冷脆现象，采用耐低温材料；对安装在爆炸区域的泵，应根据爆炸区域等级，采用防爆电动机。

3.2　风机

3.2.1　罗茨鼓风机

3.2.1.1　罗茨鼓风机的工作原理

在腔体内配置两个三叶型转子，在腔体的两侧开有吸入口和排出口，通过一对同步齿轮的作用，使两转子做相反方向旋转并依靠两转子的相互啮合工作，使吸入口与排出口相隔绝，推移腔体内的气体达到鼓风的目的（见图 3-17）。

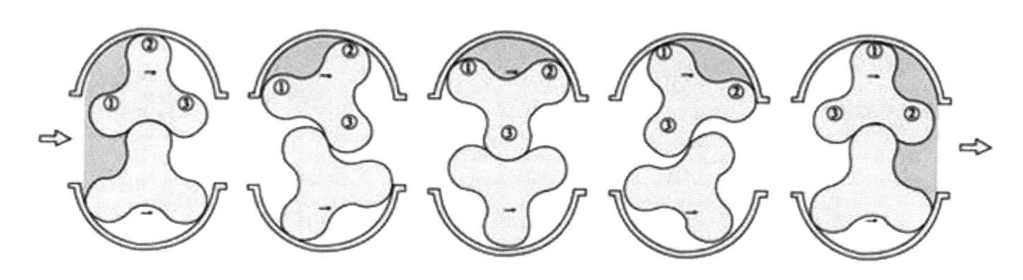

图 3-17　罗茨鼓风机的工作原理图

3.2.1.2　罗茨鼓风机的应用范围

罗茨鼓风机的应用范围见图 3-18。

3.2.1.3　罗茨鼓风机及管道的安装要求

（1）罗茨鼓风机的安装要求

①地基要牢固，表面要平整，并且要高出地面 10～25 cm。

②风机周围要留有足够的空间，以满足检修和拆卸的需要。

③风机的工作环境温度不得超过 40℃，如超过时，要采取措施进行降温，否则缩短风机的使用寿命。

④风机室外配置时，请设置防雨棚。

（a）污水处理　（b）电镀槽搅拌　（c）燃气助燃

（d）喷砂器　（e）工件脱膜　（f）特殊气体输送

（g）焚烧炉（冶炼、铸造）　（h）印刷送纸　（i）水产品的供氧

（j）逆洗　（k）食品真空包装　（l）输送粉末颗粒（谷物）

图 3-18　罗茨鼓风机的应用范围

（2）管道的安装要求

①风机管道应连接严密，不得漏气，在适当的位置设置支架。

②管道材料应能承受排气温度和压力（尽量采用钢管）。

③管道内部要清洁、无异物，防止杂物进入。

④管道上要安装单向阀，防止由于风机逆转而引起的回流高压气体进入风机，导致毁坏风机。注意：单向阀要安装在水平管道上。

⑤多台风机并列运转的场合，各分管道上必须设置闸阀（其中一台风机检修时，可截止该管道）。

⑥管道上应设有排空阀，防止风机带负荷启动，风机应空载启动后再逐渐关闭排空阀。带负荷运转，停机时，也应先打开排空阀确认风机不带负荷后，再关停风机。

3.2.1.4 罗茨鼓风机的试运行

（1）风机启动前的注意事项

①检查地脚螺栓等连接是否牢固。

②清除管道内焊渣等异物。

③阀门要置于全开状态，否则风机超负荷运转，风机受损。

④检查，加注齿轮油。出厂时，油箱内已经加注齿轮油，请检查齿轮箱中机油油位。在停机状态，加至油窗中央即可，不要加多，否则将导致漏油。

⑤轴承加注黄油。风机正常运转时，视实际工况每周加注 1～2 次。

⑥检查窄 V 带松紧和皮带轮偏正。皮带轮偏正可用直尺调正。当使用一段时间后，皮带会变松，此时要重新调整。

⑦检查电源电压和频率是否符合电动机上的铭牌参数。

⑧检查皮带轮转向。面对皮带轮观察，皮带轮转向要与旋转标志箭头相符。

⑨启动前用手转动皮带轮，如无异常，即可启动风机。

（2）风机试运行时的注意事项

①运行初期由于润滑油的黏滞，可能出现噪声和电流过高现象，待运行 10～20 min 后即可消失。

②气体流量的调节，气体流量可通过改变风机转速或增减溢流管道调节。

③同一机型噪声也有差异，因为风机在机械室内的位置及配管情况不同会造成噪声的差异。

④风机应在说明书、铭牌标定的压力内工作。

压力表通过接杆开关与风机管道连接。仪表适用测量对钢和铜合金无腐蚀性介质的压力。仪表在测量额定压力时不得超过仪表测量上限的3/4，测量波动压力时，不得超过仪表上限的2/3，在使用中的仪表必须定期检查，至少3个月1次。

仪表适宜在周围环境温度为−40～+60℃，相对湿度不大于80%的场所使用。仪表装接处和测定点应在同一水平线上。

风机工作时，压力表开关要处在关闭状态，仪表在使用时将顶部通气橡胶头剪开。如需测定压力时，才将开关打开，测完后再将其关闭。为减少冲击振动和被测介质急剧变化对仪表的影响，使用时添置有缓冲结构。

3.2.1.5 罗茨鼓风机的日常保养和检修

罗茨鼓风机的日常保养和检修见表3-3。

表3-3 罗茨鼓风机日常保养与检修一览表

保养/检修	周期				备注
	天	3个月	1年	3～4年	
压力	√				
风量	√				
噪声	√				
振动	√				
温度	√				
电线	√				
电流和电压	√				
皮带张力和带轮偏正	√				
齿轮油量	√				加到油标中央
吸入消声器的清理		√			清洗过滤器
检查齿轮油		√			更换或补充
检查轴承黄油		√			更换或补充
更换窄V带			√		
更换消声器的过滤器			√		
更换轴承				√	拆卸时
更换骨架油封				√	拆卸时
更换齿轮箱密封圈				√	拆卸时
检查、更换齿轮				√	拆卸时

3.2.1.6 罗茨鼓风机的常见故障、产生原因及处理方法

罗茨鼓风机的常见故障、产生原因及处理方法见表 3-4。

表 3-4 罗茨鼓风机常见故障、产生原因及处理方法一览表

故障现象	故障产生的原因	处理方法
鼓风机振动	1. 转子平衡精度过低或被破坏 2. 地脚螺栓松动 3. 轴承磨损 4. 紧固件松动 5. 机组承受进气管道的重力或拉力	1. 重新校正平衡 2. 紧固地脚螺栓 3. 更换轴承 4. 重新拧紧 5. 清楚管道的重力或拉力，增加支撑
风量不足 风压降低	1. 叶片间隙增大 2. 密封或机壳漏气 3. 管线法兰漏气 4. 传送带松动达不到额定转速	1. 分析磨损原因，调整叶片间隙 2. 修理密封，机壳中分面更换密封 3. 更换法兰垫片 4. 调整或更换皮带
转子互相碰撞	1. 传动齿轮磨损，其齿合间隙过大 2. 齿轮定位销或键槽与键配合松动 3. 转子与轴连接处的键松动 4. 气体夹杂有硬性颗粒杂质，使转子受过载冲击而变形 5. 轴承磨损	1. 调整间隙，重新绞销孔，磨损严重时更换齿轮 2. 更换定位销或键并予以紧固 3. 更换键 4. 检修转子，并检查进气管过滤器 5. 更换轴承
转子与机壳 摩擦	1. 组装不良使转子与机壳体有接触点 2. 长期停车，开车前未校机件各部分间隙 3. 轴承磨损，径向间隙大 4. 主、从动轴弯曲变形 5. 进出管重量引起的变形	1. 调整转子位置，检测各部分间隙 2. 在使用之前将内部清理干净，并调整间隙 3. 更换轴承 4. 矫正或更换轴 5. 增设管路托架
轴承发热	1. 润滑系统失灵，油不清洁，黏度过大或过小 2. 轴与轴承偏斜，风机与电动机不同轴 3. 轴瓦刮研质量不良，接触角太小 4. 轴瓦表面产生裂纹或磨损 5. 滚动轴承有麻点、脱皮等缺陷 6. 轴承卡住，轴承压盖压得太紧	1. 检修润滑油系统，更换油 2. 重新找正组装 3. 检查研磨轴瓦 4. 检修更换轴瓦 5. 更换轴承 6. 调整轴承与压盖之间的间隙
密封装置漏气 或泄漏	1. 密封部分断油 2. 涨圈折断 3. 密封孔不圆或轴向部分面结合不良 4. 煤焦油过多，将密封圈卡死 5. 填料过松或过紧或歪斜	1. 疏通油路或更换新油 2. 更换刮研修理 3. 刮研修理 4. 清洗密封装置 5. 调整填料压盖，重装或更换填料

故障现象	故障产生的原因	处理方法
齿轮磨损过快或发热	1. 齿轮间隙过小或油膜破坏 2. 润滑油选用不当，变质，油量过多或过少 3. 油泵或油路系统发生故障或漏油	1. 调整间隙 2. 更换油、调整油量 3. 消除漏点，确保油压和油量
壳体发热	1. 检修后，间隙调整不当 2. 轴承磨损后不能保持间隙 3. 煤焦油过多	1. 重新调整间隙至要求 2. 更换轴承 3. 利用停机时间用蒸汽进行冲洗
运转中不正常的声音	1. 联轴器中橡胶圈磨损发出摩擦声 2. 轴承或紧固件松动，转子键发出敲击声 3. 轴承损坏	1. 调整联轴器，更换橡胶圈 2. 修理或更换并上紧紧固件 3. 更换轴承

3.2.2 多级离心式鼓风机

多级离心式鼓风机，是专为污水处理工程而设计的新型鼓风曝气设备。它广泛应用于城市污水、工业废水处理过程中采用生化处理污水时的鼓风曝气、充氧及沉沙池的曝气，也可用于滤池的气水反冲洗；冶金、化工、煤炭、电力等行业中的小型高炉鼓风；高炉及焦炉煤气的加压输送；电厂及炼油厂的脱硫鼓风、尾气引风和煤矿选煤等工业输送无毒、无腐蚀性气体的场合；镀锌生产线的气刀风机也常用该设备。

3.2.2.1 多级离心式鼓风机的工作原理

多级离心式鼓风机是依靠输入的机械能、提高气体压力并排送气体的机械，它是一种从动的流体机械。它具有高压力、小流量、单吸入、多级叶轮工作的特点，使气体逐级压缩，经能量转换装置使压力逐级升高，从而使鼓风机的高效率运行范围加宽，扩大了鼓风机的变工况运行范围，达到更经济运行并降低了成本。

3.2.2.2 多级离心式鼓风机的结构特点

多级离心式鼓风机均为多级叶轮、单吸入、双支撑结构，鼓风机与电动机采用弹性柱销联轴器直接传动。主机的进风方式为竖向进风和水平进风。

采用竖向进风方式时整机结构紧凑，减少了占地面积，目前多采用这种结构。

多级离心式鼓风机叶轮采用后弯式叶片形式，叶轮能量损失小，整机效率高；

运转时噪声低、振动小、动力效率高；主机各级间采用非接触式迷宫密封，无磨损，使用寿命长；电动机、风机共用底座，安装方便、可靠、减振性好；主机采用垂直分式，易损件少，维护使用简单，运行可靠；进出口采用蝶阀调节，即使在非设计工况下运转也能取得良好的节能效果。

3.2.2.3 产品型号说明[①]

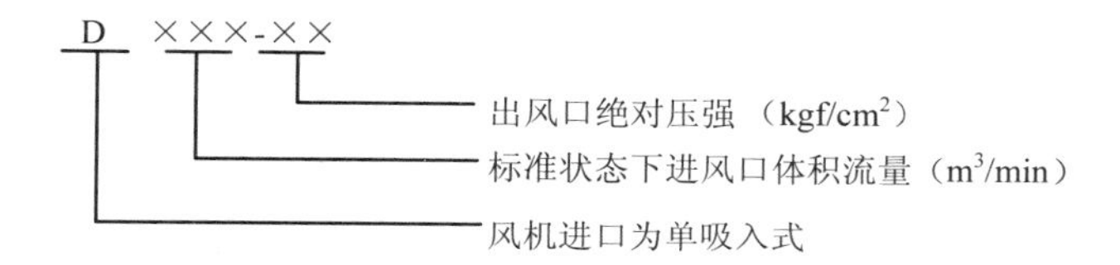

注：标准状态指环境温度20℃，大气压为101 325 Pa，相对湿度50%。

例如：

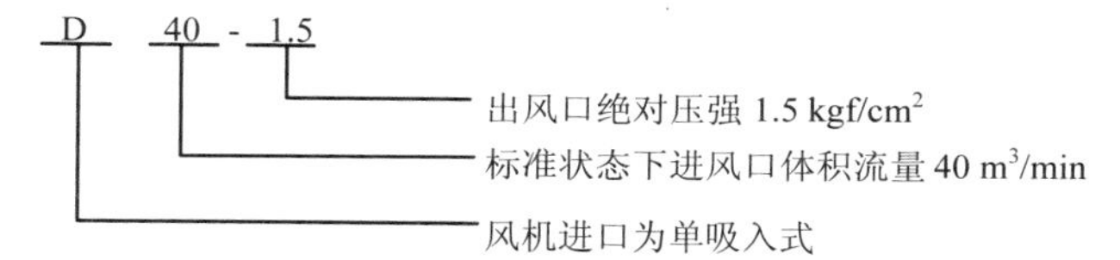

D 40-1.5 为单吸入进风形式，标准状态下进风体积流量为40 m^3/min，出风口绝对压强值为 1.5 kgf/cm^2 的多级离心式鼓风机。

3.2.2.4 主要技术规范

进风口体积流量：30～250 m^3/min；

出风口升压（表压）：30～98 kPa；

工作环境温度：−35～40℃；

环境相对湿度：20%～85%；

主机连续运行：大于1年；

主机运行噪声：小于85 dB（A）。

3.2.2.5 多级离心式鼓风机进出口位置、形式

多级离心式鼓风机进出口位置、形式见图3-19。

① 1 kgf/cm^2=98 066.5 Pa。

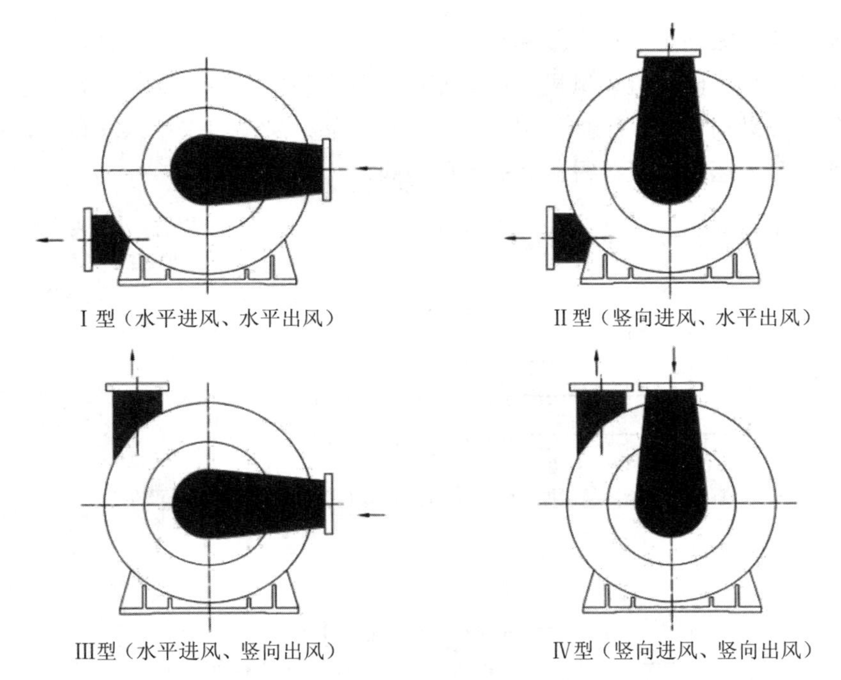

图 3-19 多级离心式鼓风机进出口位置、形式

注：其中Ⅰ型、Ⅱ型为常用的两种形式。而Ⅱ型占地面积小、安装方便、结构紧凑，目前被较多采用。

3.2.2.6 多级离心式鼓风机外形图

多级离心式鼓风机外形见图 3-20 和图 3-21。

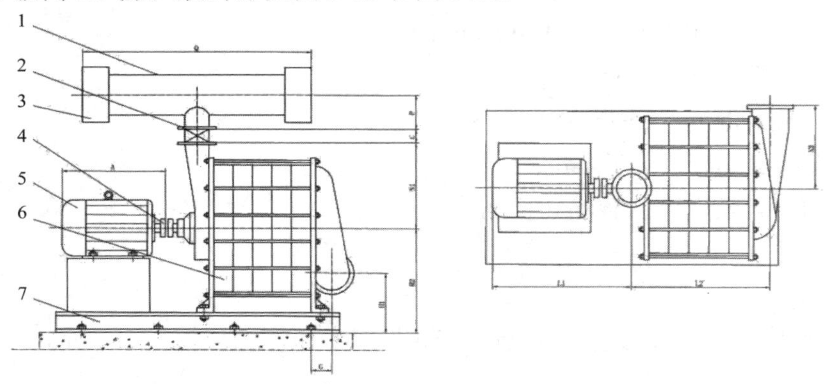

1—消声器；2—蝶阀；3—滤清器；4—联轴器；5—电动机；6—主机；7—底座

图 3-20 竖向进风式多级离心式鼓风机外形图

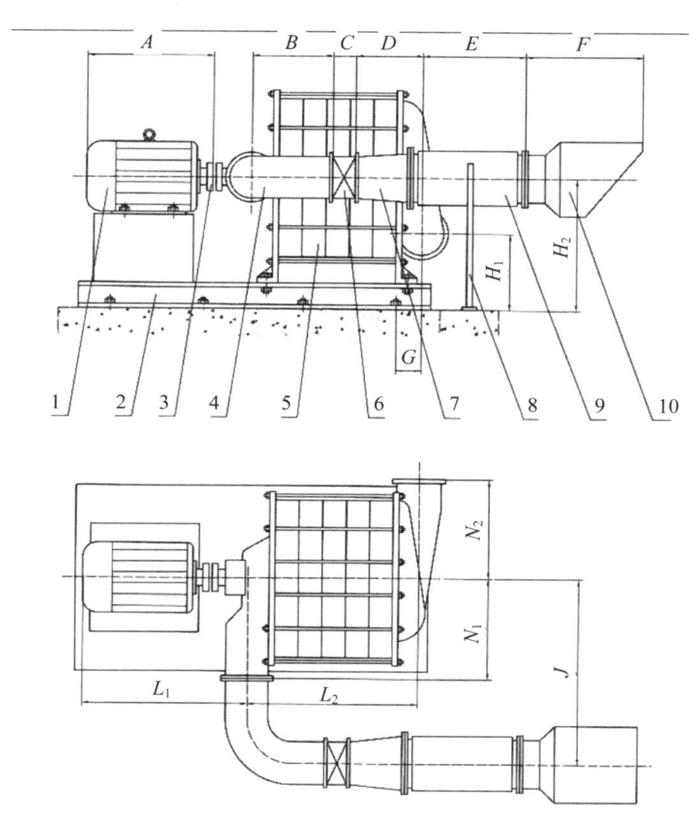

1—电动机；2—底座；3—联轴器；4—弯管；5—主机；6—蝶阀；
7—变径管；8—支架；9—消声器；10—滤清器

图 3-21　水平进风式多级离心式鼓风机外形图

3.2.2.7　产品供货范围

采用竖向进风式离心鼓风机供货范围：主机、电动机、联轴器、底座、消音滤清器、进风口阀门、地脚螺栓等。

采用水平进风式离心鼓风机供货范围：主机、电动机、联轴器、底座、消音滤清器、弯管、变径管、进风口阀门、地脚螺栓等。

电气控制柜分自耦降压控制柜、软启动控制柜、变频控制柜 3 种，用户需另行订购。

3.2.2.8 多级离心式鼓风机基础图及基础尺寸表

多级离心式鼓风机基础图见图 3-22。

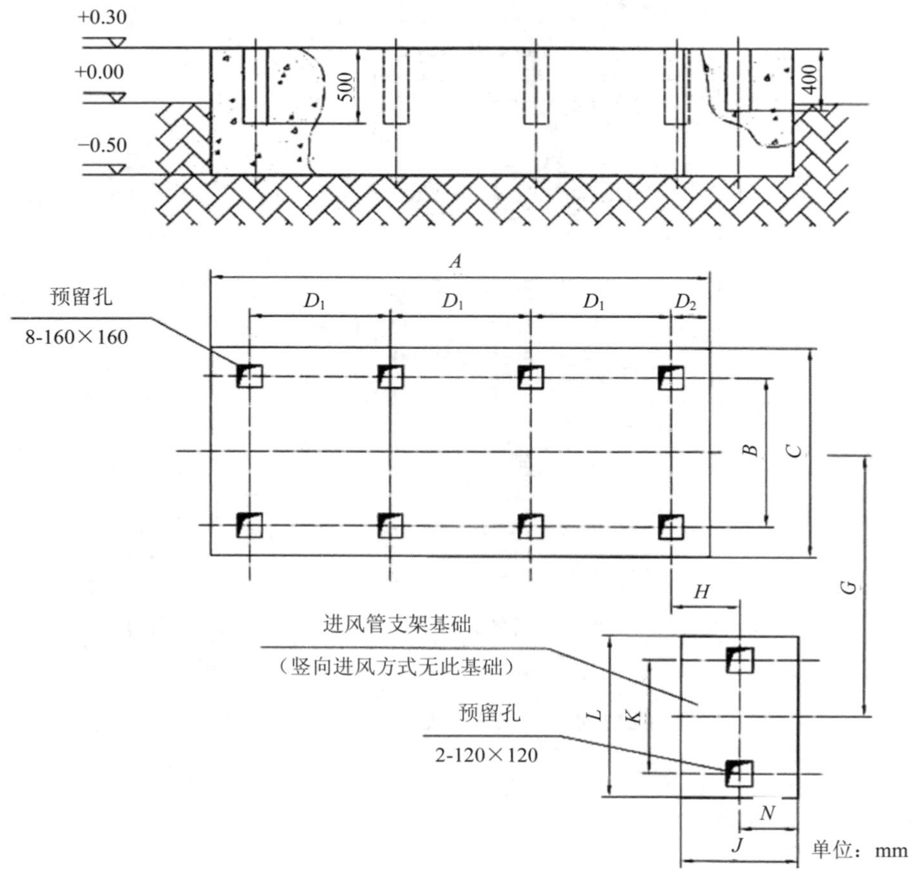

A—基础长度；*B*—预留孔间距（宽度方向）；*C*—基础宽度；D_1—预留孔间距（长度方向）；D_2—预留孔距基础边缘距离；*G*—鼓风机基础中心与进风管支架基础中心距离；*H*—鼓风机基础预留孔与进风管支架基础预留孔中心距离；*J*—进风管支架基础宽度；*K*—进风管支架基础预留孔间距；*L*—进风管支架基础长度；*N*—进风管支架基础预留孔距基础边缘距离

图 3-22 多级离心式鼓风机基础图

多级离心式鼓风机基础尺寸见表 3-5。

表 3-5 多级离心式鼓风机基础尺寸表

单位：mm

参数 型号	*A*	*B*	*C*	D_1	D_2	*H*	*K*	*J*	*L*	*N*	*G*
D30-1.5	2 790	990	1 350	630	450	452	500	340	700	170	1 150
D30-1.6	2 790	990	1 350	630	450	422	500	340	700	170	1 150
D30-1.7	3 000	990	1 350	700	450	159	500	340	700	170	1 150
D40-1.5	2 790	990	1 350	630	450	452	500	340	700	170	1 150
D40-1.6	2 790	990	1 350	630	450	422	500	340	700	170	1 150
D40-1.7	3 000	990	1 350	700	450	159	500	340	700	170	1 150
D45-1.5	3 000	990	1 350	630	450	452	500	340	700	170	1 150
D45-1.6	2 790	990	1 350	630	450	452	500	340	700	170	1 150
D45-1.7	2 790	990	1 350	700	450	159	500	340	800	170	1 150
D60-1.5	3 000	990	1 400	700	450	440	520	340	800	170	1 400
D60-1.6	3 000	990	1 400	700	450	440	520	340	800	170	1 400
D120-1.5	3 220	1 040	1 400	630	400	715	540	340	840	170	1 500
D150-1.5	3 600	1 040	1 400	700	400	715	540	340	840	170	1 500

3.2.2.9 多级离心式鼓风机组典型布置图

多级离心式鼓风机组典型布置图见图 3-23。

3.2.2.10 多级离心式鼓风机安全操作规程

在开机前必须熟悉本规程，严格按本规程操作鼓风机。

（1）开机

①检查油箱润滑油位，应处于油尺上、下限之间。

②通知变电所向本机供电。

③检查机上控制柜，应无报警显示，如有报警，查明原因并及时消除。

④选择“手动”状态（用手指触“手动”键）。

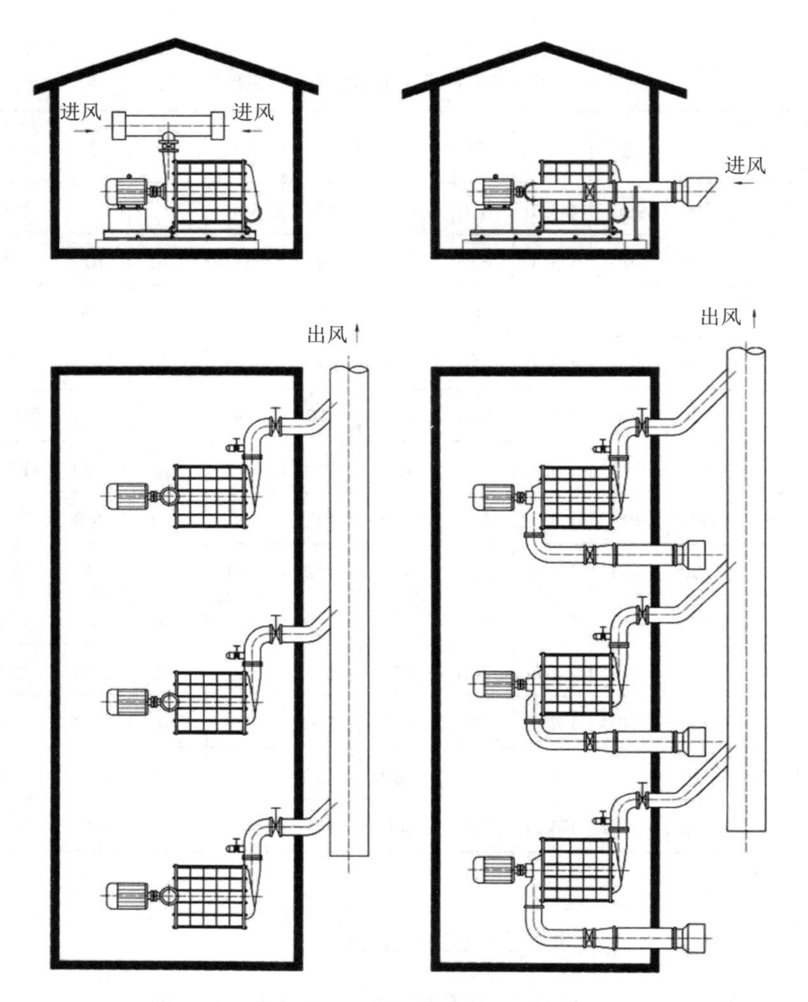

图 3-23 多级离心式鼓风机组典型布置图

⑤检查泄压阀是否处于打开位置（泄压阀打开绿灯亮）。

⑥检查扩压器，应置于最小开度（扩压器最小指示绿灯亮）。

⑦经以上检查，确认风机可启动后，按启动键，鼓风机进入启动程序：

- 辅助油泵进行预润滑 1 min（辅助油泵运转绿灯亮）。
- 鼓风机可开始运转（鼓风机运转绿灯亮）。
- 泄压阀缓慢关闭（泄压阀打开绿灯灭，2 min 后泄压阀关闭绿灯亮）。
- 辅助油泵停止运转（辅助油泵运转绿灯灭，停止红灯亮）。

至此，鼓风机启动成功，可投入正式运行。

- 如按下启动键后，鼓风机未能如期启动，则1 min后油压过低报警红灯亮，整个启动过程停止。必须在查明原因解决后，消除报警重新启动。

（2）运行

①风机启动后可根据生产需要缓慢调整扩压器开度，用扩压器“开启”键和“关闭”键控制，以保证必要的风量。

②风机运行时，必须经常对风机进行监视，注意风机的电流、油温、油压、进风真空度、声音、温度、振动等情况。按时做好记录，如有异常，要及时查明原因并及时排除，必要时可采取紧急停机的措施（谨慎使用）。

（3）停机

因生产或保养、维修需要，停止某台风机运转时，应注意：

①减小扩压器开度至最小（扩压器最小指示绿灯亮）。

②用手指接触风机“停止”键，停机程序开始：

- 扩压器开度减少到零（如第一步骤未进行）。
- 泄压阀自动打开（泄压阀开绿灯亮）。
- 压缩机停止运转（压缩机停止运转红灯亮）。
- 辅助油泵自动投运，3 min全机停止，整个停止程序至此结束。

③停机过程中，操作者应继续监视机器仪表及整个状态的变化，并在最后做好记录。

3.2.3 罗茨鼓风机与离心风机的区别

3.2.3.1 工作原理不同

离心风机用的是曲线风叶，靠离心力将气体甩到机壳处，而罗茨鼓风机用的是两个“8”字形的风叶，它们的间隙很小，靠两个叶片的挤压，将气体挤至出气口。

3.2.3.2 工作压力不同

罗茨鼓风机的出气压力比较高，而离心风机比较小。

3.2.3.3 风量不同

一般罗茨鼓风机用在风量要求不大但压力要求较高的地方，而离心风机用在压力要求低、风量要求大的地方。

3.2.3.4 制造精度不同

罗茨鼓风机要求的精度很高，对装配要求也很严，而离心风机比较松。

3.2.3.5 应用场合不同

如果负载需要的是恒流量效果时就用罗茨鼓风机。因为罗茨鼓风机属于恒流量风机，工作的主参数是风量，输出的压力随管道和负载的变化而变化，风量变化很小。罗茨鼓风机为容积式风机，输送的风量与转数成比例，把气体由吸入的一侧输送到排出的一侧。

如果负载需要的是恒压效果的情况时就用离心风机。因为离心风机属于恒压风机，工作的主参数是风压，输出的风量随管道和负载的变化而变化，风压变化不大。离心式风机风压不大。空气的压缩过程通常是经过几个工作叶轮（或称几级）在离心力的作用下进行的。离心风机属于平方转矩特性，而罗茨鼓风机基本属于恒转矩特性。

第 4 章　水处理设备

4.1　拦污设备

4.1.1　格栅

污水在进入污水处理厂二级处理构筑物之前一般要先通过格栅进行预处理，目的是去除可能堵塞水泵机组及管道阀门的较粗大悬浮物，并保证后续处理设施能正常运行。当污水二级处理工艺采用传统工艺（主要是指 A^2/O、氧化沟、SBR 三大类工艺及其改进工艺）时，格栅系统主要是分离取出较粗大物质；当采用更先进的工艺（主要指 MBR 膜处理工艺）时，对格栅提出了更高的分离要求，还需要去除毛发等细小纤维物质。

格栅按形状分为：平面格栅（flat bar screen），筛网呈平面；曲面格栅（curve bar screen），筛网呈弧状。

格栅按栅条的间隙分为：粗（coarse）格栅（50～100 mm）；中（medium）格栅（10～40 mm）；细（fine）格栅（3～10 mm）。

格栅按筛余物清理方式分为：人工清理格栅（manually cleaned screen）；机械清理格栅（mechanically cleaned screen）。

根据格栅的过滤精度，一般分为 3 类：

- 粗格栅：机械清渣时，过滤精度常采用 16～25 mm，人工清渣时采用 25～40 mm。目前，绝大部分污水处理厂都采用机械清渣，自动化程度高，操作人员劳动强度低；人工清渣方式只在小型污水处理站（通常以处理量 2 000 m^3/d 为界）使用。粗格栅一般设置在进水泵房之前，主要用以去除较大尺寸的漂浮、悬浮物质，保护水泵运行，避免叶轮缠绕、堵塞等事故，同时，部分粗大物质的去除也能够有效降低后续格栅系统的运行负荷。

- 细格栅：过滤精度常采用 2～15 mm，机械清渣，配合粗格栅使用，主要用于去除粗格栅“漏网”的小颗粒悬浮物质，降低后续污水处理构筑物的运行负荷。
- 精细格栅：主要应用于先进的 MBR 膜处理工艺，过滤精度常采用 0.5 mm、0.75 mm、1.0 mm 3 种，主要用以去除毛发等细小纤维物质，避免其进入膜系统后在膜表面“成辫”，进而导致膜组件内发生板结甚至部分膜组件失效。

4.1.1.1 高链式格栅除污机

高链式格栅除污机是一种可以连续自动拦截并清除流体中各种形状杂物的水处理专用设备，可广泛地应用于城市污水处理，同时也可以作为纺织、食品加工、造纸、皮革等行业废水处理工艺中的前级筛分设备，是目前我国先进的固液筛分设备之一。

（1）工作原理

除污耙在链条的牵引下沿轨道向下运行，此时除污耙与栅条保持较大的间隔，到达底部后，除污耙的耙齿进入栅条，然后向上运行。除污耙在上升过程中，耙捞截留在栅条间的栅渣，到达格栅顶部后经卸渣装置清理后，落到格栅除污机下方的皮带输送机上外运。

（2）结构及特点

该设备的最大优点是自动化程度高、分离效率高、动力消耗小、无噪声、耐腐蚀性能好，在无人看管的情况下可保证连续稳定工作，设置了过载安全保护装置，在设备发生故障时，会自动停机，可以避免设备超负荷工作。该设备可以根据用户需要任意调节设备运行间隔，实现周期性运转；可以根据格栅前后液位差自动控制；并且有手动控制功能，以方便检修。用户可根据不同的工作需要任意选用。由于该设备结构设计合理，在设备工作时，自身具有很强的自净能力，不会发生堵塞现象，所以日常维修工作量很少。

（3）外形示意图及基础图

高链式格栅除污机设备外形示意图及基础图见图 4-1。

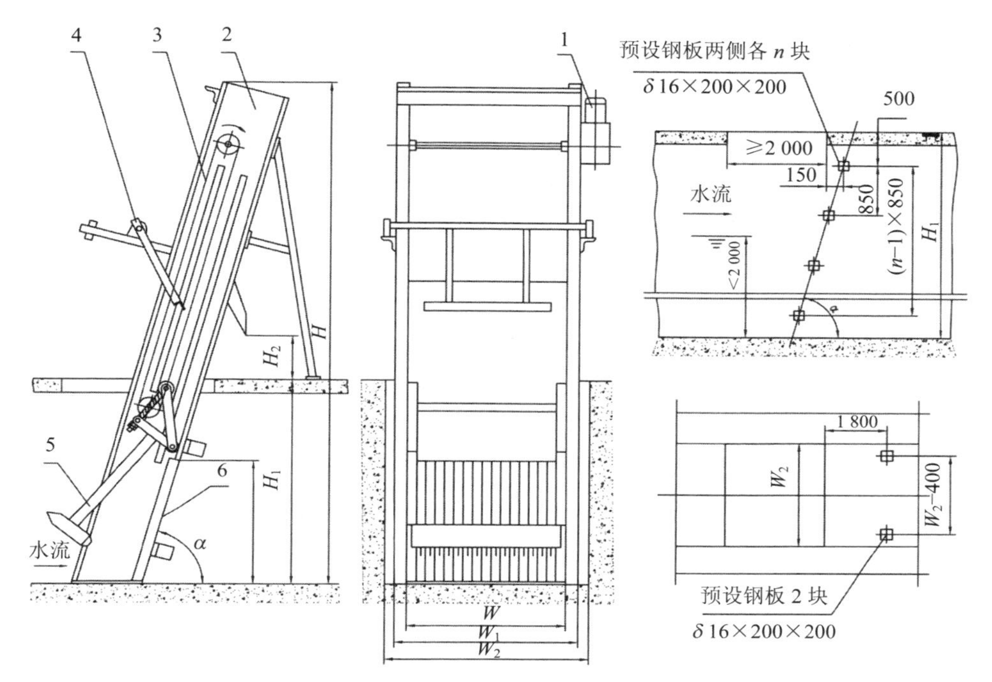

1—传动装置；2—机架；3—链条；4—卸渣装置；5—除污耙；6—栅条

W—有效栅宽；W_1—设备宽；W_2—沟渠宽；H_1—沟渠深；H_2—卸渣高度；α—格栅倾角

图 4-1　高链式格栅除污机设备外形示意图及基础图

（4）外形及安装尺寸

高链式格栅除污机外形及安装尺寸见表 4-1。

表 4-1　高链式格栅除污机外形及安装尺寸表

参数 型号	有效栅宽 W/mm	设备宽 W_1/mm	沟渠宽 W_2/mm	栅齿间隙/mm	栅网速度/（m/min）	沟渠深 H_1/mm	卸渣高度 H_2/mm	格栅倾角/（°）	电机功率/kW
GLGS800	800	1 000	1 100						0.75
GLGS1000	1 000	1 200	1 300						1.1
GLGS1200	1 200	1 400	1 500						1.1
GLGS1500	1 500	1 700	1 800	20～80	4.42	自定	自定	70～80	1.5
GLGS1800	1 800	2 000	2 100						1.5
GLGS2000	2 000	2 200	2 300						2.2
GLGS2200	2 200	2 400	2 500						2.2

4.1.1.2 回转式格栅除污机

回转式格栅除污机是用于连续拦截并清除流体中固体杂物的专用设备，广泛用于城市污水处理、自来水行业的进水拦污和相关工业废水处理中的固液分离，是目前国内先进的固液分离设备。因齿耙的间隙可以做得比较小，拦截固体颗粒小，通常又叫细格栅。

（1）工作原理

在电动减速机的驱动下，齿耙链进行逆水反向回转运动，当齿耙运转到设备的上端时，由于槽轮与弯轨的导向，使每组齿耙之间产生了相对的自清运动，绝大部分固体物质能靠自重坠落，剩余部分黏在齿耙间的杂物由清扫器的反向运动把清除干净（见图 4-2）。

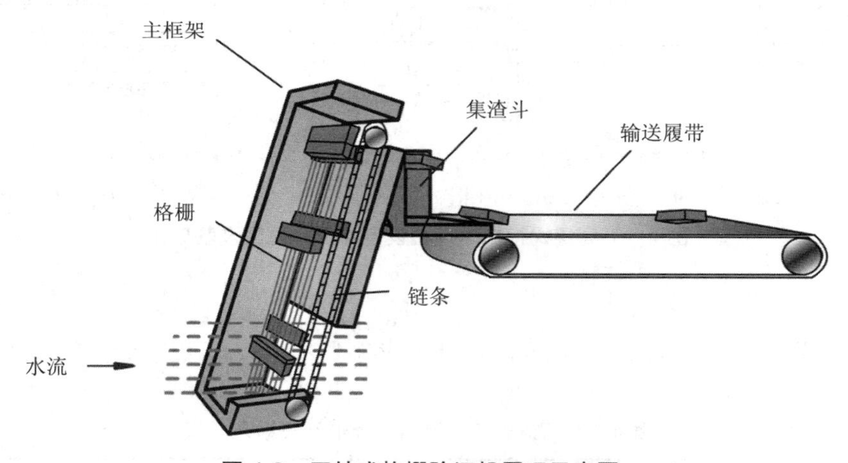

图 4-2 回转式格栅除污机原理示意图

（2）结构及特点

回转式格栅除污机（见图 4-3）是由诸多独特的齿耙装配成一组回转式格栅链，数组格栅链构成一个旋转的格栅面，它由驱动装置、齿耙系统、水下装置、机架、导向装置、动力装置、清扫机等组成。

特点：

①无栅条、诸多齿耙相互连成一个硕大的旋转面，捞渣彻底。

②有过载保护装置，运行可靠。

图 4-3　回转式格栅除污机现场照片及齿耙

③通过运行轨迹变化完成卸渣，效果好。

④最小间隙 1 mm，是典型的细格栅。

⑤齿耙强度高，有尼龙和不锈钢两种材料供选择。

（3）外形示意图及基础图

回转式格栅除污机设备外形示意图及基础图见图 4-4。

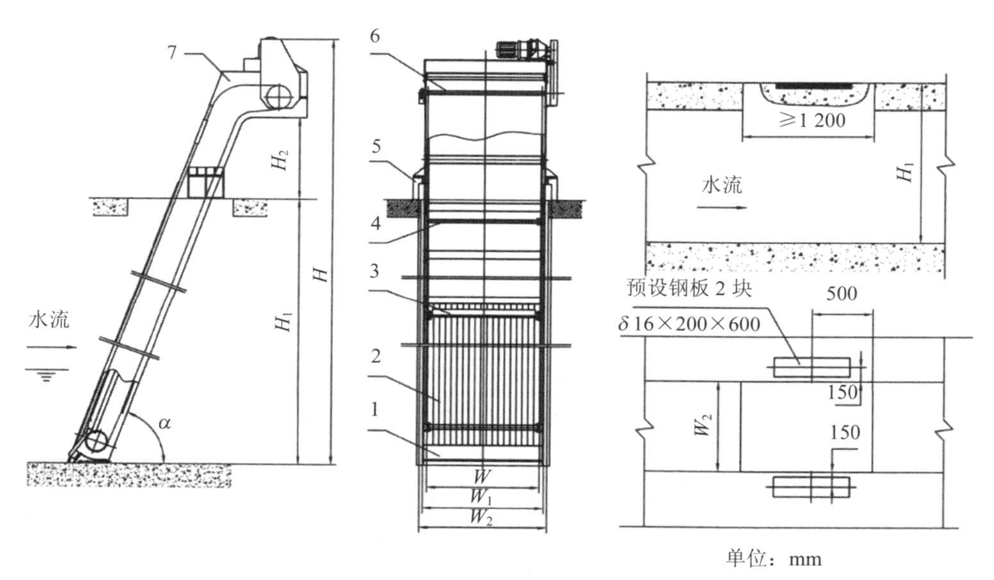

1—挡渣体；2—栅条；3—除污耙；4—支撑；5—支座；6—传动装置；7—机架

W—有效栅宽；W_1—设备宽；W_2—沟渠宽；H_1—沟渠深；H_2—卸渣高度；H—设备总高；α—格栅倾角

图 4-4　回转式格栅除污机设备外形示意图及基础图

（4）外形及安装尺寸

回转式格栅除污机外形及安装尺寸见表 4-2。

表 4-2 回转式格栅除污机外形及安装尺寸表

型号	有效栅宽 W/mm	设备宽 W_1/mm	沟渠宽 W_2/mm	栅网速度/（m/min）	栅齿间隙 B/mm	沟渠深 H_1/mm	卸渣高度 H_2/mm	格栅倾角/（°）	电动机功率/kW
HZG500	500	630	700	3.8	20～80	自定	自定	60～80	0.55
HZG800	800	930	1 000						0.75
HZG1000	1 000	1 130	1 200						1.1
HZG1200	1 200	1 330	1 400						1.5
HZG1500	1 500	1 630	1 700						1.5
HZG1800	1 800	1 930	2 000						2.2
HZG2200	2 200	2 350	2 500						3.0
HZG3000	3 000	3 150	3 300						3.0

4.1.1.3 转鼓式格栅除污机

转鼓式格栅除污机广泛应用于城市生活污水处理、工业废水处理、食品污水处理、造纸污水处理工程。转鼓式细格栅除污机能将污水中较细的漂浮物、悬浮物和沉积物提取出来，并经传输压榨后排出。转鼓式格栅全自动控制，运转平稳，能耗低，噪声小，转鼓式格栅栅缝小，仅为 1～5 mm，借助流体导流，设备分离效率可达 98%，整个转鼓式细格栅除污机的栅缝均可在设备运行过程中实现自清洗（见图 4-5）。

图 4-5 转鼓式格栅除污机现场照片

（1）工作原理

转鼓式格栅除污机的工作原理是污水从圆柱状转鼓的前端流入，经转鼓侧面的栅缝流出，污水中的栅渣则被截留在鼓栅内侧的栅条上，当转鼓截留的栅渣积累到一定量、格栅前后液位差达到限定值，外鼓或内耙齿以一定的速度旋转时，在转鼓外侧上部沿滤鼓全长设置的清洗滤嘴同时启动，冲洗水将栅渣清除至格栅中央的螺旋输送槽内，经内置的螺旋压榨装置将栅渣压榨脱水，固体含量可达到35%～40%，然后落入渣斗中或栅渣小车中。

（2）结构及特点

①转鼓式细格栅除污机和水流形成约 35°角，因为折流的形成，即使小于格栅缝隙的许多污物也能被转鼓细格栅机分离出来。

②转鼓式细格栅除污机装有冲洗装置，具有自净功能。

③圆柱形结构使转鼓格栅机比传统格栅过流量增大，水头损失减少，而且转鼓式格栅除污机前的堆积平面减少。

④转鼓细格栅所有与水接触的部件都由不锈钢制作而成，并经过酸洗钝化处理；转鼓细格栅除污机适用于生活污水和大多数工业废水处理，防腐性能强，寿命长。

⑤通过转鼓细格栅除污机的一体化打捞、输送、压榨处理，既节省了占地面积，也减少了垃圾的后续处理费用。

⑥转鼓细格栅除污机几乎不需要维修，旋转点上无须加油，驱动装置加油次数极少。

（3）外形示意图及基础图

转鼓式格栅设除污机备外形示意图及基础图见图 4-6。

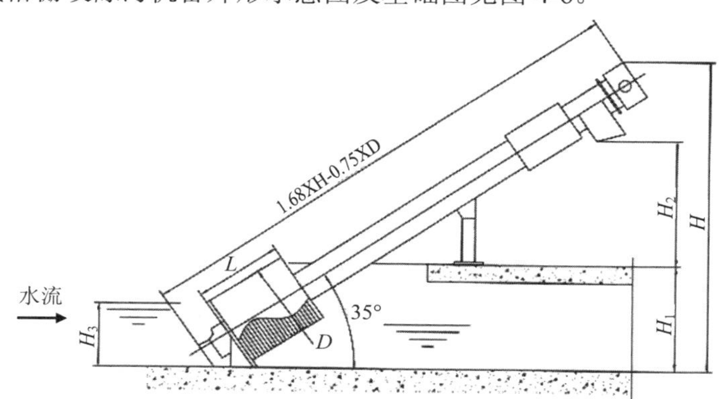

D—栅网直径；L—栅网长；H_1—沟渠深；H_2—卸渣高度；H_3—最高水位；H—设备总高

图 4-6 转鼓式格栅除污机设备外形示意图及基础图

（4）外形及安装尺寸

转鼓式格栅除污机外形及安装尺寸见表 4-3。

表 4-3　转鼓式格栅除污机外形及安装尺寸表

参数/型号	栅网直径 D/mm	栅网长 L/mm	栅网间隙 B/mm	转耙速度/（r/min）	沟渠宽 W/mm	沟渠深 H_1/mm	卸渣高度 H_2/mm	最高水位 H_3/mm	电动机功率/kW
ZGS600	600	730	0.5～6	5	D+8	<2 500	自定	400	1.1
ZGS800	800	930						500	
ZGS1000	1 000	1 130						700	1.5
ZGS1400	1 200	1 330						800	
ZGS1800	1 400	1 530						950	
ZGS2200	1 800	1 930						1 200	3.0
ZGS2600	2 200	1 490						1 800	

（5）过水流量

转鼓式格栅除污机过水流量见表 4-4。

表 4-4　转鼓式格栅除污机过水流量表

型号			ZGS-600	ZGS-800	ZGS-1000	ZGS-1200	ZGS-1400	ZGS-1800	ZGS-2200	ZGS-2600
流速/（m/s）			1.0							
流量/（m³/h）	间隙	1 mm	125	220	370	510	700	1 200	1 800	2 300
		2 mm	190	330	560	760	1 100	1 800	2 700	3 500
		3 mm	230	400	690	940	1 350	2 200	3 300	4 100
		4 mm	240	430	720	1 010	1 400	2 600	4 000	5 100
		5 mm	250	470	800	1 200	1 600	3 000	4 400	5 700

4.1.1.4　格栅的设计、选型、安装及运行注意事项

（1）格栅的主要设计参数

①水泵前格栅栅条间隙，应根据水泵要求确定。

②污水处理系统前格栅栅条间隙，应符合下列要求：人工清除：25～100 mm；机械清除：16～100 mm；最大间隙：100 mm。污水处理厂可设置粗细两道格栅，粗格栅栅条间隙 50～100 mm。

③如水泵前格栅栅条间隙不大于 25 mm，污水处理系统前可不设置格栅。

④栅渣量与地区特点、格栅间隙大小、污水量以及下水道系统的类型等因素有关。在无当地运行资料时，可采用：栅条间隙为 16～25 mm 时，栅渣量为 0.10～0.05 $m^3/10^3$ m^3 污水；栅条间隙为 30～50 mm 时，栅渣量为 0.03～0.01 $m^3/10^3$ m^3 污水。栅渣的含水率一般为 80%，密度约为 960 kg/m^3。

⑤在大型污水处理厂或泵站前的大型格栅（每日栅渣量大于 0.2 m^3），一般应采用机械清渣。

⑥机械格栅不宜少于 2 台，如为 1 台，应设人工清除格栅备用。

⑦格栅流速一般采用 0.6～1.0 m/s。

⑧格栅前渠道内水流速度一般采用 0.4～0.9 m/s。

⑨格栅倾角一般采用45°～75°，人工清除格栅倾角小时，较省力，但占地面积大。

⑩通过格栅的水头损失一般采用 0.08～0.15 m。

⑪格栅间必须设置工作台，台面应高出栅前最高设计水位 0.5 m。工作台上应有安全和冲洗设施。

⑫格栅间工作台两侧过道宽度不应小于 0.7 m。工作台正面过道宽度在人工清除时不应小于 1.2 m，机械清除时不应小于 1.5 m。

⑬机械格栅的动力装置一般应设在室内，或采取其他保护设备的设施。

（2）格栅选型的原则

①格栅分人工格栅和机械格栅两种，为避免污染物对人体产生的毒害和减轻工人劳动强度、提高工作效率及实现自动控制，应尽可能采用机械格栅。污水中含有油类等可释放的挥发性可燃性气体时，机械格栅的动力装置应有防爆设施。

②要根据污水的水质特点如 pH 的高低、固形物的大小等确定格栅的具体形式和材质。

③大型污水处理厂一般要设置两道格栅和一道筛网，格栅栅条间距应根据污水的种类、流量、代表性杂物种类和尺寸大小等因素来确定，既满足水泵构造的要求，又满足后续水处理构筑物和设备的要求。第一道使用粗格栅（栅条间隙为 50～100 mm）或中格栅（栅条间隙为 20～40 mm），第二道使用中格栅或细格栅（栅条间隙为 4～10 mm），第三道为筛网（栅条间隙＜4 mm）。

④常用格栅栅条断面形状有边长 20 mm 的正方形、直径 20 mm 的圆形、10 mm×50 mm 的矩形、一边半圆头 10 mm×50 mm 的矩形和两边半圆头 10 mm×50 mm 的矩形 5 种。圆形栅条水力条件好、水流阻力小，但刚度较差、容易受外力变形。因此在没有特殊需要时最好采用矩形断面。

⑤格栅一般安装在处理流程之首或泵站的进水口处，位属咽喉，为保证安全，要有备用单元或其他手段以保证在不停水的情况下对格栅进行检修。

⑥为保护动力设备，机械格栅一般安装在通风良好的格栅间内，大中型格栅间要配置安装吊运设备，便于设备检修和栅渣的日常清除。

⑦当格栅设置在废水处理系统之前、采用机械除渣机清除栅渣时，栅条间距一般为 16～25 mm，而采用人工清除栅渣时，栅条间隙一般为 25～40 mm。当格栅设置于水泵前，只需要将污水提升或排放时，栅条间隙应满足水泵构造的要求，一般要小于水泵叶轮的最小间隙。

（3）格栅安装的基本要求

①格栅前的渠道应保持 5 m 以上的直管段，渠道内的水流速度为 0.4～0.9 m/s，流过栅条的速度为 0.6～1.0 m/s。

②放置格栅的渠道与栅前渠道的连接，应有一个小于 20°的展开角。

③格栅的安装角度，人工清渣时为 45°～60°，机械清渣时多为 70°～90°。

④通过格栅的水头损失，一般为 0.08～0.15 m，因此，栅后渠道比栅前相应降低 0.08～0.15 m。

⑤格栅有效过水面积是按设计流量下过栅流速 0.6～1.0 m/s 计算而得的，但格栅总宽度不小于进水管渠宽度的 1.2 倍。

⑥格栅上部必须设置栅顶工作平台，其高度高出栅前最高设计水位 0.5 m 以上。工作平台设栏杆等安全设施和冲洗设施，两侧平台过道宽应不小于 0.7 m，正面过道宽度在人工清渣时不应小于 1.2 m，机械清渣时不小于 1.5 m。

（4）格栅运行管理的注意事项

①操作人员都应定时巡回检查，根据栅前和栅后的水位差变化或栅渣的数量及时开启除渣机将栅渣清除，同时注意观察除渣机的运转情况以及时排除其出现的各种故障。

②检查并调节栅前的流量调节阀门，保证过栅流量的均匀分布。同时利用投入工作的格栅台数将过栅流速控制在要求的范围内。当发现过栅流速过高时，适当增加投入工作的格栅台数；当发现过栅流速偏低时，适当减少投入工作的格栅台数。

③随着运行时间的延长，格栅前后的渠道内可能会积沙，应当定期检查清理积沙，分析产生积沙的原因，如果是渠道粗糙的原因，就应该及时修复渠道。

④经常测定每日栅渣的数量，摸索出 1 天、1 个月或 1 年中什么时候栅渣量

多，以利于提高操作效率，并通过栅渣量的变化判断格栅运转是否正常。

⑤栅渣中往往夹带许多挥发性油类等有机物，堆积后能够产生异味，因此要及时清运栅渣，并经常保持格栅间的通风透气。

（5）栅渣的处理

格栅系统一般包括粗格栅、细格栅两级，在 MBR 膜处理工艺中，还有精细膜格栅，都会产生栅渣。污水处理厂预处理系统沉沙池产生的固体沙粒一般也作为固体废物与栅渣一起处理。

在预处理系统设计中，为节约用地，可以将细格栅、精细格栅与沉沙池合建，形成一个综合型的格栅、沉沙池，满足全部预处理要求。受到单台格栅设备处理能力的限制，同时也为了满足设备检修、维护的需要，每一级格栅的数量一般不止 1 台，对于栅渣的集中处理，可采用每一级格栅系统的多台格栅共用 1 台输送机，多台输送机将栅渣统一输送至同一个较大的渣斗中，实现栅渣的汇集，然后再进行集中处理、外运。

同时，沉沙池配套的沙水分离器也会分离出固体沙粒，在有条件的情况下，沙粒也可以通过输送机输送至渣斗，实现全部预处理系统栅渣、沙粒集中处理。

4.1.2　筛网

（1）筛网的作用

筛网对悬浮物的去除相当于初次沉淀池的作用。

筛网的孔的形状和大小与格栅不同，最常用的是使用金属丝编织成的方孔筛网。作用是除去粒度比格栅截留物更小的悬浮物。孔径小于 10 mm 的筛网主要用于工业废水的预处理，它可将粒径小于 3 mm 的漂浮物截留在网上。孔径小于 0.1 mm 的细筛网则用于处理后出水的最终处理或重复利用水的处理。

（2）筛网的形式

目前，应用于小型污水处理系统、主要用于短小纤维回收的筛网主要有两种形式：振动筛网和水力筛网。

4.1.2.1　振动筛网

振动筛网由振动筛和固定筛组成。污水通过振动筛时，悬浮物等杂质被留在振动筛上，通过振动卸到固定筛网上，以进一步脱水。

振动筛网示意图见图 4-7。

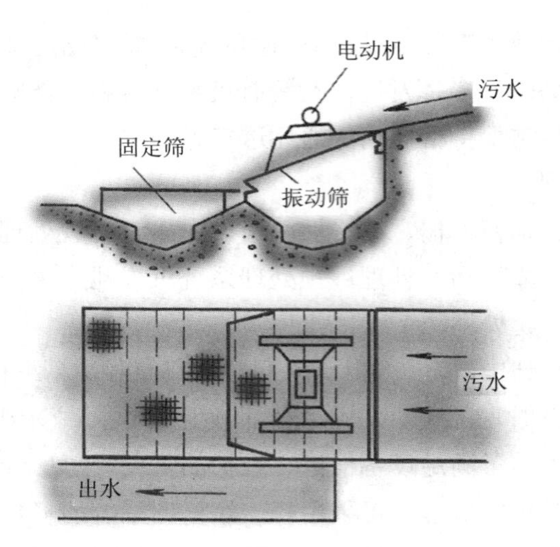

图 4-7 振动筛网示意图

4.1.2.2 水力筛网

（1）水力筛网的作用

水力筛网能有效地降低水中悬浮物的浓度，减轻后续工序的处理负荷。同时也可用于工业生产中进行固液分离或回收有用物质，是一种优良的过滤或回收悬浮物、漂浮物、沉淀物等固态或胶体物质的无动力设备。

（2）水力筛网的构成

水力筛网主体为由楔形钢棒制成的不锈钢弧形或平面过滤筛面，待处理废水通过溢流堰均匀分布到倾斜筛面上，筛网表面间隙小、平滑，背面间隙大、排水顺畅、不易阻塞；固态物质被截留，过滤后的水从筛板缝隙中流出，同时在水力作用下，固态物质被推到筛板下端排出，从而达到固液分离的目的。

水力筛网由运动筛和固定筛组成。运动筛水平放置，呈截顶圆锥形。进水端在运动筛小端，废水在从小端到大端的流动过程中，纤维等杂质被筛网截留，并沿倾斜面卸到固定筛以进一步脱水。水力筛网的动力来自进水水流的冲击力和重力作用。因此水力筛网的进水端要保持一定压力，且一般采用不透水的材料制成，而不用筛网。

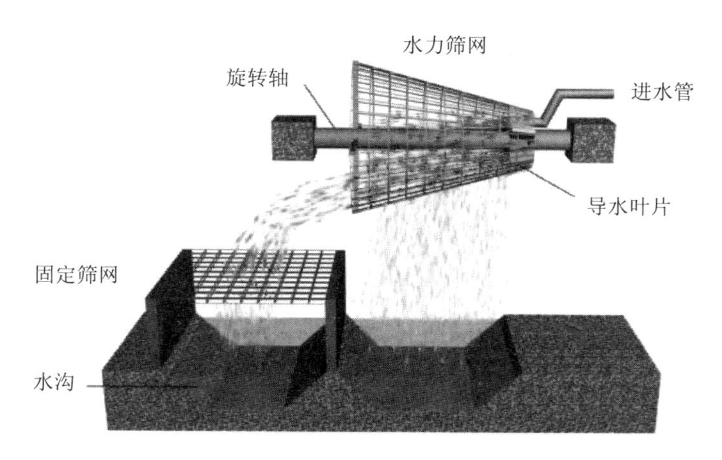

图 4-8　水力筛网构造示意图

（3）水力筛网的特点

①利用水流本身的重力工作，无能耗。

②单机处理水量大。

③不易阻塞，清洗方便。

④整机材质采用不锈钢制造，机械强度高、不变形、寿命长。

（4）水力筛网的适用范围

①用于造纸、屠宰、皮革、制糖、酿酒、食品加工、纺织、印染、石化等行业的小型工业废水处理设施，可去除悬浮物、漂浮物、沉淀物等固态物质。

②用于造纸、酒精、淀粉、食品加工等行业回收纤维、渣料等有用物质。

③用于污泥或河道清淤预处理。

4.1.3　筛余物的处置

①填埋；

②焚烧（820℃以上）；

③堆肥；

④将栅渣粉碎后再返回废水中，作为可沉固体进入初沉池。

4.2 排沙设备

4.2.1 行车式吸沙机

行车式吸沙机适用于城镇污水处理厂或自来水厂曝气沉沙池的沙水处理，将沉降在底部的沙粒、煤渣等较大颗粒和污水混合液提升至池旁排沙槽内；根据用户要求，可增设撇油、撇渣装置。

该机为中心驱动，以液下泵为吸沙动力，经沙水分离器进一步分离；分离沙排出池外，分离水流回进水口同原水再次沉淀处理。

4.2.1.1 结构组成

行车式吸沙机主要由平台、栏杆、驱动装置、沙水分离器、主传动装置、吸沙装置、从动装置、出水管件、轨道组件、滑线装置、电器控制系统及行程控制装置等部件组成。行车式吸沙机结构见图 4-9。

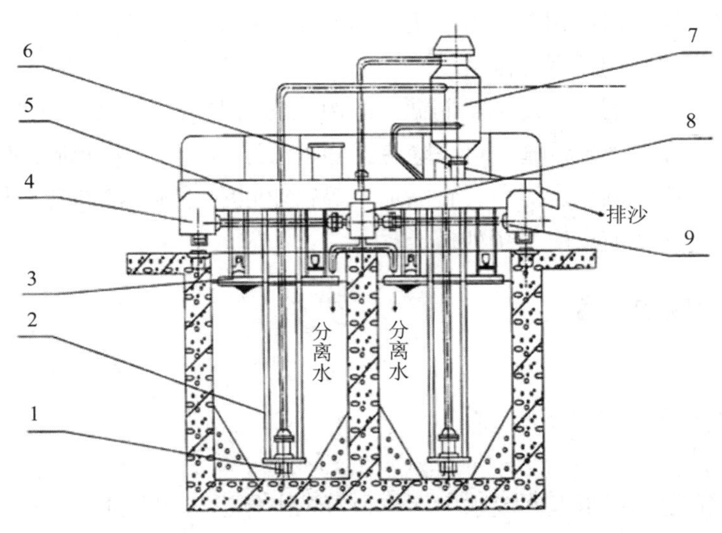

1—吸沙泵；2—吸沙吊架；3—浮渣刮板；4—行走端梁；5—行车大梁；
6—电控箱；7—沙水分离器；8—驱动装置；9—驱动长轴

图 4-9 行车式吸沙机结构图

4.2.1.2　工作原理

吸沙机运行时，驱动装置带动平台整体运行，同时液下泵开始工作，吸沙至沙水分离器，经沙水分离器处理后，分离沙被排出池外，分离水流回进水口同原水再次沉淀处理；当设备运行到池体的一端时，电器控制系统作用，驱动装置反向运行，液下泵工作，回程到初始位置时延时器作用，延时进行下一次工作循环。行车运行设计速度较慢，对池中的泥沙扰动小，有利于泥沙的沉淀，可满足水处理工艺的要求。

4.2.1.3　安装与试运转

（1）轨道及铺设要求

①安装时要求池台顶面平整，安装轨道的预埋铁要求在同一平面内。

②轨道的纵向直线偏差不超过±1/1 000。

③轨道纵向水平度不超过 1/1 000。

④两平行轨道的相对高度不超过 3 mm。

⑤轨道接头用鱼尾板连接，其接头左、右、上 3 面的偏移均不超过 1 mm，接头间隙不应大于 3 mm。

（2）设备安装说明

①首先将平台及行走装置放至钢轨上，拆下链条将平台从池体一端沿轨道推向另一端，视有无卡阻现象校正轨道。

②按照组装图依次将液下泵组件、出水管件等部件进行组装。

③整机放置在集沙池一端，确定行车在集沙池一端的限位开关及限位挡板位置；然后将吸沙机推到池体另一端，确定工作时限位开关及限位挡板的位置。

④轨道的两端安设强固的挡铁限位装置，防止行程开关失灵，造成行车从两端出轨。

（3）试运转

各零部件安装完毕后，各部分经检查牢固可靠无故障后方可开车。先将池内注满清水，启动按钮进行试运转。当吸沙机连续运转一定时间后，经检查无异常后，方可注入污水。

4.2.1.4 运行维护

在运行维护时应做到：

①吸沙机运转时保持各减速机润滑油的油标位置。带座轴承每月注油 1～2 次。

②开机前检查行程开关是否能够正常工作，检查轨道上是否有阻滞物体，以免发生误动作或行车失灵。

③检查水上零件连接是否松动。

④一年大修一次。

4.2.2 螺旋式沙水分离机

螺旋式沙水分离机可作为各种沉沙池配套设备，用于分离含沙污水中的沙及其他各种比重较大的颗粒状固体物质。含沙污水从锥形容器上端切向进入。在容器中形成涡流，在重力及离心力的作用下，沙粒快速沉淀到容器底部，由旋转的螺旋叶片推至上端的排沙口排出。

4.2.2.1 工作原理

沙水混合液从螺旋式分离机上端输入水箱，混合液中比重较大的沙粒等物体沉积于底部，在螺旋的推动下，沙粒沿斜置的“U”形槽底提升，高于液面一段距离，经重力脱水后由排沙口卸至沙斗。分离后的水则从溢流口排出，返回污水厂内的处理系统。

4.2.2.2 结构组成

螺旋式沙水分离机由驱动装置、螺旋、衬条、“U”形槽、水箱、导流板和出水堰等组成。

4.2.2.3 产品特点

①螺旋式沙水分离机的沉淀装置与输沙装置为封闭式一体化结构，并具有结构紧凑、质量轻、高工作可靠性、维修工作量少等特点。

②螺旋式沙水分离机的分离效率可达 96%～98%，可分离出粒径为 0.2 mm 的颗粒，回收率不低于 98%；直径大于 0.1 mm 的沙粒去除率不小于 80%。

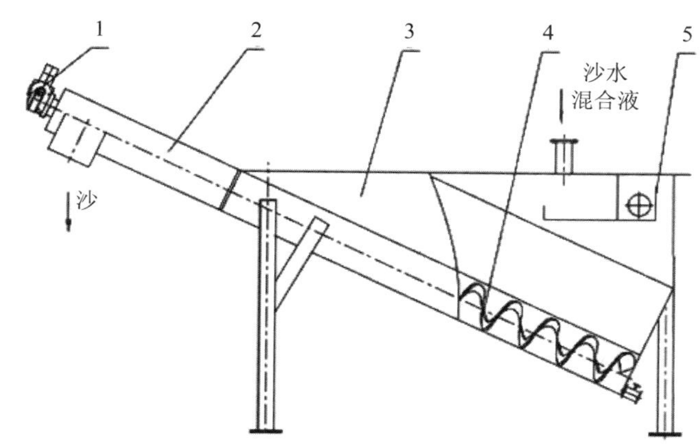

1—驱动装置；2—“U”形槽；3—水箱；4—无轴螺旋；5—出水堰

图4-10　螺旋式沙水分离机结构示意图

③在正常情况下螺旋式沙水分离机与泵式沉沙器和储沙间的沙泵的性能相匹配。在必要的时候，也可连续运行。

④螺旋式沙水分离机的壳体、支架、输沙器等重要部件的材质采用不锈钢制作，“U”形槽内的输送螺旋形式为无轴螺旋，其结构设计为保证物料流通，无堵塞；无轴螺旋体具有足够的强度和刚度，保证在最大的工作荷载下，不会产生影响使之变形或伸长。

⑤螺旋的支承轴承防水、防尘、耐磨、自动润滑。

⑥螺旋式沙水分离机的分离池采用不锈钢加工焊接而成，底部为半圆形，用于支撑螺旋输送器。进水口和溢流管安装在容器的上部，排水管安装在下部便于维修。所有管件和法兰盘采用不锈钢。

⑦螺旋式沙水分离机进出管口径设计能防止水中杂物的堵塞。

⑧螺旋式沙水分离机及辅助件的配置适合连续工作和间歇工作的要求。

⑨“U”形槽内装有足够数量的可换衬体，结构简单，使用寿命长，便于更换。

4.2.2.4　规格型号及技术参数

型号表示方法：

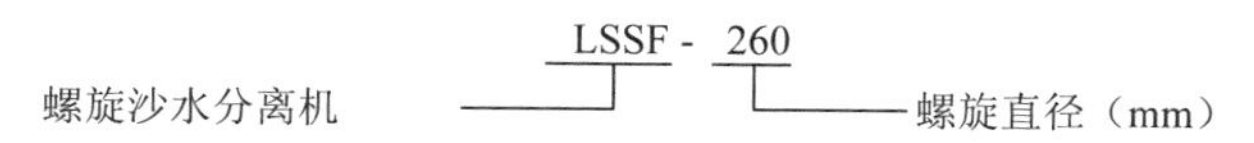

表 4-5 螺旋沙水分离机主要技术参数表

参数＼型号	LSSF-260	LSSF-320	LSSF-355
处理量/（m^3/h）	5～12	12～20	20～27
电机功率/kW	0.37		0.75

4.2.2.5 安装注意事项

①螺旋式沙水分离器平稳安置在工作平台上，底脚和地面用膨胀螺栓固定后，无明显振动才能运行，同时应将接料斗与其他设备配合。

②螺旋式沙水分离器使用时首先必须给减速机加注机械油至油标 1/2 处（详见减速机说明书）。

③接通电源，点动按钮，观察螺杆转动方向是否正确，螺杆转动方向始终朝着物料出口方向转进。

④开动后工作人员必须注意物料有无坚硬杂物，一经发现输送机有异常情况，应立即停机，排除故障后再恢复运行。当螺旋式沙水分离器处于工作状态时不得除去保护盖。

⑤如果螺旋式沙水分离器工作中有超过 24 h 间歇，重新开始工作时必须有操作员在场观察。

4.2.2.6 运行维护注意事项

①经过一段时间的运行，应观察槽内的尼龙内衬，如有磨损应更换。

②定期检查减速机的润滑油是否达油面刻度线，润滑油不足时应加注润滑油（具体操作请参照减速机操作说明书）。

③定期检查螺旋的磨损，在螺旋更换之前可以磨掉螺旋原始尺寸最大值的 10%。

④该设备必须定期进行保养维修，并对设备进行全面清理。

⑤如设备发生故障，应立即停止运行并通知生产厂家进行维修。

4.3 曝气设备

4.3.1 倒伞形表面曝气机

倒伞型表面曝气机广泛用于城市污水和各种工业废水的生化处理。由于倒伞型表面曝气机产生水体螺旋式推进效应，特别适于氧化沟工艺。倒伞型表面曝气机外形图见图 4-11。

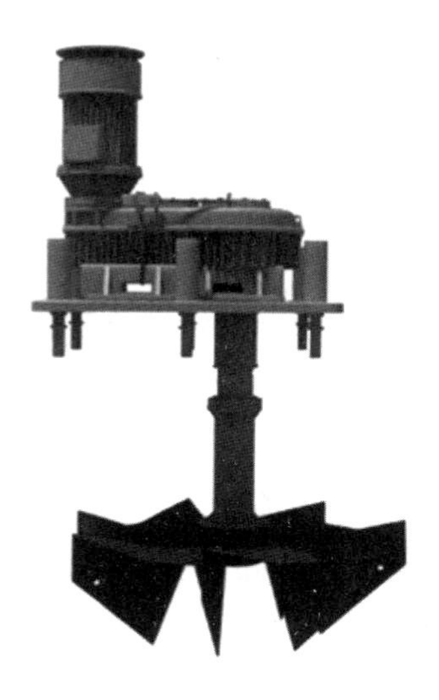

图 4-11 倒伞形表面曝气机

4.3.1.1 工作原理

倒伞型表面曝气机是氧化沟工艺的核心设备，该设备具有强大的曝气、搅拌和推流功能。其曝气原理是：

①在倒伞型叶轮的强力推进作用下，水呈水幕状自叶轮边缘甩出，形成水跃，裹进大量空气，使空气中的氧分子迅速溶于污水中。

②由于水体上下循环，不断更新液面，污水大面积与空气接触，进而有效能地吸氧，对污水进行生化和氧化作用，达到净化污水的效果。

③叶轮旋转带动水体流动，形成负压区，吸入空气，空气中的氧气迅速溶入污水中，完成对污水的充氧作用。同时，强大的动力驱动，搅动大量水体流动，从而实现混合和推流作用，在氧化沟内使水体产生旋转式推进效应。

4.3.1.2 结构组成及特点

倒伞形表面曝气机由电动机、齿轮减速器、升降装置、倒伞形叶轮等组成。倒伞形曝气机结构示意图见图 4-12。

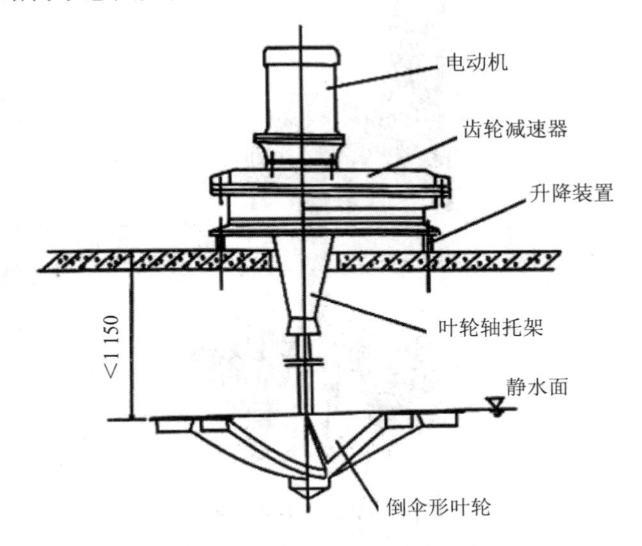

图 4-12 倒伞形曝气机结构示意图

减速机总成：电动机采用立式安装，装于减速机之上，位置较高，不易受飞溅的污水和废气侵蚀。电动机通过柔性联轴器与减速机直连为整体，电动机输出轴与减速箱输入轴的两半轴器通过电动机座实现自动对中连接，这是靠设计和制造来保证的，不需要现场人工调整，对两轴的同心提供可靠的保证。这样可使传动平稳，提高传动效率，冲击减少，延长零件使用寿命。电动机采用户外防潮湿结构的立式电机，防护等级 IP55，绝缘等级 F 级。

倒伞座总成：作用是改变叶轮浸没深度，从而达到调节充氧能力和推流能力的目的。升降结构为平板式，减速机采用高强度螺栓固定在此平板上，调整叶轮浸没深度简单方便，只要移动固定在四根高强度螺栓上的螺母，便能改变升降平台的高度，升降平台下降，叶轮浸没深度增加，升降平台上升，叶轮浸没深度则减少，这种结构既简单又可靠。升降动程为±100 mm。升降平台同时承受叶轮的轴向重力，防止减速机因承受轴向重力而导致漏油和损坏。叶轮轴与减速机输出轴为内外花键连接，便于维护保养。

倒伞形曝气叶轮：叶轮为倒伞状、螺旋式叶片结构，采用碳钢材料焊接制成。此倒伞形曝气机叶轮具有径向推流能力强、完全混合区域广、动力效率高、充氧能力大、不挂脏、不堵塞等特点。

润滑系统：采用强制式循环、飞溅润滑系统，润滑齿轮泵直接安装于减速箱的输入轴部位，润滑效果好，结构安全可靠。

倒伞形曝气机的操作方式为就地手动控制和PLC自动控制两种方式。

倒伞形曝气机的性能特点：

①高效节能。优质的传质动力学特性使得动力效率超出行业标准12.4%。

②稳定可靠。运转平稳、传动效率高，服务系数大于2.5。

③搅拌强度大。叶轮集曝气、混合、推流三位一体，使氧化沟有效水深大大提高，可减少占地15%～40%。

④结构优化。安装平板，确保曝气机安装的水平度。驱动设备都在水上，维护简便。

⑤多样化控制。根据工艺设计的需要，曝气机可实现恒速和调速运行方式，通过变频调速装置获取所需充氧量，实现最佳的经济运行方式。

4.3.1.3 型号规格及技术参数

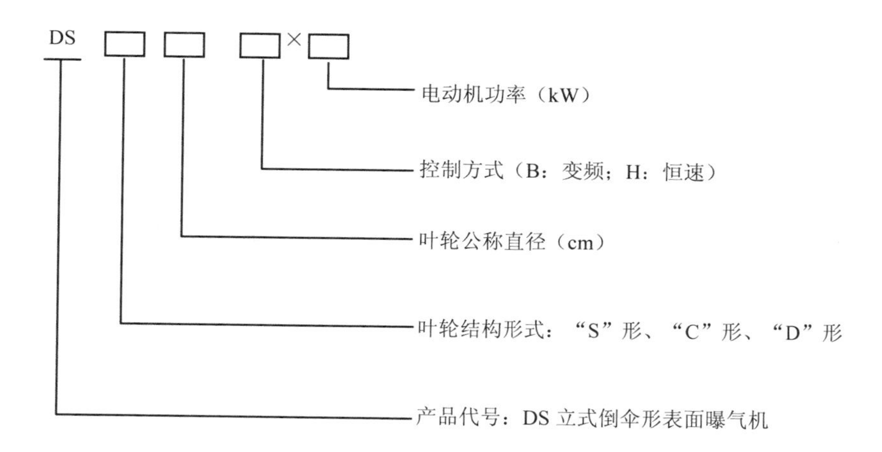

例如，电动机功率132 kW，叶轮公称直径为ϕ3 250 mm、叶轮结构为"C"形、恒速运行。标注为DSC325H×132，也可以标注为DSC325H/132。

倒伞形表面曝气机技术参数见表4-6。

表 4-6　倒伞形表面曝气机技术参数表

型号	电机功率/kW	叶轮直径 D/mm	充氧量/（kg/h）	服务沟宽/m	服务水深/m	整机质量/kg	动载荷/kN
DSC200	22	2 000	52	5.5	3.0	≈2 300	46
DSC220	30	2 200	70	6.0	3.2	≈2 500	50
DSC240	37	2 400	82	6.8	3.5	≈3 400	68
DSC260	45	2 600	104	7.5	4.2	≈3 560	71
DSC280	55	2 800	126	8.0	4.5	≈3 560	71
DSC300	75	3 000	168	8.0	4.8	≈3 900	78
DSC325		3 250	170	9.0	4.8	≈6 100	80
DSC300	90	3 000	210	8.5	4.8	≈5 790	110
DSC325		3 250	215	9.0	5.0	≈6 100	115
DSC300	110	3 000	250	9.0	5.0	≈6 400	120
DSC325		3 250	256	9.5	5.2	≈6 700	125
DSC325	132	3 250	310	9.5	5.5	≈6 800	132
DSC325	160	3 250	368	10.5	6.0	≈7 500	150
DSC350		3 500		11.0	6.0	≈7 700	152

4.3.1.4　倒伞形表面曝气机的安装

倒伞形表面曝气机根据现场施工情况，其安装方式有卧式安装和立式安装两种，见图 4-13。

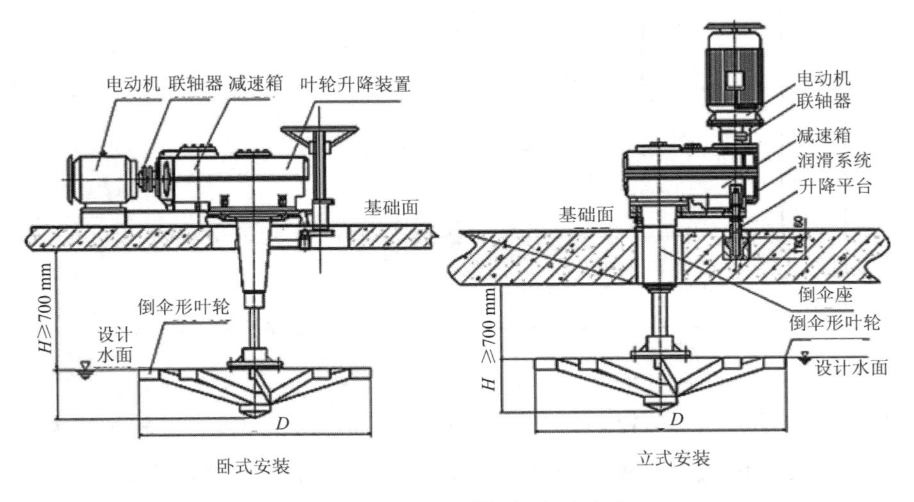

图 4-13　倒伞形曝气机安装方式

4.3.1.5　维护保养

①每周观察油面的高度，以油标尺度量其高不超过上限，其低不超过下限为宜。

②每周检查油封和结合面有无漏油，通气塞通气孔无堵塞，螺栓的紧固状况。

③每月定期检查减速箱油的质量，对于含有杂质的或已分解老化变质的油，必须随时更换。

④在通常情况下，对连续运转的减速箱，每半年更换一次新油，使用期不得超过 8 个月。

⑤应经常检查油温，当油温大于 35℃时，应停止使用，并检查原因。

⑥齿轮箱运转一段时间，甚至 1～2 年后，发现油温过高或有异常噪声，除了检查齿轮，还要检查各轴承是否有损坏，为了在检查中少走弯路，在拆卸前应仔细听噪声部位，并分别测试各部位的油温。

⑦更换轴承时，必须用拉模拉出，不得采取锤击方法。装配轴承时应尽可能采用压力机慢慢压入。如果条件不够，可采用锤击方法拆卸，但必须在轴承内圈垫上熟铜管或软铜管，边转动边锤击，对内外圈均匀加力，不得不加衬垫直接锤击。

⑧每年检修清洗减速箱一次。

⑨在维修和拆卸升降器时，应先拆下升降轴套中部的整套蜗轮副机构，再将升降轴套取出。在拆卸蜗轮副时，必须先将叶轮吊住，避免叶轮脱落发生事故。

⑩每年整机需维修保养。

4.3.1.6　选型注意事项

①普通曝气池：可合建、分建圆形或方形的曝气池，形式和尺寸由设计者自行决定。建议：

- 圆形池：叶轮直径与池直径之比为 1∶（4.5～7），宜取中间值。
- 方形池：叶轮直径与池边长之比为 1∶（4～7），宜取中间值。
- 水深小于叶轮直径的 3 倍，一般取叶轮直径的 1.5 倍。
- 完全混合型曝气池所需功率密度一般不宜小于 25 W/m^3。

②氧化沟：沟宽为叶轮直径的 2.2～2.4 倍，宜取中值；沟深约为沟宽的 0.5 倍。氧化沟功率密度应不小于 15 W/m^3，合适功率密度为 20 W/m^3。

• 氧化沟内不宜设置立柱。如需设置，立柱至叶轮边缘的距离应大于叶轮直径，且为圆柱。

• 氧化沟中间隔墙至叶轮边缘间距以 0.04～0.08 倍叶轮直径为宜。

• 曝气机处如未设置导流墙，倒伞叶轮应向出水方向偏 0.08～0.1 倍叶轮间距为宜。

• 平台下梁底面距设计水面应大于 800 mm。

• 底面至水面净距离应大于 700 mm。

• 氧化沟中间隔墙至叶轮边缘间距以 0.05～0.1 倍叶轮直径为宜。如未设置导流墙，倒伞叶轮距应向出水方向偏 0.1 倍叶轮直径，以利于水的流动。

③订货时须注意：倒伞形表面曝气机有正反转之分，工程设计时应予以明确。正转（顺时针旋转）时，基础应按设备公司另行提供的附图所示做相应调整。订货时应明确正、反转的台数。

4.3.2 潜水射流曝气机

潜水射流曝气机用于污水处理厂曝气池、曝气沉砂池的曝气和搅拌，对污水污泥的混合液进行充氧及混合，对污水进行生化处理或养殖增氧和景观水养护，除此之外，潜水射流曝气机也可以用于自来水工艺前段除铁、除锰工艺中，还可以用于高层建筑自来水补水循环工艺。潜水射流曝气机的进气量为 10～100 m^3/h，增氧能力为 0.35～8.20 kgO_2/h，电机功率为 0.75～22 kW。潜水射流曝气机见图 4-14。

图 4-14 潜水射流曝气机

4.3.2.1　工作原理

潜水射流曝气机的原理是：通过潜水泵产生的水流经过喷嘴形成高速水流，在喷嘴周围形成负压吸入空气，经混合室与水流混合，在喇叭形的扩散管内产生水气混合流，高速喷射而出，夹带许多气泡的水流在较大面积和深度的水域内涡旋搅拌，完成曝气，并且其轴功率不随潜水深度的变化而变化，进气量可以调节。正因为如此，射流式曝气机可以在水位变化较大的池中应用。潜水射流曝气机工作示意图见图 4-15。

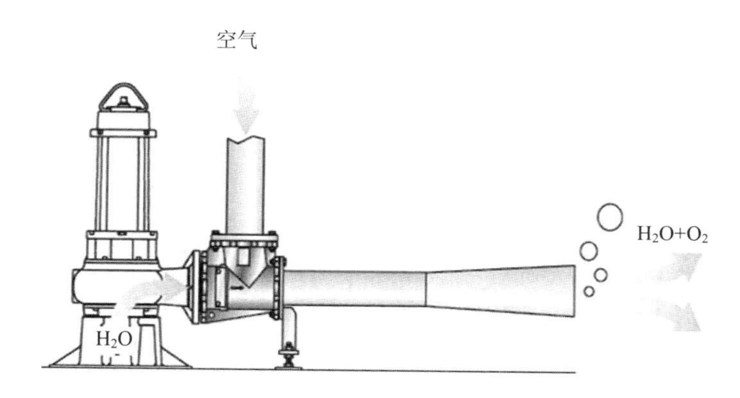

图 4-15　潜水射流曝气机工作示意图

4.3.2.2　结构组成及特点

潜水射流曝气机主要由 WQ 型潜水排污泵、文丘里管、扩散管、进气管及消声器及其他附件构成。潜水射流曝气机结构示意图见图 4-16。

潜水射流曝气机主要特点：

①潜水射流曝气机具有结构紧凑，占地面积小，安装方便的特点。因为曝气机主要由潜污泵、曝气器和进气管 3 部分组成，因此，曝气机安装便捷，维护方便。

②潜水射流曝气机曝气效能高，应用范围广。曝气机具有高速的射流流态，液气混合充分，氧吸收率高，动力效率高。比传统曝气池处理效率高 3～4 倍，曝气时间缩短，并被应用于各种污水处理设施，包括推流式曝气池、混合曝气池、延时曝气池、氧化沟、氧化塘等。

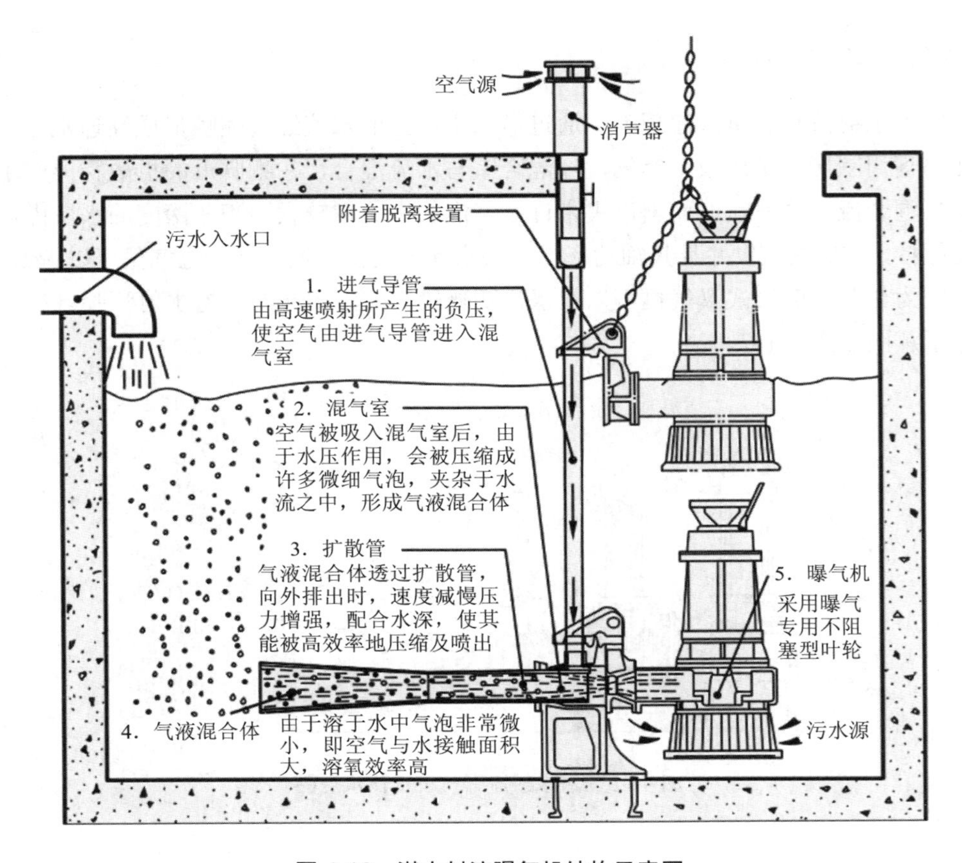

图 4-16 潜水射流曝气机结构示意图

③曝气机系统简单，可靠性高。因为曝气机不需要鼓风机等设备，系统简单，除吸气口外，其余部分均潜入水中运行，噪声小。

④投资和运行费用低。由于潜水射流曝气机适用于较深的曝气池，占地面积减少，系统简单，节约投资费用，处理效能高。

4.3.2.3 主要用途及使用条件

主要用途：

①给水预处理和污水生化处理工艺；

②曝气沉沙池、预曝气池、氧化池等的曝气与搅拌设施；

③养殖塘增氧和景观水养护；

④高层建筑自来水补水循环工艺。

潜水射流曝气机正常连续运行的条件为：

①最高介质温度不超过 40℃；

②介质的 pH 在 5～9；

③介质密度不超过 1 150 kg/m³。

4.3.2.4　安装

潜水射流曝气机的安装形式有自耦式和移动式两种。

自耦式安装是将曝气装置和专用的底座固定在水池底部，在池顶安装好配套的支撑块，用导轨使两者相连，潜水电泵与特定支架连接好后沿导轨下滑到底座出口位置，通过泵自重，自动耦合并密封。自耦式安装无须安装或维修人员进入水坑即可提升和安装电泵。

移动式安装方式是将深水自吸式潜水射流曝气机安装于池底部，依靠自重定位，具有安装位置可变动、灵活、成本低等特点。

潜水射流曝气机不同池型配置见图 4-17。

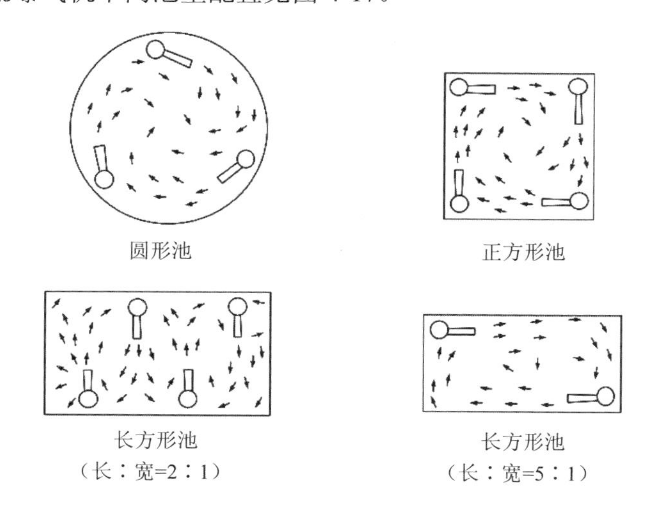

图 4-17　潜水射流曝气机不同池型配置示意图

4.3.2.5　运行维护

潜水射流曝气机虽然在水下工作，但是机械密封好，喷头不易堵塞，易于维护，检修方便。

安装或检修完成后，运行前在曝气池内放入清水，水面至设备顶部 300～500 mm。通气后检查设备高度是否在同一水平面上，可适当进行调整，检查所有管道和接口、接头，各个密封处是否漏气，气泡是否均匀。

4.3.3 泵型叶轮曝气机

泵型叶轮曝气机主要用于工业废水及城市生活污水采用活性污泥法的生化处理曝气池中，可对污水和活性污泥进行充氧和混合。立式泵型叶轮曝气机结构示意图见图 4-18。

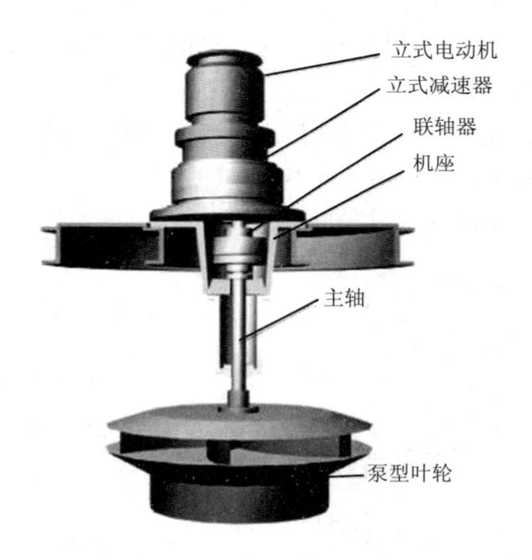

图 4-18 立式泵型叶轮曝气机结构示意图

4.3.3.1 工作原理

叶轮浸没在水表面下通过以下 3 个作用，对污水、污泥进行充氧和混合。

①液面更新：由于叶轮的喷水及吸水作用，污水快速上下循环，不断地进行液面更新，缺氧的污水大面积与空气接触，从而高效快速地吸氧。

②水跃：在叶轮叶片的强力推进作用下，水呈水幕状自轮缘喷出，形成水跃，裹进大量空气，空气中的氧气迅速溶于水中。

③负压区吸氧：污水快速流经叶轮内部的导流锥顶时，产生负压区，从引气孔中吸入空气，进一步提高了充氧量，并降低了功率消耗。

由于叶轮的喷水、吸水及旋转作用，水呈螺旋线状上下循环运动，对污水和污泥进行充分混合，好氧菌及时获得大量氧气，加速污水进行生化反应，从而达到了快速高效净化污水的效果。

4.3.3.2　结构及特点

泵型叶轮曝气机由泵型叶轮、减速器、叶轮升降装置、联轴器、电动机等部分组成。卧式泵型叶轮曝气机结构示意图见图 4-19。

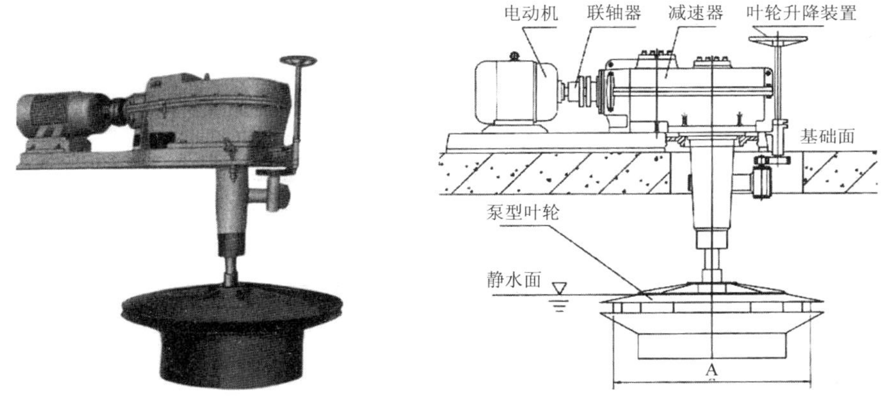

图 4-19　卧式泵型叶轮曝气机结构示意图

泵型叶轮：具有动力效率高、充氧量大、提升力强、调动水量大、结构简单、机械效率高、运转可靠等特点。设计使用寿命超过 10 年。

减速器：采用螺旋锥齿轮和圆柱斜齿轮二级传动。具有传动平稳、噪声低的特点。

叶轮升降装置：装于减速器侧面，可在额度范围内，随意调节叶轮浸没深度，从而调节充氧量。

电动机：采用 Y 户外型全封闭三相异步电动机、效率高、运转可靠。

调速装置：变频调速装置，对电动机进行无级调速，从而降低能耗。

4.3.3.3　规格型号及技术参数

恒速型（卧式）泵型叶轮曝气机技术参数见表 4-7。

表 4-7 恒速型（卧式）泵型叶轮曝气机技术参数

型号	叶轮直径/mm	电动机功率/kW	转速/（r/min）	充氧量/（kgO_2/h）	提升力/kN	叶轮升降动程/mm	质量/kg
076c	760	5.5	110	15.3	3 010	±140	2 100
100c	1 000	11	84.8	27.5	5 510	±140	2 300
124c	1 240	18.5	70	43	9 160	±140	2 700
150c	1 500	22	55	54.4	11 680	±140	3 100
172c	1 720	45	49	74.5	16 260	+180～-100	3 700
193c	1 930	55	44.4	97	21 900	+180～-100	4 100

注：c 表示带升降装置。

调速型（卧式）泵型叶轮曝气机技术参数见表 4-8。

表 4-8 调速型（卧式）泵型叶轮曝气机技术参数

型号	叶轮直径/mm	电动机功率/kW	转速/（r/min）	充氧量/（kgO_2/h）	提升力/kN	叶轮升降动程/mm	质量/kg
076	760	5.5	88～126	8.3～24	1 530～4 530	±140	2 100
100	1 000	11	67～97	15～40	2 690～8 250	±140	2 300
124	1 240	18.5	54～79.5	21～62.5	4 180～13 470	±140	2 700
150	1 500	22	44.5～63.9	30～82.5	6 180～18 280	±140	3 100
172	1 720	45	39～57.2	39～101	8 190～26 160	+180～-100	3 900
193	1 930	55	34.5～51.6	49～130	10 370～29 930	+180～-100	4 100

4.3.3.4 安装注意事项

①曝气池（曝气区）内不得设置柱子，池壁以平滑无筋条为佳，分建式圆形曝气池内壁应设置挡流板以防止因水旋转而造成叶轮脱水。

②平台上平面与水平面间距以大于 1.1 m 为宜。

③本机适用于合建式、分建式加速曝气池。曝气区内无立柱、无挡板等阻流物。如有阻流物，会造成电机超载，应降低线速使用。

④曝气池（曝气区）内径以 5.3～3 倍叶轮直径为宜，水深以不超过 3.5 倍叶轮直径为宜。叶轮速度为 3～5 m/s，若叶轮下置导流筒，池深可至 5 m 以上，最

多深至 7 m，曝气池（曝气区）内设置导流筒可使混合更安全从而降低叶轮线速以提高处理效果。

⑤叶轮浸没度以叶轮上平板埋入水平面下 20～60 mm 为宜，过深会降低充氧量，过浅则易脱水。在培菌阶段可加深浸没度（100 mm 以上），加快转速以保证完全混合能力及降低充氧量。

⑥污水进水管不宜设置在池底中央，以设置在池壁处，且低于水面为好，防止污水短路。

4.3.4 转碟曝气机

转碟曝气机又名曝气转盘，属于机械曝气机中的水平轴盘式表面推流曝气器。

转碟曝气机是氧化沟的专用环保设备，对污水进行充氧，可以防止活性污泥的沉淀，有利于微生物的生长。转碟曝气机在推流与充氧混合功能上，具有独特的性能，SS 去除率较高，充氧调节灵活。在保证满足混合液推流速率及充氧效果的条件下，适用有效水深可达 4.3～5.0 m。随着氧化沟污水处理技术的发展，这种新型水平推流转盘曝气机，使用越来越广泛。在石油、化工、印染、制革、造纸、食品、农药、煤气、煤炭等行业的工业废水和城市生活污水的处理中广泛采用使用转碟曝气机的氧化沟工艺，取得了良好的处理效果。

4.3.4.1 工作原理

转碟曝气机由电机减速机驱动水平轴带动转碟旋转，在转碟旋转时起到充氧和推动水流水平流动的双重功能。转碟曝气机由电机减速机驱动水平轴带动转碟旋转，作用是向污水中充氧的同时推动污水在沟中循环流动，防止活性污泥沉淀，使污水和氧充分混合接触完成生化过程。

转碟旋转时，碟面及楔形凸块与水体接触部分产生摩擦，由于液体的附壁效应，使露出的转碟上部碟面形成帘状水幕，同时由于凸块切向的抛射作用，液面上形成飞溅的水花，将凹穴中载入和裹进的空气与水进行混合，使空气中的氧气向水中迅速扩散完成充氧过程。曝气转盘的充氧性能及动力特性可通过增减转碟数量，改变浸没水深或调节转速来进行调整。

运转的转碟以转轴中心线划分上游及下游液面，同样存在液面高差即推流水头。在保证水池底层不小于一定流速的情况下，使氧化沟内平均流速保持在最佳状态。同时在推流作用下，将池底层含氧量少的水体提升向上环流，不断充氧。

4.3.4.2 结构组成

转碟曝气机由立式电动机、减速器、柔性联轴器、转轴、曝气转碟、轴承座、挡水板、防溅板等组成。

曝气转碟一般是由轻质高强、耐腐蚀的玻璃钢压制成型，转碟表面有梯形的凸块、圆形凹坑，借此来增大带入混合液中的空气量，增强切割气泡、推动混合液的能力，转碟的安装密度可以调节，以便于根据需氧量调整机组上转碟的安装数量，每个转碟可独立拆装，方便维护保养。

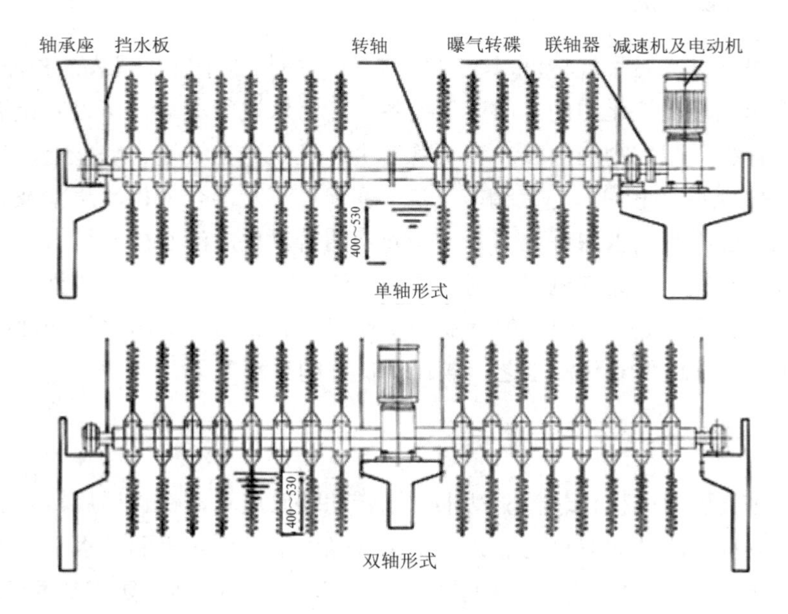

图 4-20 转碟曝气机结构图

4.3.4.3 规格型号及技术参数

转蝶曝气机的型号表示方法：

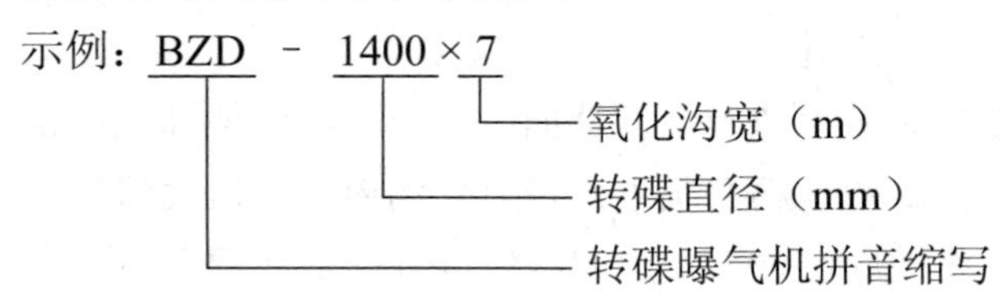

①曝气转碟直径：1 400 mm，1 500 mm；

②转碟曝气机适用转速：50～65 r/min；经济转速：55 r/min；

③曝气转碟最佳浸没深度：400～530 mm；经济浸没深度：510 mm；

④在标准状况下，曝气转碟工作水深 5.2 m，浸没水深 51 cm，转速 55 r/min，加设导流板；

⑤曝气转碟单片标准清水充氧能力：1.85 kgO_2/（h • 片）；

⑥转碟曝气机充氧效率（动力效率）：3.35 kgO_2/（kW •h）（以消耗功率计）；

⑦曝气转碟适用工作水深：≤5.2 片/m；

⑧水平轴跨度：单轴≤9 m；双轴 9～14 m；

⑨曝气转碟安装密度：＜5 片/m；

⑩设计耗用功率密度：10～12.5 W/m^3。

转碟曝气机性能见表 4-9，整机性能见表 4-10。

表 4-9　转碟曝气机性能表（55 r/min、安装密度：4 片/m）

氧化沟宽/m	转碟数/片	510 mm 浸没深度时充氧能力/（kgO_2/h）	配用电机功率/kW	耗用电动机功率/kW
1	4	6.32	3.7	2.2
2	8	12.64	5.5	3.3
3	11	17.38	7.5	5.25
4	15	23.7	11	6.6
5	19	30.02	15	9.75
6	24	37.92	18.5	11.1
7	28	44.24	22	13.2
8	30	47.4	22	14.1
9	36	56.88	30	15.8
10	40	63.2	37	18.5

表 4-10　整机性能表（55 r/min、安装密度：5 片/m）

水平轴跨度/m	转碟数/片	510 mm 浸没深度时充氧能力/（kgO_2/h）	配用电机功率/kW	耗用电动机功率/kW
1	5	7.9	5.5	33.3
2	10	15.8	7.5	5.25
3	14	22.12	11	6.6

水平轴跨度/m	转碟数/片	510 mm 浸没深度时充氧能力/（kgO_2/h）	配用电机功率/kW	耗用电动机功率/kW
4	18	28.44	15	9.75
5	23	36.34	18.5	11.1
6	28	44.24	22	13.2
7	32	50.56	22	14.1
8	36	56.88	30	15.8
9	41	64.78	37	18.5
10	46	72.68	45	22.5

4.3.4.4 安装与调试

（1）安装前准备

①安装人员应熟悉设备安装图中的结构、作用和特点，并了解设备的有关技术要求。

②设备开箱应有专人负责，开箱后，应按照装箱单检查设备零部件是否完整，有无损坏。必要时进行检修、清洗和涂油，然后放整齐并用油布或塑料布盖好。

③按工艺布置及水流方向，检查各台曝气转碟减速机旋向是否与实际要求相符。否则应调换。

（2）安装程序及方法

①按随机基础条件图及安装图核对基础标高、沟宽及基础预留孔位置和尺寸，其误差应在允许范围内。

②基础经保养期后安装，基础面要冲洗干净，各基础地脚螺栓用柴油擦洗干净，螺纹部分涂油，先旋入一螺母，再分别穿入尾座小垫板及减速机大垫板螺栓孔内，装上垫圈、螺母，使螺栓头露出上螺母 3～5 牙，然后把小垫板、大垫板分别放在基础面预先放置的可调垫铁上，在放置过程中，将基础螺栓插入各预留孔。

③在小垫板上刻画出与转碟轴心线相平行的纵向中心线；在大垫板上刻画出与转刷轴心线相平行的纵向中心线及转刷轴心线在大垫板上的水平投影线，两线距离按安装图求出。按设备工艺布置图及安装图，用细钢丝拉出纵横互相垂直的水平线，横线与氧化沟中心线（沿水流方向）平行，纵线在过转碟轴线的铅垂面上。通过调整可调垫铁，并借助水准仪、水平仪等确定大、小垫板的位置尺寸和

标高。应保证小垫板纵向中心线、转碟轴心线在大垫板上的水平投影线均在纵向细钢丝线铅垂面上，大、小垫板水平度≤0.2 mm/m，标高误差±0.5 mm。反复校正后进行第一次灌浆，保证灌浆面与垫板下底面有 25～40 mm 的距离，以便下一步安装时调整转碟。

④组装转碟。将转碟主轴两端置于安装支架上，在两端安装挡水圆盘。将碟片每 6 个一组用螺栓连接，暂不拧紧，留 1～2 扣，使刷片间约留 0.5 mm 间隙。在主轴上包上橡皮垫（每圈刷片一个），再将两组碟片合上，先内圈后外圈，逐个旋紧螺栓，锁紧扭矩值为 10～15 N·m，以保证碟片击水时不滑转。

⑤尾端轴承座部件的安装。将轴承壳穿过法兰轴，为防骨架唇形密封因两者相对超量摆动而损坏，必须在轴承壳端面和法兰轴ϕ 240 mm 端面间填塞厚 4 mm 的卡板，并设法暂时固定，不得在吊装时脱落。用专用工具压入骨架油封（注意：两油封方向相对，一个为防止油外漏，另一个为防尘防水汽）。依次安装调心滚子轴承、卡簧等零件，并将支座、支座上盖固定在轴承壳上。注意拧紧轴承紧定套并用止退垫圈锁死，保证轴承内圈与紧定套、紧定套与轴之间不得有周向转动和轴向移动现象。

⑥安装减速机输出轴弹性柱销联轴器。

⑦在第一次灌浆约 7 d 后开始总装。

将大过渡板用螺栓与不带电动机的减速机连接好后起吊慢慢地放在大垫板上。用吊线校正的方法，使减速机输出轴与转碟轴心线在大垫板上水平投影刻线的铅垂面上；按安装图尺寸要求，调整减速机弹性柱销齿式联轴器法兰端面至氧化沟内侧墙面距离［（45±2.5）mm］；把 0.02 mm/m 级框架水平仪放在减速机与电动机连接的端面上，通过调整大垫板下的螺母，保证减速机横向及纵向水平度误差≤0.10 mm/m。经反复校调后，紧固大垫板螺母，并将过渡板点焊在大垫板上。

将带过渡板的轴承座部件紧固在转碟主轴尾部法兰上，再次检查 4 mm 卡板是否脱落，否则重放。

在刷轴上距两端约 2 000 mm 处安装两副夹板以便吊装。

起吊转碟部件并移至其工作位置，缓缓下降，使输入端与传动端输出联轴器对中，并与定位止口耦合，旋上连接螺栓。使转碟尾端轴承座中心线刻线与小垫板上的划线对准，使转碟部件初步定位。

去除尾端轴承壳与法兰轴端面间的卡板，卸去吊装用的夹板。

调整轴承座在轴承壳上的轴向位置，保证轴承座内端面（靠近碟片侧）与轴承壳端面距离在 18～20 mm，以能使转碟轴有适当间隙，避免转碟轴热胀冷缩时卡死；以转碟轴减速机端为基准，通过调整尾座小垫板上下螺母，借助于精密水准仪测试，校正转碟曝气机主轴水平度，其误差应≤0.3 mm/m。同时应保证转碟轴与减速机输出轴的同轴度，其角度误差≤0.5°；保证法兰轴ϕ240 mm 与轴承壳两端面的间隙均匀，四周间隙差不超过 0.10 mm（用塞尺测量）。校正无误后，将小垫板上下螺母紧固，将过渡板点焊在小垫板上。

按安装图重新校验安装尺寸及几何精度，同时用手盘动挡水圆盘，应手感均匀，无卡阻现象。否则必须重新调整。在完全达到安装质量要求后，加固两端过渡垫板与大、小垫板间的焊缝。

在减速箱底座两侧各焊一条 20 mm×20 mm×80 mm 的方钢定位块。

吊装电动机。

检查转碟曝气机外表涂漆情况，给在运输和安装过程中损坏油漆的部位补涂。

在大、小垫板与基础间填充二次混凝土并清理现场。

（3）试运转

①试车准备。

必须在二次混凝土养护期到达后进行试车。

检查各紧固件不得有松动现象。

用手扳动碟片根部不得有周向位移。

用手盘动挡水圆盘，应转动自如，无卡阻现象。

检测减速箱油位，如无油或不足应加注润滑油。具体加注方式及油品牌详见《减速机使用说明书》。

检测尾端轴承座油位，如无油或不足应加注 46 号机油。

检测电动机绝缘电阻、接地电阻，应符合国家有关规定。

②空载试车。

点动电动机，检查转碟旋转方向，必须保证刷片击水流向与氧化沟流向一致。

启动电动机空运转。开机后应无撞击、振动，运转平稳。如一切正常，连续运行 2 h。在运转过程中注意检查和调整，使转碟曝气机符合下列要求：

- 各紧固件无松动，尾座轴承紧定套不松动，刷片不打滑；
- 运转平稳，无异常响声和振动，减速机噪声不应大于 80 dB（A）。

负荷运行。调节氧化沟的水位，在以下几种浸没深度逐渐增加负荷运转：浸没深度 300 mm，运行时间 2 h；浸没度 400 mm，运行时间 4 h；浸没深度 500 mm，运行时间 4 h；在最大负荷运行时，转碟曝气机符合下列要求：

- 碟片无打滑、松动、位移现象。
- 运转平稳，无异常响声和振动。
- 减速机的油池温升不超过 35℃，轴承和电动机温升不超过 40℃。
- 满负荷运行时，电机电流不应超过电机额定值。

4.3.4.5　维护保养

①每周检查减速器油位，正确的油位应在油尺上两刻线之间，如油位低于下刻线，则应添加相同润滑油，添油时必须停车。

②减速器润滑油必须定期检查，如老化、杂质过多，则应更换润滑油，每次更换润滑油时，必须清洗滤油器。正常运行时，应视油质情况定期清洗滤油器。

③每天检测尾部轴承座的油位，如低于下刻线，必须添加。每 6 个月清洗换油一次，同时更换骨架油封。轴承座内轴承采用油脂润滑，可每年更换一次或保养一次。

④定期检查油温，油温不超过 35℃。每天检查减速箱高速轴承部位的油温，如温度超过 80℃则应检查润滑管路是否正常。

⑤定期检查碟片，如有松动、移位、打滑，必须紧固。如有损坏、锈蚀过度，则应更换。

4.3.5　转刷曝气机

转刷曝气机属于水平轴曝气机，是氧化沟处理工艺的关键设备。转刷曝气机可起到曝气充氧、混合推流的双重作用，可以防止活性污泥沉淀，有利于微生物的生长。近年来在石油、化工、印染、制革、造纸、食品、农药、煤气、煤炭等行业的工业废水和城市生活污水的处理中广泛采用转刷曝气的氧化沟工艺，取得了良好的处理效果。

图 4-21 转刷曝气机

4.3.5.1 工作原理

转刷曝气机通过刷片的旋转，冲击水体，推动水体作水平层流，同时进行充氧。足够的水流速度，可以防止活性污泥沉淀，并使污水和污泥充分混合，有利于微生物生长，通过转刷的工作，可有效地满足氧化沟工艺中对混合、充氧和推流的需要。

4.3.5.2 结构及特点

转刷曝气机由传动机构、联轴器、主轴、刷片、轴承座、挡水板等部分组成（见图 4-22）。

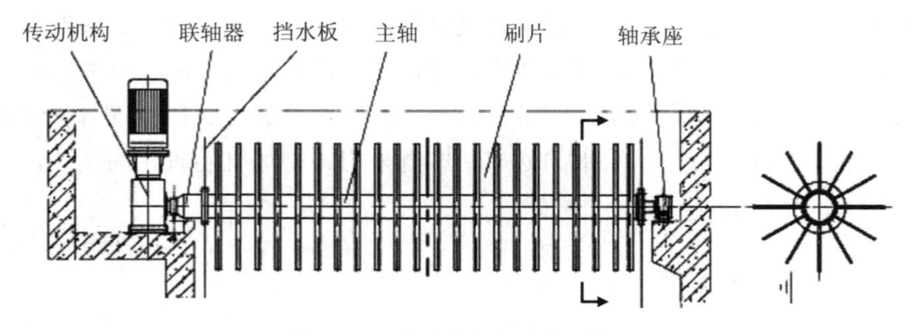

图 4-22 转刷曝气机结构示意图

驱动装置采用立式户外电动机，下端面距液面近 1 m，因而减小了溅起的水雾对电动机的影响。同时也减小了占地面积。

减速器采用圆锥圆柱齿轮二级转动，所有齿轮均为硬齿面，承载能力大、结构紧凑，体积小、质量轻、运转平稳、噪声低、耗电省。

采用弹性柱销齿式联轴器，传递扭矩大，体积大，允许一定的径向和角度误差，安装简单。

刷片为组合抱箍式，安装维修方便。刷片呈螺旋状排布，入水均匀，负荷平稳。

尾部采用调心轴承及游动支座，可以克服安装误差，自动调心，能补偿刷轴因温差引起的伸缩，保证正常运行。

负荷及充氧量可随着刷片的浸没水位而改变，简单易行。

4.3.5.3　维护保养注意事项

转刷曝气机的操作很简单，试运行后只要转向正确、各部位没有异常声响就可以连续运转。转刷的浸没深度可根据工艺要求进行适量的调节，可以通过调节转刷的高低或通过调节进水阀门开度和出水可调堰的方法改变氧化沟内的水深来实现。但调节的范围一定要按照产品说明进行，如果调整后的浸水深度过大，可能会使驱动装置超负荷，使电机发热、导致转刷曝气机停运并报警。一般直径为 1 m 的转刷浸没深度最大不能超过 300 mm。

由于转刷曝气机一般连续运转，必须保持其变速箱及轴承的良好润滑。转刷曝气机两端的轴承每 2～4 周加注一次润滑脂，变速箱每半年打开检查一次，重点检查齿轮的表面有无点蚀的痕迹和咬合现象，并将旧的润滑油放出、对齿轮清洗后再加入适应季节的新润滑油。转刷曝气机的刷片在工作一段时间后可能出现松动、位移和缺损，应当及时紧固和更换。

长期停用的转刷曝气机，特别是使用尼龙、塑料及玻璃纤维增强塑料等材质刷片的转刷曝气机，要用篷布遮盖起来，以免阳光照射使刷片老化。同时为避免长期闲置的转刷因自重而引起的挠曲固定化，应至少每月将转刷转动一个角度放置。

4.4 滗水器

滗水器是 SBR 工艺采用的定期排除澄清水的设备，它具有能从静止的池表面将澄清水滗出，而不搅动沉淀，确保出水水质的作用。由于 SBR 法工艺采用间歇反应，进水、反应、沉淀、排水在同一池内完成，无须二次沉淀池和污泥回流设备，因此具有占地少、投资小、效率高、出水水质好等优点；同时将多个 SBR 池连接起来，还可以既具有传统污泥法工艺的连续性（连续进水），又具有典型 SBR 工艺的间歇性，适用于水质、水量变化大的情况。

滗水器适用于采用 SBR 工艺的 CASS、CAST、ICEAS、DAT-IAT 法等工艺流程，处理城市污水及工业废水。在造纸、酒精、染料、农药、皮革、黏胶、味精、制糖等行业工业废水（废液）的处理中均被广泛使用。

滗水器可以分为旋转式滗水器、套筒式滗水器、虹吸式滗水器、浮筒式滗水器，其工作原理及特点见表 4-11，外形图见图 4-23～图 4-26。目前在国内应用广泛的多为旋转式。

表 4-11 滗水器的工作原理及特点

项目 形式	滗水范围 ΔH/m	滗水量/ （m^3/h）	工作原理	控制形式	主要优点
旋转式滗水器	0.2～3.0	100～1 800	旋转臂带动溢流装置排水	手动、自动可接 PLC	滗水量大 深度较大
套筒式滗水器	0.2～1.5	60～500	启闭机带动溢流装置排水	手动、自动	深度适中
虹吸式滗水器	0.2～0.8	20～200	虹吸原理排水	手动、自动	无动力
浮筒式滗水器	0.2～3.0	20～1 800	重力与浮力及液位差排水	手动、自动	无动力滗水 深度较大

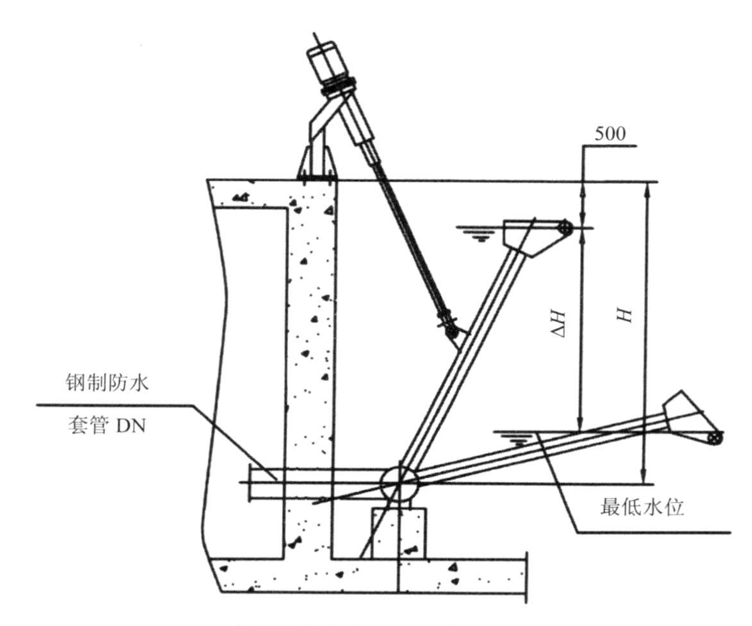

H—出水管距池顶高度；Δ*H*—滗水高度；DN—套管直径

图 4-23　旋转式滗水器外形示意图

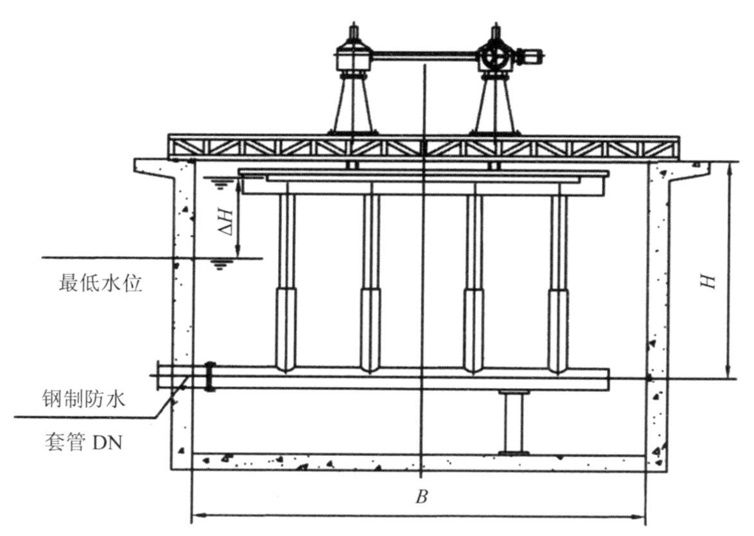

B—池宽；*H*—出水管距池顶高度；

Δ*H*—滗水高度；DN—套管直径

图 4-24　浮筒式滗水器外形示意图

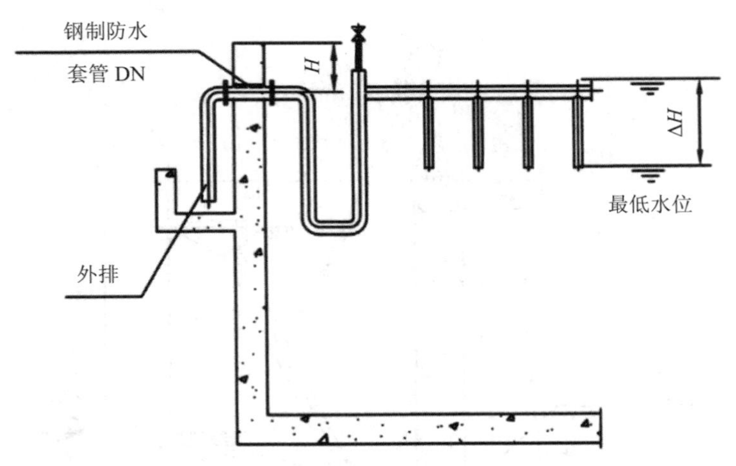

ΔH—滗水高度；H—出水管中心距池顶高度；DN—套管直径

图 4-25 虹吸式滗水器外形示意图

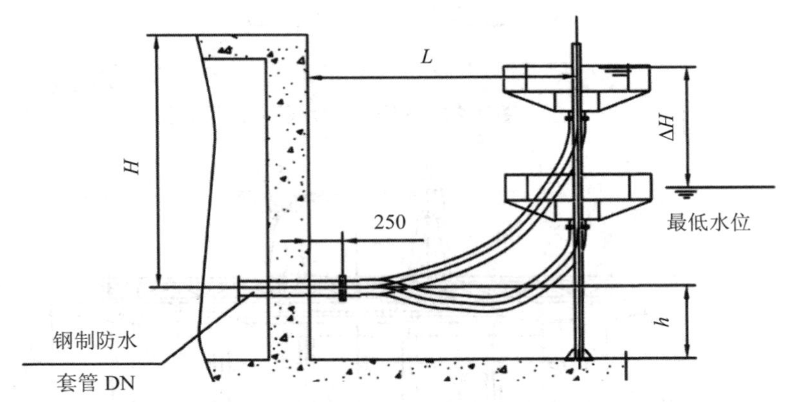

ΔH—滗水高度；h—出水管距池底高度；H—出水管中心距池顶高度；
L—导杆与池壁之间的距离；DN—套管直径

图 4-26 浮筒式滗水器外形示意图

4.4.1 旋转式滗水器

4.4.1.1 结构组成

旋转式滗水器主要由传动装置、机架、连杆缸筒、堰槽组件、浮筒组件、出水组件、行程控制、电控箱、底座等部分组成（见图 4-27）。

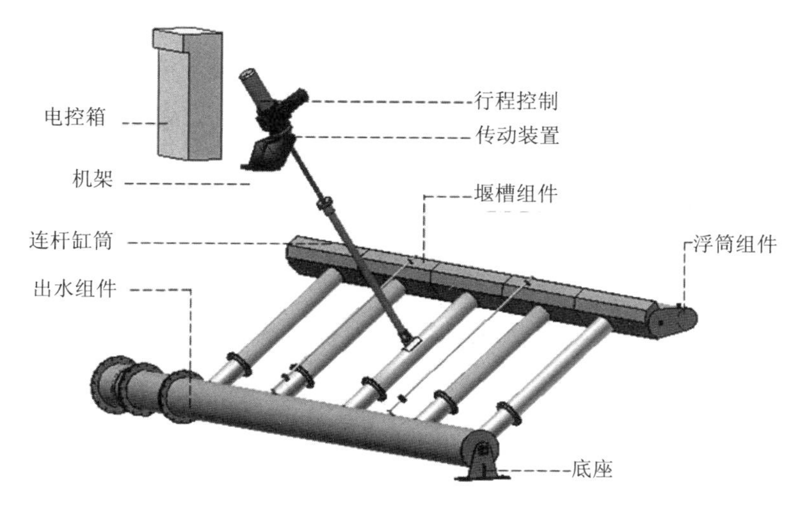

图 4-27 旋转式滗水器结构示意图

4.4.1.2 工作原理

在曝气和沉淀阶段，滗水器位于最高水位之上（初始位置）。撇水阶段开始时，驱动机构带动升降机构的丝杠向下做直线运动，从而使铰链四连杆机构开始摆动，出水堰绕主轴中心进行转动，快速接近水面。这时浮筒首先进入水面，由于浮力的作用又从水面浮起，同时推开出水堰周围的浮渣，加之浮筒两侧挡渣板的作用，形成了一个无浮渣的出水区域，浮筒漂浮于水面可自动调节与堰口之间的距离。当出水堰到达水面后，上清液从浮筒下面缓缓进入堰口，排水开始。同时到达水位的浮球发出信号，变频器便自动调速使下降速度转换到给定速度，水流平稳，呈层流状态进入堰口，出水量保持不变，不会扰动上清液。当出水堰到达所设定的最低水位时，限位开关动作，滗水器自动快速返回初始位置。

全过程可由中央控制室远程控制（随机电柜带有无源接点）。也可由现场控制箱进行现场手动或自动操作。

4.4.1.3 规格型号及技术参数

旋转式滗水器具体型号如下所示：

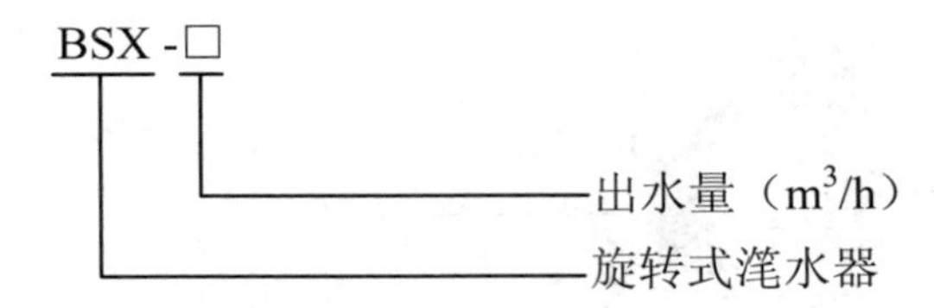

标记示例：BSX-80 表示旋转式滗水器出水量 80 m^3/h。

旋转式滗水器的主要技术参数见表 4-12。

表 4-12 旋转式滗水器的主要技术参数

<table>
<tr><th>参数
型号</th><th>滗水高度
ΔH/m</th><th>滗水量/
（m³/h）</th><th>池宽 B/
m</th><th>管径 DN/
mm</th><th>H/
mm</th><th>出水口法兰/
mm</th></tr>
<tr><td>BSX-50</td><td rowspan="7">0.2～2.5</td><td>50</td><td>2～4</td><td>150</td><td rowspan="9">≤3 500</td><td>DN 150；PN1.0</td></tr>
<tr><td>BSX-100</td><td>100</td><td>2～5</td><td>150</td><td>DN 150；PN1.0</td></tr>
<tr><td>BSX-200</td><td>200</td><td>2.5～6</td><td>200</td><td>DN 200；PN1.0</td></tr>
<tr><td>BSX-300</td><td>300</td><td>2.5～7</td><td>200</td><td>DN 200；PN1.0</td></tr>
<tr><td>BSX-400</td><td>400</td><td>3～8</td><td>250</td><td>DN 250；PN1.0</td></tr>
<tr><td>BSX-500</td><td>500</td><td>4～9</td><td>300</td><td>DN 250；PN1.0</td></tr>
<tr><td>BSX-600</td><td>600</td><td>5～9</td><td>300</td><td>DN 300；PN1.0</td></tr>
<tr><td>BSX-700</td><td rowspan="2">0.2～2.5</td><td>700</td><td>6～10</td><td>350</td><td>DN 350；PN1.0</td></tr>
<tr><td>BSW-800</td><td>800</td><td>8～12</td><td>400</td><td>DN 400；PN1.0</td></tr>
<tr><td>BSW-1000</td><td rowspan="3">0.2～3.0</td><td>1 000</td><td>10～15</td><td>500</td><td rowspan="3">≤4 000</td><td>DN 500；PN1.0</td></tr>
<tr><td>BSW-1500</td><td>1 500</td><td>15～20</td><td>600</td><td>DN 500；PN1.0</td></tr>
<tr><td>BSW-1800</td><td>1 800</td><td>20～30</td><td>800</td><td>DN 500；PN1.0</td></tr>
</table>

4.4.1.4 旋转式滗水器的运行维护

①定期给驱动装置和升降机构注油。按其说明书进行。

②给所有的铰接位置涂抹锂基润滑脂，检查是否有额外的磨损。

③必要时，冲洗出水堰槽部分，防止浮渣板结在其表面。

④如果发现水下轴承有泄漏现象（可以根据出水水质判定）应及时更换“O”形密封圈。

更换“O”形密封圈的步骤：

- 将出水堰回到初始位置。
- 卸排水管一端的轴承框架，移开上轴承卡板。

- 松开两端法兰的连接螺栓，将旋转轴套提出，放在平台上将旋转内套轻轻地拽出，卸掉旧密封圈换上新的密封圈。新的密封圈首先要涂抹润滑脂，然后按顺序安装。

⑤设备运行、使用过程中严禁拆卸限位开关。

4.4.2 浮筒式滗水器

浮筒式滗水器是根据水力学原理设计，不消耗动力的自动排水设备，可满足各种间歇式排水系统上清液的收集排出和超大排水流量的需要。

4.4.2.1 工作原理

滗水器的运行由池外的排水阀控制。需要滗水时，只要开启排水阀，便在滗水器的进出口间产生一个水力压差，使滗水管防渣球阀开启，让水流入滗水器。此时，水池中上清液通过出水堰口及柔性管排出池外，池中水位开始下落，滗水器以柔性管的可变性和设备的恒浮力，在导杆滚轮装置的控制引导下，跟随水位不断向下移动，直至工艺要求水位并关闭拍门或阀门，滗水器内外的水压平衡，防渣球阀关闭，滗水器完成一次滗水过程，当池中再次注入需处理的污水时，浮筒式滗水器在恒浮力的作用下随液面升高，在导杆和滚轮装置的引导下升至预设最高液面后闲置，完成一次滗水循环工作，等待下次滗水工作开始。

浮筒式滗水器可根据具体项目要求的排水量、液体上下水位、穿墙管高度以及池外水力学等参数专门设计。滗水高度可在 0.5～3.0 m，排水时间一般为 0.5～2 h，可按污水处理的工艺要求选定。

4.4.2.2 结构组成

浮筒式滗水器是一种“T”形（含双“T”形）组合结构的排水设备。主要由 5 部分组成：浮筒、带有防渣球阀的滗水管、与滗水管相连的带有柔性软管的排水管、连接器和支架。水下部分全部采用不锈钢制成。

4.4.2.3 产品特点

①设备基于重力和浮力的平衡自动升降、控制简单；

②无机械传动，结构简单，运行可靠，维修方便；

③特殊的收水结构，确保浮渣不进入排水系统，排水质量好；

④收水、追水随液面平衡升降，对污泥层不产生扰动；

⑤收水系统与排水系统灵活连接，收水和排水流畅；

⑥运行不耗电，节能；

⑦主体材料采用不锈钢，防腐蚀，使用寿命长。

4.4.2.4 规格型号及技术参数

型号表示方法：

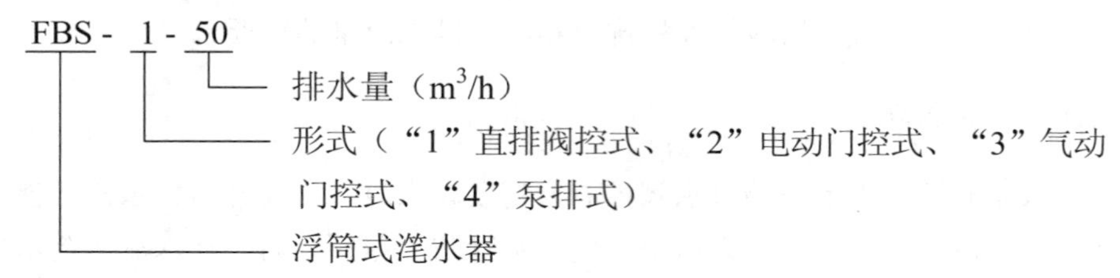

浮筒式滗水器的主要技术参数见表4-13。

表4-13 浮筒式滗水器的主要技术参数

型号	流量/（m^3/h）	出水管口径/mm	滗水深度/m	滗水负荷/［L/（m·s）］
FBS−×-10	10	65	1.5～3	8～26
FBS-×-20	20	80		
FBS-×-40	40	100		
FBS-×-80	80	150		

4.4.2.5 安装与调试

（1）安装

安装调试前应对基础尺寸进行校核，并与安装示意图核对，以便在设备安装时做相应调整。

①导轨的固定。导轨应就位于排水管上方的池壁上，并用铅垂线调校导轨滚轮槽前后和左右的垂直度，使其垂直。导轨的固定可直接用膨胀螺栓，在池壁有预埋件时也可直接焊接。

②浮筒的安装。将浮筒与导轮装置用螺栓连接牢固，用索具拴住浮筒吊耳后吊起浮筒，将滚轮对正导轨滚轮槽徐徐放入，直至下滚轮落在滚轮槽最下方的限位处。

③排水柔性管的连接。首先，将排水软管两端法兰管安装在软管上，并用软管卡箍压紧，然后将与浮筒连接的法兰管及密封垫用螺栓紧固于浮筒底部，再用同样的方法连接好预埋排水管法兰一端。至此，滗水器安装全部结束。

（2）调试

池中进水后，滗水器在自身浮力的作用下随液位升至最高液位，此时，观察整机在堰口四周是否与水面平行，如不平行，应加配重物调整至平行。关闭排水阀门，根据堰口距水面距离打开浮筒下进水阀门和浮筒顶端排气螺钉往浮筒内注入适量的水，注水后浮筒徐徐下沉，当浮筒进水至堰口到达水面以下 62 mm 左右停止注水。如果有误差，可通过向浮筒内注水或将浮筒内水外排来调整浮筒浮力的大小，从而达到调整堰口壅水高度的目的，使排水量达到设计的理想状况。

调试、调整完毕应将排气螺钉安装好，以防雨水进入浮箱内。

4.5　搅拌、推进设备

4.5.1　潜水搅拌器

潜水搅拌器（见图 4-28）适用于污水处理厂的工艺流程中推进搅拌含有悬浮物的污水、稀泥浆、工业过程液体等，创建水流，加强搅拌功能，防止污泥沉淀，是市政和工业废水处理工艺流程上的重要设备。

图 4-28　潜水搅拌器

4.5.1.1 潜水搅拌器的分类

潜水搅拌器分为混合搅拌和低速推流两大系列。

混合系列搅拌潜水搅拌器，适用于污水处理厂和工业流程中搅拌含悬浮物的污水、污泥混合液、工业过程液体等，创建水流，加强搅拌功能，防止污泥沉淀及产生死角，沟内流速不低于 0.1 m/s。

低速推流系列搅拌潜水搅拌器，适用于工业和城市污水处理厂，曝气池污水推流其产生低切向流的强力水流，可用于池中水的循环及硝化、脱氮除磷、创建水流等。

推流式和混合系列的区别在于：推流式的叶轮直径一般为 1 100～2 500 mm，转速为 22～115 r/min，推程远，目的是推进水流；混合系列的叶轮直径小，一般为 260～620 mm，转速为 480～980 r/min，目的是混合搅拌。

4.5.1.2 产品型号说明

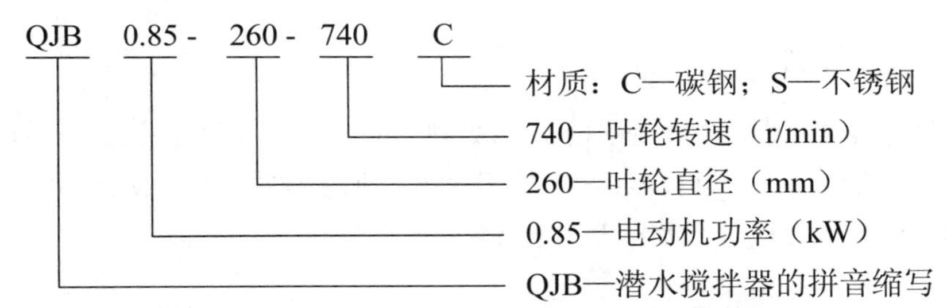

配用功率范围：0.85～10 kW，叶轮直径范围：260～615 mm，叶轮转速范围：180～980 r/min。

4.5.1.3 结构组成及特点

潜水搅拌器主要由设备主机、安装系统及电控设备组成。

潜水搅拌器具有如下特点：

①结构紧凑、体积小、质量轻，操作维护简单、安装十分方便、使用寿命长。

②叶片具有自我清洁的功能，可防止异物缠绕和堵塞。

③与曝气系统配合使用可使能耗大幅度降低，充氧量明显提高，有效防止沉淀。

④电动机绕组为 F 级绝缘，防护等级为 IP68，选用一次润滑免维护轴承，具有油室泄漏检测和电动机绕组过热保护功能，使电动机的工作更加安全可靠。

⑤机械密封的摩擦材质为耐腐蚀的碳化钨，所有紧固件均为标准不锈钢材质。

4.5.1.4　适用范围

潜水搅拌器适用于各种水处理工艺和工业流程需要保持固、液两相或固、液、气三相介质均匀混合反应的场所。搅拌器在下列条件下应能正常连续运行：

①最高介质温度不超过 40℃；

②介质的 pH 在 5～9；

③液体密度不超过 1.15 kg/m^3；

④长期潜水运行，潜水深度一般不超过 20 m。

4.5.1.5　选型注意事项

潜水搅拌器的选型是一项比较复杂的工作，选型的正确与否直接影响设备的正常使用，作为选型的原则就是要让搅拌器在适合的容积里发挥充分的搅拌功能，一般可用流速来确定。根据污水处理厂不同的工艺要求，搅拌器最佳流速应保证在 0.15～0.3 m/s，如果流速低于 0.15 m/s 则达不到推流搅拌效果，流速超过 0.3 m/s 则会影响工艺效果且造成浪费。

对潜水搅拌器的选型是根据实际设备的要求，对硬件、软件进行规格的选择。为保证潜水搅拌器取得最佳运行效果，需要了解以下 3 个方面的内容：

①运用目的即搅拌机运用的场所，如污水池、污泥池、生化池；

②池型及尺寸，包括水深；

③搅拌介质的特性，包括黏度、密度、温度及固体物含量等。

潜水搅拌器所需的配套功率是按容积大小、搅拌液体的密度和搅拌深度而确定的，根据具体情况采用一台或多台搅拌机。

4.5.1.6　布置原则

潜水搅拌器的布置应遵循以下原则：①尽量避免死角；②与水流方向保持一致；③与池形相适应；④安装方便。

不同池型潜水搅拌器的布置见图 4-29。

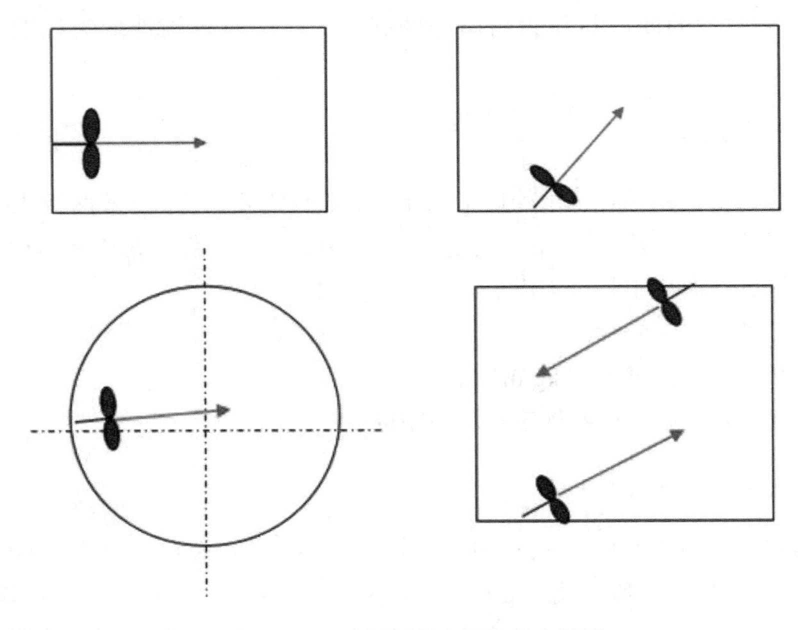

图 4-29 不同池型潜水搅拌器布置图

4.5.1.7 安装注意事项

①导杆或导向钢丝应与水平垂直，可采用铅锤校正；

②吊架在起吊潜水搅拌机时，叶轮端较水平面上仰 5°～10°；

③通过吊装置上的链条的调节，使潜水搅拌机沿导杆或导向钢丝滑下过程中，起吊钩和潜水搅拌机的起吊重心处于同一垂直线上；

④安装好潜水搅拌器后，一定注意搅拌机的电缆线一定要用塑料扣扣紧，防止电缆线被水流带入潜水搅拌机的叶轮上。

4.5.2 潜水推进器

潜水推进器主要用于工业和城市污水处理厂曝气池和厌氧池，其产生低切向流的强力水流，可用于池中水的循环及硝化、脱氮和除磷阶段，创建水流等。

4.5.2.1 基本要求

潜水推进器主要由潜水电动机、叶片、摆线针轮减速机、轮毂、角度调整片、叶轮螺母、端盖、机械密封等组成。

潜水推进器结构示意图见图4-30。

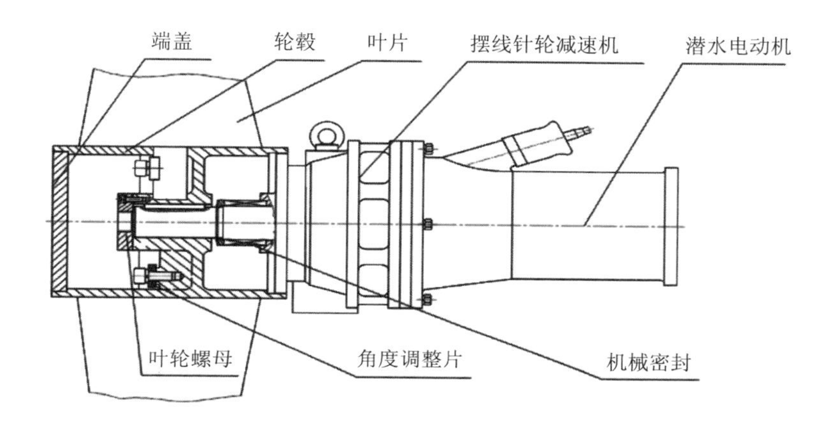

图4-30　潜水推进器结构示意图

4.5.2.2　潜水推进器的选型

潜水推进器的选型是一项比较复杂的工作，选型的正确与否直接影响设备的正常使用。根据污水处理厂不同的工艺要求，推进器的流速如果低于0.15 m/s则达不到推流搅拌的效果，流速超过0.3 m/s则会影响工艺效果且造成浪费。

对潜水推进器的选型是根据实际设备的要求，对硬件、软件进行规格的选择。为保证潜水推进器取得最佳运行效果，需要了解以下3个方面的内容：

①推进器运用的场所；

②池型及尺寸，包括水深；

③搅拌介质的特性，包括黏度、密度、温度及固体物含量等。

潜水推进器所需的配套功率是按容积大小、搅拌液体的密度和搅拌深度而确定的，根据具体情况采用一台或多台搅拌器。

4.5.2.3　布置原则

潜水推进器的布置应遵循以下原则：①尽量避免死角；②与水流方向保持一致；③功率分布均匀。

不同池型潜水推进器布置图见图4-31。

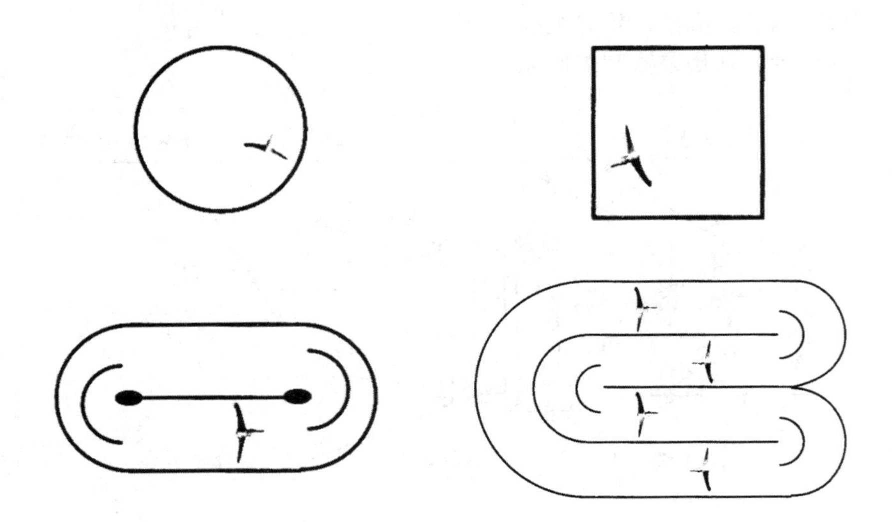

图 4-31 不同池型潜水推进器布置图

4.5.2.4 潜水推进器操作规程

①操作人员应熟悉推进器的构造及工作原理。

②确保电动机电源线连接正确，供给电压正常。

③开动前应检查值班记录、现场控制柜的指示开关。

④拨“手动”挡位，逆时针转动“分闸”按钮后按下“合闸”按钮为开，顺时针转动“分闸”按钮为关，操作中观察指示灯的显示；拨“自动”挡位，由中控室控制开停。

⑤启动前检查叶片最高点与液位是否保持正常的距离（不应小于 800 mm）。

⑥严禁频繁启动搅拌器，干运行时间不允许超过 30 s。

⑦故障报警时，操作人员应立即切断电源并向有关人员反映情况。

⑧在任何检修、保养工作开始之前应切断主开关电源，还应确保别人无法启动。

4.5.2.5 潜水推进器常见故障及解决办法

潜水推进器常见故障及解决方法见表 4-14。

表 4-14　潜水推进器常见故障及解决办法一览表

问　题	具体故障	解决办法
不能启动	缺相	检查线路，排除缺相问题
	螺旋桨卡住	清除杂物
	绕组接头或电缆断路	用欧姆表检查后修复
	定子绕组烧坏	进行修理、更换绕组或定子
	控制电器故障	检查控制柜，修理或调换电器零件
搅拌效果欠佳	电动机反转	纠正电动机转向
	放置位置不佳	调整搅拌机上下位置及角度
	被抽介质浓度过大	降低介质浓度或加大搅拌机推力、增加搅拌机数量
	所选搅拌机推力不够	加大搅拌机推力或增加搅拌机数量
	螺旋桨缠挂严重	改善介质，有导流圈时去除导流圈
定子烧坏	缺相运行或缺相状态下启动	修理好电动机配置保护控制电器并查清线路，清除缺相故障
	螺旋桨卡死或脱落	清除杂物，拧紧螺旋桨紧固螺钉及不锈钢弹簧垫圈
	介质浓度过大	用水稀释介质
	密封损坏电动机进水	更换机械密封或“O”形圈
	紧固件松动造成电动机进水	拧紧各部紧固件
电流过大	螺旋桨缠挂严重	改善介质、清理叶片中的堵塞物
	螺旋桨造型不合理	更换螺旋桨或增加导流圈
	电控柜设计不合理	请更换电器元件

4.5.3　混合搅拌设备

溶药储药搅拌机主要应用于各种行业中药剂的稀释、溶解、混合与反应。该设备将搅拌及储蓄于一体，为较理想的污水处理设备。

4.5.3.1 溶药储药搅拌机外形示意图

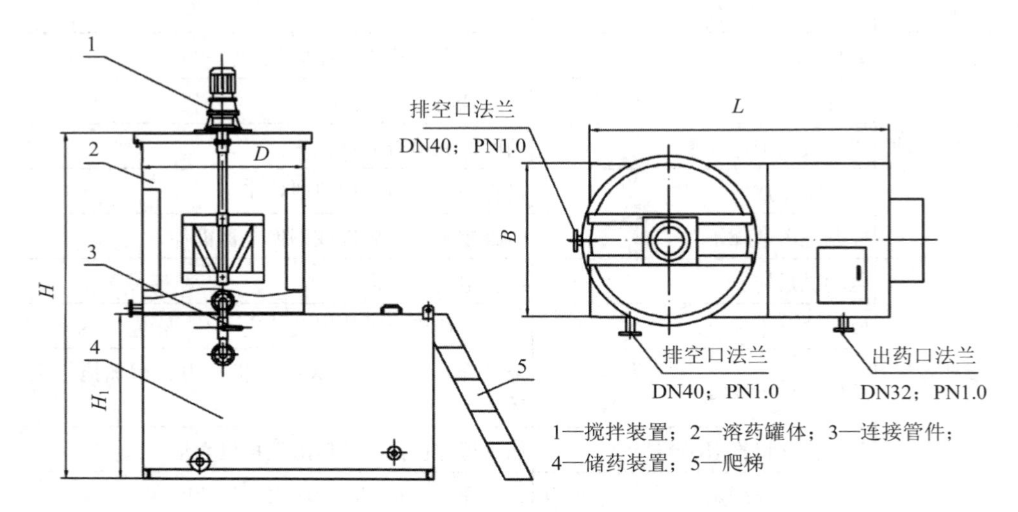

图 4-32 溶药储药搅拌机外形示意图

4.5.3.2 规格型号及主要技术参数

溶药储药搅拌机的型号表示方法：

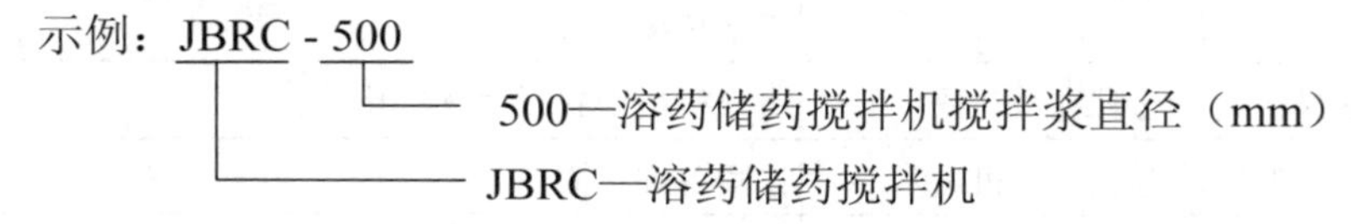

表 4-15 溶药储药搅拌机主要技术参数表

参数 型号	搅拌容积/ m^3	贮药容积/ m^3	B/ mm	D/ mm	H/ mm	H_1/ mm	L/ mm	功率/ kW
JBRC-500	0.9	2.0	1 000	1 000	2 600	1 300	1 600	0.75
JBRC-600	1.3	2.8	1 200	1 200	2 600	1 300	1 800	1.1
JBRC-700	1.5	3.2	1 300	1 300	2 600	1 300	2 000	1.5

4.5.4 反应搅拌设备

混凝反应搅拌机用于给排水工艺混凝过程的反应阶段，使胶体颗粒絮凝形成较大的颗粒，便于沉淀。搅拌机采用多挡转速，使反应过程中各段具有所需要的搅拌强度，以适应水质水量的变化，并使之有足够的时间完成反应，达到理想的反应效果。

4.5.4.1　工作原理

当原水与混凝剂或助凝剂液体流经混合池时，在搅拌器的排液作用下产生流动循环，使混凝药剂与水快速充分混合，以达到混凝工艺的要求。

4.5.4.2　主要内容

混凝反应搅拌机主要由电机、机座、传动轴、桨叶等组成，见图 4-33。

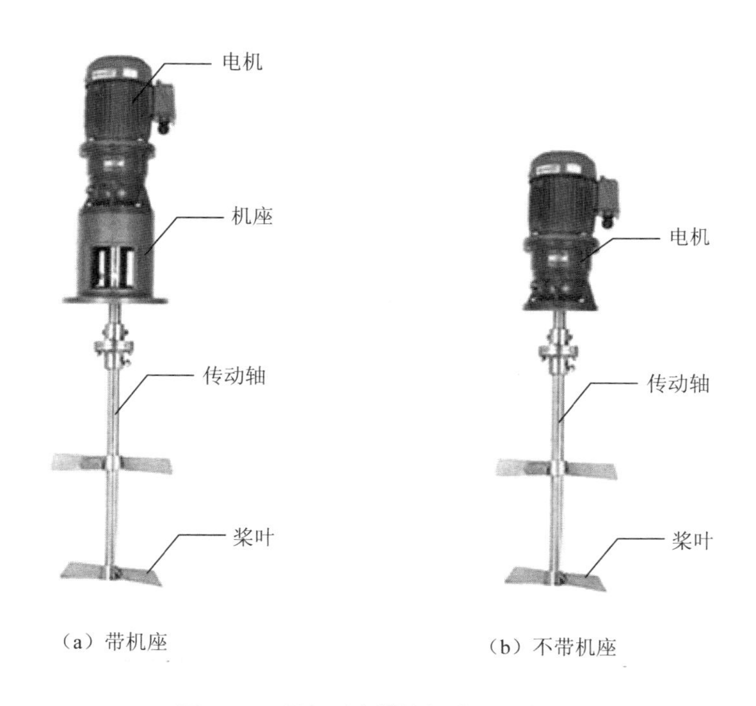

图 4-33　混凝反应搅拌机外形示意图

4.5.4.3　规格型号及技术参数

混凝反应搅拌机的型号表示如下：

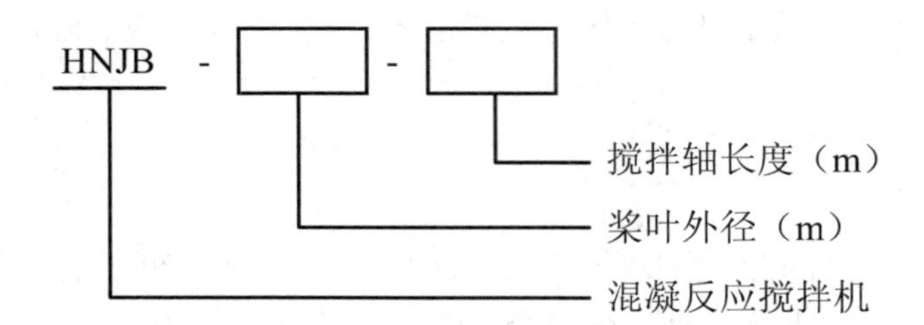

混凝反应搅拌机参数见表 4-16。

表 4-16 混凝反应搅拌机参数表

型号	池子尺寸/m			桨叶		轴长/m	电动机功率/kW	输出转速/(r/min)	减速机架	轴底座
	长	宽	高	层数	外径/mm					
HNJB-0.3-0.8	1	1	1	1	330	0.8	0.75	72	无	无
HNJB-0.3-1.3	1	1	2	1	330	1.3	0.75	72	无	无
HNJB-0.3-2	1	1	3	2	330	2	1.5	72	无	无
HNJB-0.3-3	1	1	4	2	330	3	1.5	72	无	无
HNJB-0.3-5	1	1	5	3	330	5	1.5	72	无	有
HNJB-0.6-0.8	2	2	1	1	660	0.8	1.5	72	无	无
HNJB-0.6-1.3	2	2	2	1	660	1.3	1.5	72	无	无
HNJB-0.6-2	2	2	3	2	660	2	2.2	72	无	无
HNJB-0.6-3	2	2	4	2	660	3	2.2	72	有	无
HNJB-0.6-5	2	2	5	3	660	5	3	72	有	有
HNJB-0.9-1.3	3	3	2	1	990	1.3	3	72	无	无
HNJB-0.9-2	3	3	3	2	990	2	4	72	无	无
HNJB-0.9-3	3	3	4	2	990	3	4	72	有	无
HNJB-0.9-5	3	3	5	3	990	5	5.5	72	有	有
HNJB-0.9-6	3	3	6	4	990	6	5.5	72	有	有
HNJB-1.2-1.3	4	4	2	1	1 320	1.3	7.5	72	有	有
HNJB-1.2-2	4	4	3	2	1 320	2	7.5	72	有	有
HNJB-1.2-4	4	4	4	3	1 320	4	11	72	有	有
HNJB-1.2-5	4	4	5	3	1 320	5	11	72	有	有
HNJB-1.2-6	4	4	6	4	1 320	6	15	72	有	有

4.5.4.4　反应搅拌机的运输、安装、调试注意事项

①储运过程中，长轴尽量直立放置，如水平放置应防止挤压变形。

②起吊时注意避免碰撞。

③安装方法：

- 安装前，应核对与安装设备有关的基础尺寸是否符合安装要求。
- 将减速机支座与连接底板紧固后，水平放置在土建预埋件上相应位置，校正支座与减速机连接平面是否水平，如未水平需加以调整至水平状态。
- 连接搅拌机轴与减速机底座。
- 对于具有水下支座的桨式搅拌机：将水下支座与连接底板紧固后，水平放置在池底的土建预埋件上相应位置，校正支座平面是否水平，中心位置应位于减速机支座中心的垂心，并加以调整至水平状态。
- 对于具有水下支座的桨式搅拌机：连接搅拌机轴和水下支座，手工盘动减速机支座内半联轴器，此时，转轴应转动灵活，水下支座应无明显位移。
- 对于具有水下支座的搅拌机：先点焊固定水下支座连接底板与基础预埋板，然后点焊固定减速机支座连接底板与基础预埋板。
- 手工盘动减速机支座内半联轴器，此时，转轴应转动灵活。如转动有卡滞现象，应重新固定，直至调整到最佳状态。焊接固定减速机支座连接底板与基础预埋板。对于具有水下支座的搅拌机，应接着焊接固定水下支座连接底板与基础预埋板。
- 安装桨板及驱动部件（减速机、电动机）。
- 适当拧紧半联轴器上螺栓螺母。

④调试方法：

- 调试前，按减速机要求进行注油。
- 检测驱动电动机的绝缘程度，对地绝缘电阻不得低于 5 MΩ。
- 按电动机连接方法要求连接电动机与控制系统。控制系统的接线参见电控原理图及使用说明。
- 搅拌机安装后正式使用前必须进行试运转，在空转正常的情况下，再逐渐加载运转。试运转中设备应运行平稳，无异常振动。

混凝反应搅拌机安装示意图见图 4-34。

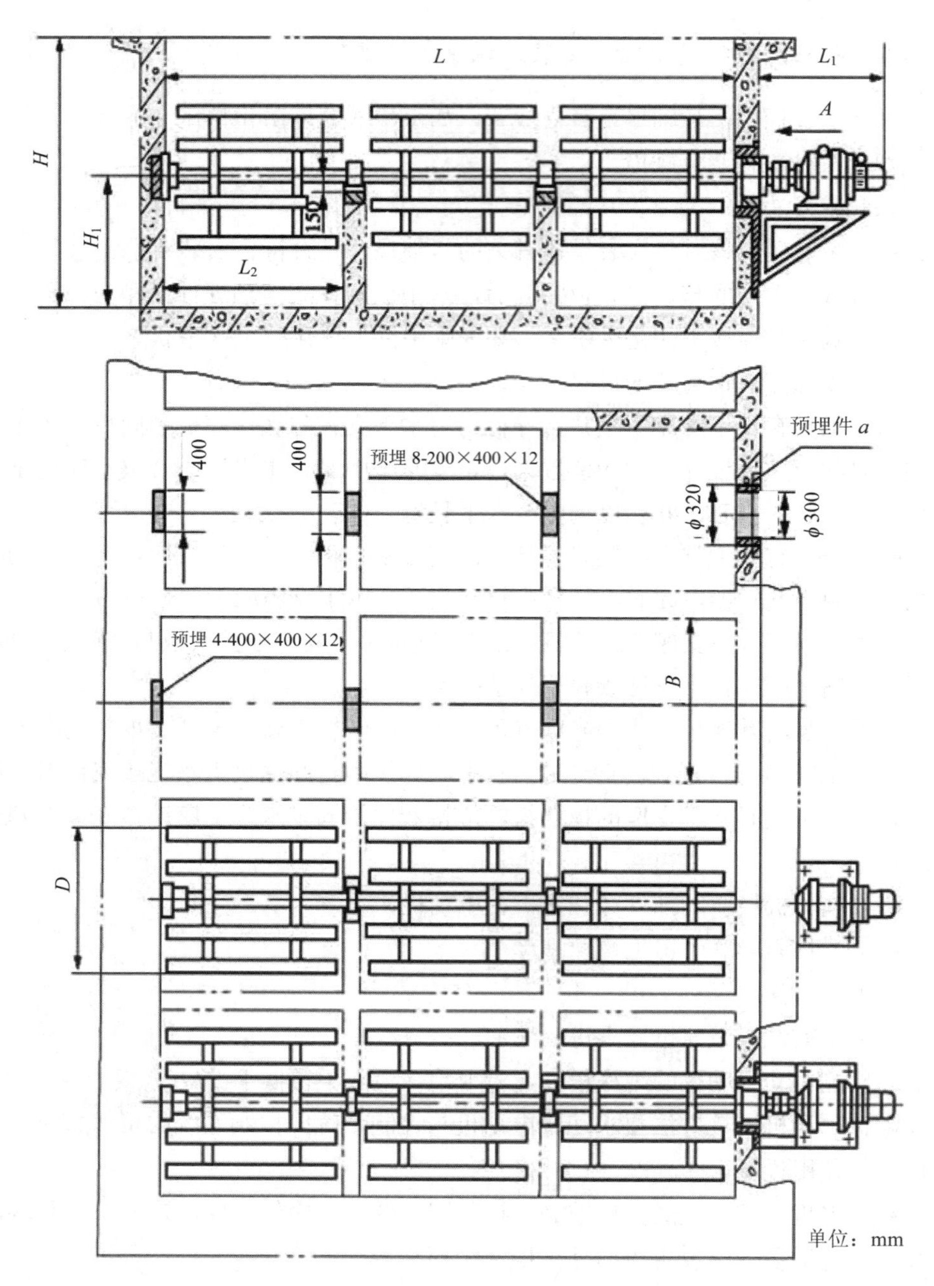

L—池宽；H—池高；H_1—转轴距池高度；L_1—电动机宽度；D—搅拌机直径

图 4-34 混凝反应搅拌机安装示意图

4.6 启闭机、闸门、堰门

4.6.1 闸门

4.6.1.1 闸门的用途

闸门主要用于给排水、水电、水处理中的流量控制，实现截止、疏通水流或调节水位的目的。

4.6.1.2 闸门的分类

闸门一般由钢或铸铁制作而成，分为圆闸门和方闸门两种。

4.6.1.3 结构组成及技术参数

闸门一般由闸门、闸框、轴导架、楔块、联结杆组成，见图4-35。

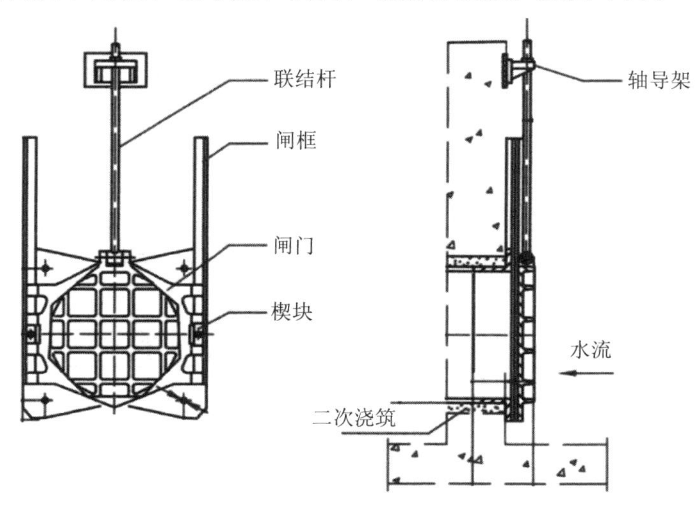

图4-35 圆闸门结构示意图

圆闸门土建条件图见图4-36，圆闸门土建条件尺寸见表4-17，方闸门结构示意图见图4-37，方闸门土建条件图见图4-38。

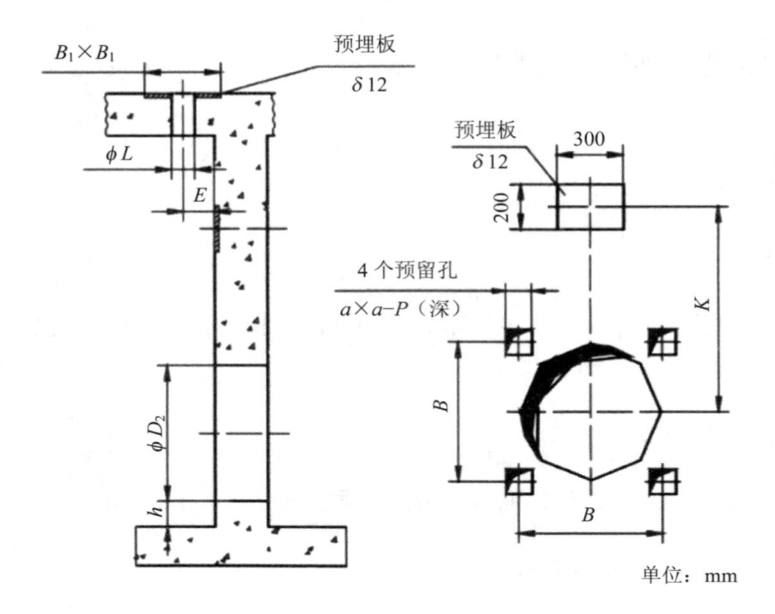

D—口径；D_2—预留孔直径；B—预留孔间距；E—联结杆中心距池壁距离；h—预留孔底距池底距离；B_1—预埋板宽度；a—预留孔宽度；P—预留孔深度；K—预埋板与预留洞中心距；L—联结杆预留孔直径

图 4-36　圆闸门土建条件图

表 4-17　圆闸门土建条件尺寸表　　单位：mm

型号	D	D_2	B	E	h	B_1	a	P	K	L
ZMY-300	300	370	300	80	450	350	120	300	400～3 000	80
ZMY-400	400	470	400	85	450	350	120	300	550～3 000	80
ZMY-500	500	580	500	85	450	350	120	300	750～3 000	100
ZMY-600	600	680	600	95	450	350	120	300	900～3 000	100
ZMY-700	700	780	700	100	450	350	120	300	1 050～3 000	120
ZMY-800	800	890	800	100	450	350	130	300	1 200～3 000	130
ZMY-900	900	1 000	900	115	450	350	130	300	1 350～3 000	150
ZMY-1000	1 000	1 100	1 000	115	450	350	130	300	1 510～3 000	160

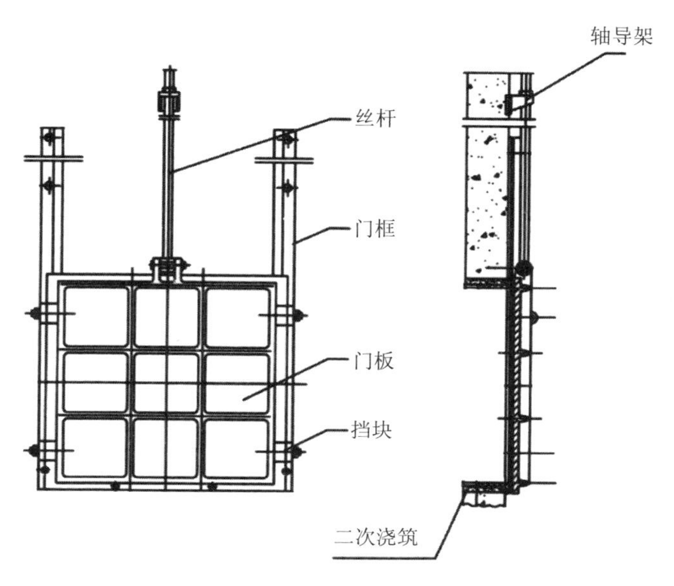

图 4-37　方闸门结构示意图

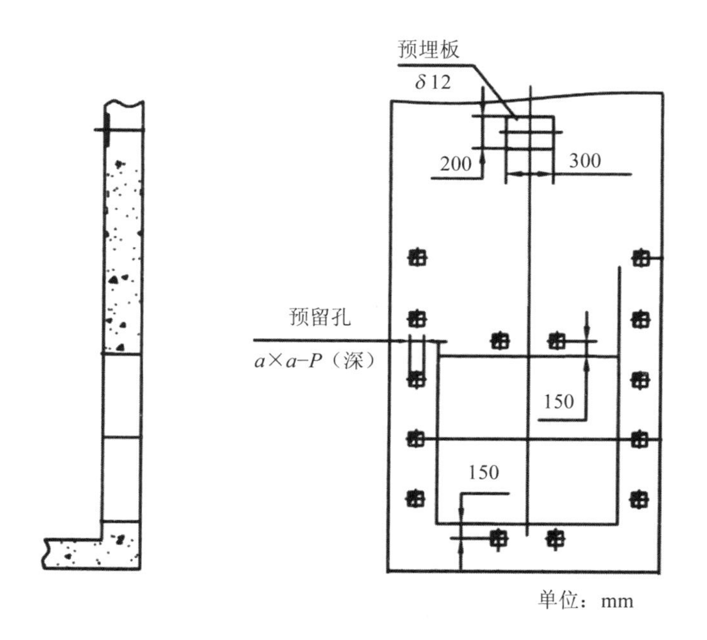

图 4-38　方闸门土建条件图

4.6.1.4 闸门的安装

（1）一般技术要求

①在进行闸门、埋设件或启闭安装时，应首先进行拼装检查。

②闸门未安装前，必须水平放置妥当，防止单边受力，造成变形，影响闸门密封性能。

（2）埋设件安装

闸门采用预埋钢板式安装。将制造商提供的钢板，在混凝土施工时预埋。

（3）闸门安装

①闸门铅垂线须与闸孔中心线重合，允许平行位移 10～20 mm。

②闸门的密封面应位于同一铅垂面，并与安装面平行，闸门垂直中心线与铅垂线的偏差＜1/1 000。

③闸门安装后，须用水泥沙浆将闸门与混凝土结合面的间隙填实，以防止结合面漏水、渗水。

④安装尺寸的误差检查，按照有关规定进行检查。

4.6.1.5 闸门的运行维护

（1）闸门门叶的维护

①经常清理面板、梁系及支臂，保持清洁。

②及时紧固、松动的构件连接螺栓。

③闸门运行中发生振动时，查找原因，采取措施消除或减轻振动。

④闸门构件强度、刚度或蚀余厚度不足的，按设计要求加强或更换。

⑤闸门构件变形的，要矫正或更换。

⑥门叶的一类、二类焊缝开裂，在确定深度和范围后及时补焊。

⑦门叶连接螺栓孔腐蚀的，可扩孔并配相应的螺栓。

⑧闸门防冰冻构件损坏的，可修理或更换。

（2）闸门行走支承装置的维护

①定期清理行走支承装置，保持清洁。

②及时拆卸清洗滚轮或支铰轴堵塞的油孔、油梢，并注油。

③轴销磨损、腐蚀量超过设计标准时，应修补或更换。

④轮轴与轴套间隙超过允许公差时，应更换。

⑤滚轮踏面磨损的可补焊，并达到设计圆度；滚轮、滑块 夹槽、支铰发生裂纹的，应更换，确认不影响安全时可补焊。

⑥滑块严重磨损的，应更换。

（3）闸门吊耳、吊杆及锁定装置的维护

①定期清理吊耳、吊杆及锁定装置。

②吊耳、吊杆及锁定装置的部件变形时，可矫正，但不应出现裂纹、开焊。

③吊耳、吊杆及锁定装置的轴销裂纹或磨损、腐蚀量超过原直径的10%时，应更换。

④吊耳及锁定装置的连接螺栓腐蚀的，可除锈防腐，腐蚀严重的，应更换。

⑤受力拉板或撑板腐蚀量超过原厚度的10%时，应更换。

（4）闸门止水装置的维护

①止水橡皮磨损、变形的，应及时调整达到要求的预压量。

②止水橡皮断裂的，可粘接修复。

③止水橡皮严重磨损、变形或老化、失去弹性，门后水流散射或设计水头下渗漏量超过0.2 L/（s·m）时，应更换。

④潜孔闸门顶止水翻卷或撕裂的，应查找原因，采取措施消除和修复。

⑤止水压板局部变形的，可矫正；严重变形或腐蚀的，应更换。

⑥对止水橡皮的非摩擦面，可涂防老化涂料。

⑦水润滑管路、阀门等损坏的，可修理或更换。冬季应将水润滑管路排空，防止冻坏。

（5）闸门埋件的维护

①定期清理门槽，保持清洁。

②埋件破损面积超过30%时，全部更换。

③埋件局部变形、脱落的，局部更换。

④止水座板出现蚀坑时，可涂刷树脂基材料或喷镀不锈钢材料整平。

（6）钢闸门防腐蚀

钢闸门防腐蚀措施、施工工艺、质量检查等按《水工金属结构防腐蚀规范》（SL 105—2007）的有关规定执行。

钢闸门采用喷涂涂料保护，有下列情形之一的应进行修补或重新防腐，所用涂料宜与原涂料性能配套：

- 防腐蚀涂层裂纹较深、面积达10%以上，或已出现深达金属基面的裂纹。

- 生锈鼓包的锈点面积超过 2%。
- 脱落、起皮面积超过 1%。
- 粉化，以手指轻擦涂抹，沾满颜料或手指轻擦即露底。

钢闸门喷涂金属层的蚀余厚度不足原设计厚度的 1/4 时，应重新防腐蚀；表面保护涂层老化的，应重新涂装。

采用涂膜—牺牲阳极联合保护的钢闸门，如保护电位不合格（静、动海水保护电流密度分别低于 20 mA/m^2、30 mA/m^2）时，可重焊、更换或增补牺牲阳极。

4.6.2 启闭机

启闭机用于各类大型给排水、水利水电工程。用于控制各类大、中型铸铁闸门及钢制闸门的升降达到开启与关闭的目的。

4.6.2.1 启闭机的分类

启闭机按操作方式分为手轮式启闭机、侧摇式启闭机、手电动式启闭机等，见图 4-39～图 4-41。

手轮式启闭机结构简单，使用维护方便，常用于小吨位闸门的启闭，手轮小于 15 kg。

侧摇式启闭机摇把可卸，手摇力小于 15 kg，常用于中小闸门的启闭。

手电动式启闭机可现场控制和远程控制，多用于大中型闸门的启闭。

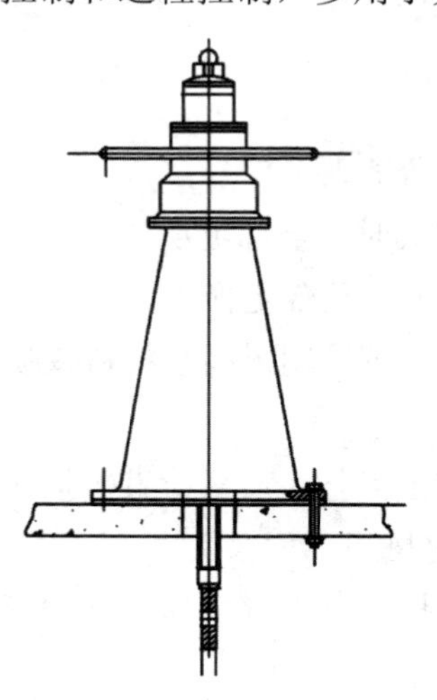

图 4-39 手轮式启闭机

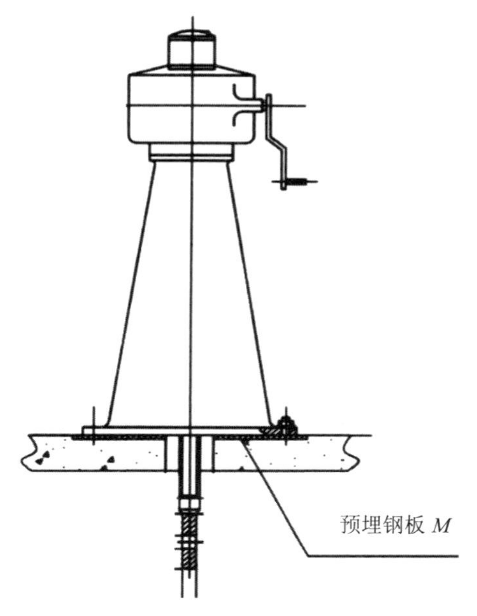

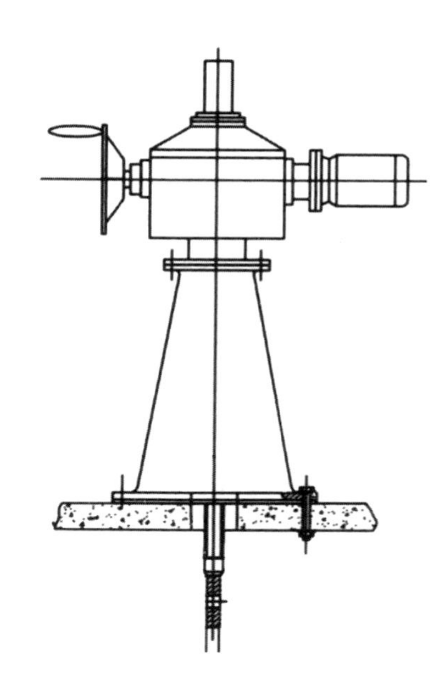

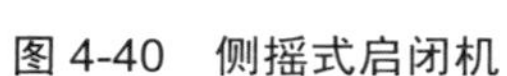
图 4-40　侧摇式启闭机

图 4-41　手电式启闭机

4.6.2.2　启闭机安装注意事项

①按启闭机制造厂提供的安装说明书和图纸进行安装、调试和试运行，安装完成的启闭机及其附属设备、附件的各项性能应能符合设计和运行要求，并满足相关规范规定。

②机座和基础螺栓的混凝土应符合施工图纸要求，在混凝土强度达到设计强度前，不允许改变启闭机的安装支撑、不得进行调试。

③每台启闭机安装完成后，启闭机应进行清理、修补损坏的保护油漆，为减速器以及其他注润滑油的部位灌注润滑油，润滑油规格性能应符合制造厂的要求和有关规范规定。

④启闭机安装就绪，待调试合格后承包人应根据设计和运行要求以及相关规定进行试运转。

4.7 排渣设备

4.7.1 行车式刮渣机

行车式刮渣机适用于给排水工程中平流式沉淀池，将沉降在池底的污泥刮集至集泥槽，并将池面的浮渣撇向集渣槽。

4.7.1.1 组成

行车式刮渣机由行车、驱动装置、刮渣装置、刮泥机构、提升装置和电控箱等组成，见图 4-42。

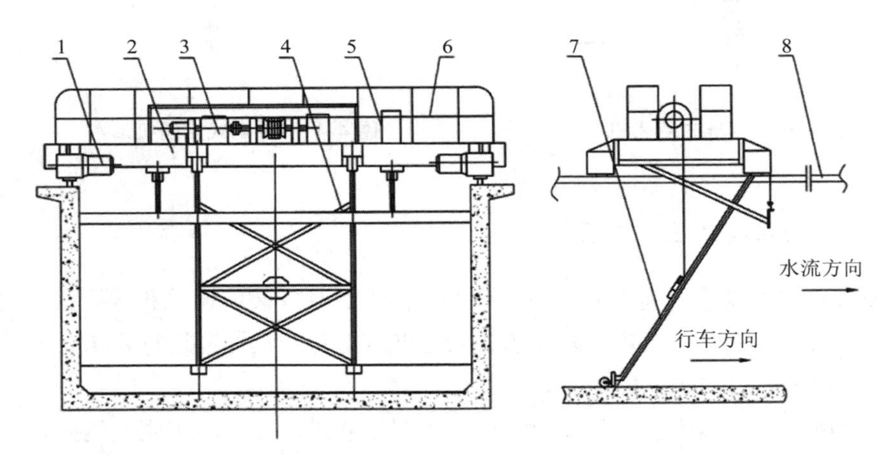

1—驱动装置；2—行车；3—提升装置；4—刮渣装置；

5—电控箱；6—栏杆；7—刮泥机构；8—轨道组件

图 4-42 行车式刮渣机结构示意图

4.7.1.2 工作原理

根据不同的要求可将集泥槽、集渣槽设置在沉淀池的同一端或分两端，刮渣机的工作过程如下：

①两槽同设一端：刮泥耙下降、刮渣板下降→刮泥机由池端（出水端）始点向泥、渣槽端行驶，将污泥、浮渣刮集输送直至终点（进水端）→刮泥耙上提、撇渣板上提→刮泥机终端向始端换向行驶→抵达始端后停机或进行另一循环。

②两槽分设两端：刮泥耙下降，刮渣板上提→刮泥机由出水端始点向泥槽端行驶，将污泥刮集输送至终点→刮泥耙上提而刮渣板下降→刮泥机换向行驶将浮渣刮向浮渣槽→抵达始端后停机或进行另一循环。

4.7.1.3 安装

（1）轨道及铺设要求

①安装时要求池台顶面平整，安装轨道的预埋铁上面要求在同一平面内。

②轨道的纵向直线偏差不超过±5 mm。

③轨道纵向水平度不超过 1/1 000。

④两平行轨道的相对高度不超过 5 mm。

⑤两平行轨道接头位置应错开布置，其错开距离应大于轮距。

⑥轨道接头用鱼尾板连接，其接头左、右、上 3 面的偏移均不超过 1 mm，接头间隙不应大于 3 mm。

（2）设备安装说明

①首先将平台及行走装置放至钢轨上，拆开传动链条，从池体一端沿轨道推向另一端视有无卡阻现象，校正轨道。

②按照组装图依次将耙板吊架、浮渣刮板吊架、刮泥装置等进行组装。

③整机放置在集泥坑端，将刮泥耙落到池底，确定行车在集泥坑端限位开关及限位挡板位置。然后将刮泥机推到另一端，确定刮泥耙板开始工作时限位开关及限位挡板的位置。视耙板的升降高度将钢丝绳与吊架连接。

④轨道的两端安设强固的挡铁限位装置，防止行程开关失灵，造成行车从两端出轨。

（3）安装土建条件图

行车式刮渣机安装土建条件图见图 4-43。

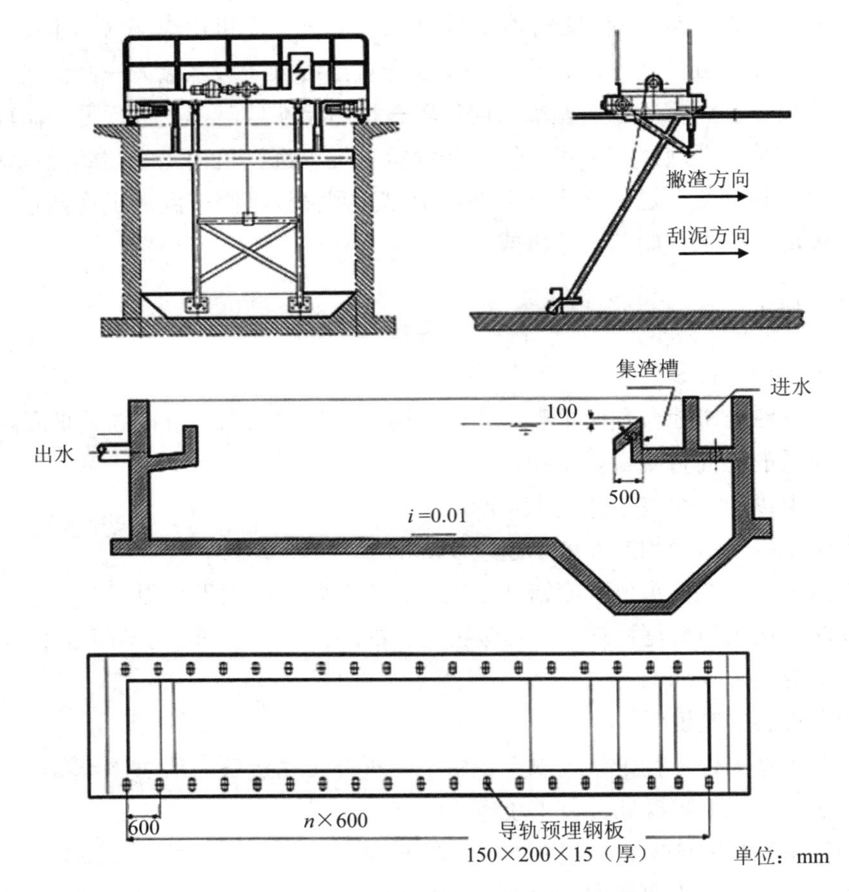

图 4-43 行车式刮渣机安装土建条件图

4.7.2 链条式刮渣机

链条式刮渣机主要用于气浮池中，排除液面的浮渣，使水质净化，具有运行稳定、节能、寿命长等优点。

该机采用链条驱动方式，带动刮渣板连续运转，具有传递扭矩大、运转平稳、稳流效果好等优点，适用于气浮池液面上浮渣的排除。

4.7.2.1 结构组成

链条式刮渣机主要由链轮、驱动轴、减速机、主涨紧装置、涨紧从动轴、牵引涨紧装置、涨紧链条、刮板组、牵引从动轴等组成。

链条式刮渣机结构示意图见图 4-44。

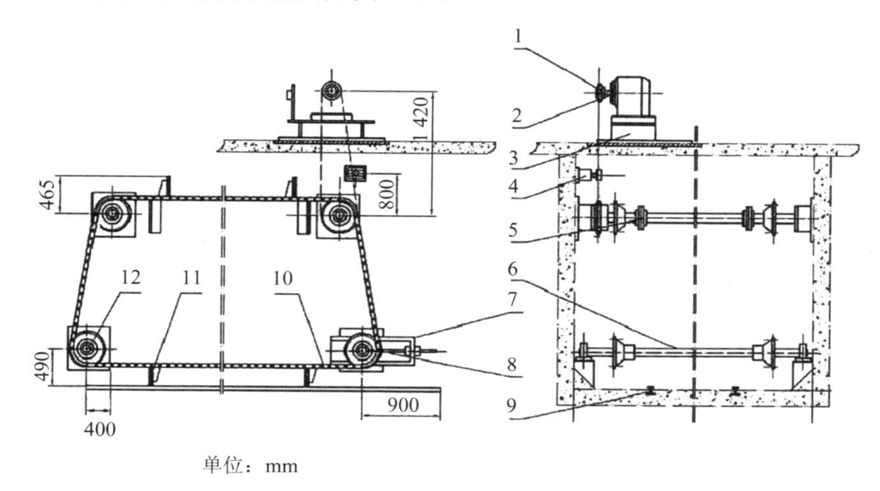

1—链轮及保险装置；2—减速机；3—机座；4—主涨紧装置；5—驱动轴；6—涨紧从动轴；
7—牵引涨紧装置；8—涨紧链轮；9—轻轨；10—牵引链条；11—刮板组；12—牵引从动轴

图 4-44　链条式刮渣机结构示意图

4.7.2.2　工作原理

浮在水面上的固体悬浮物连续地被刮渣机清除，刮渣机沿着整个液面运动，并将悬浮物从气浮槽的进口端推到出口端。刮渣机的刮板被固定在链条的两端，由一个电动机带动传动装置来驱动。刮渣机沿着槽的整个宽度移动，将污染物刮到倾斜的金属板上，再将其推入浮渣排放管道。浮渣排放管道里有水平的螺旋推进机，将收集的浮渣送入浮渣收集容器。

4.7.2.3　规格型号及主要技术参数

链条式刮渣机的型号表示方法：

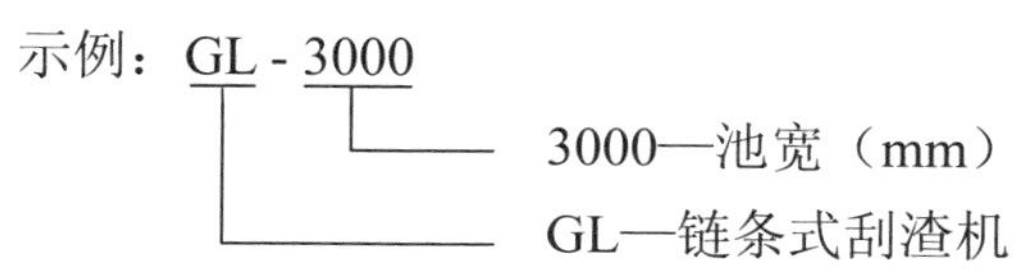

表 4-18 链条式刮渣机技术参数表

参数 型号	池宽 B/m	池深 H/m	池长 L/m	行车速度/ （m/min）
GL-3000	3	3.0～5.0	设计院或用户自定	0.6～0.8
GL-4000	4			
GL-5000	5			
GL-6000	6			
GL-7000	7			
GL-8000	8			

4.7.2.4 安装

①链条式刮渣机安装前首先对构筑物进行验收，验收合格后方可进行安装。

②刮板轴支架按编号连接，中间刮板轴同样按编号连接。

③限位棒位置的确定及行程开关位置的确定。限位棒的位置确定是刮渣机安装的关键。首先人为地将限位棒固定在一位置，另一人用手盘动电动机使刮渣机向前运动，此时重锤碰到限位棒，由于刮渣机还在继续运行，刮板随重锤的翻转而翘起，即将浮渣刮入出渣槽。此时刮渣机运行的位置正好应碰到行程开关而开始往回运行。往回运行时刮板为翘起退回，不碰到浮渣面，即将退到起始点时由于重锤再碰到限位棒而使刮板翻转垂直落下，此时刮渣机正好碰到行程开关停止。在刮渣机两端轨道上焊接防撞块。刮渣机的运行一个来回为一行程。

④检查及试车：刮渣机各零部件安装完毕后及池面抹平合格后，将池内充满清水，调整溢流堰的水平度，将链条式刮渣机连续运行 24～48 h，检查电气、电流保护装置是否正常工作。

⑤操作程序设定：链条式刮渣机的动作程序，每次运行时链条式刮渣机的启动、停止位置是任意的。按启动按钮，链板式刮渣机开始运行，按停止按钮，链板式刮渣机停止运行。一旦链条式刮渣机发生故障，按紧急停车按钮，使链条式刮渣机停止运行。

4.7.2.5 使用和操作

待检查及试车验收合格后，操作者方能开机。

①启动链条式刮渣机前，再次检查刮渣机的控制线路是否可靠，运行轨道是否清洁，传动机构是否有卡死现象。如有则需立即处理好，然后开机。

②刮渣机运行过程中要检查运转是否正常，轴承、电动机、减速机有无噪声，润滑是否符合要求等。如有故障，立即停机检修。如果无故障，刮泥机继续正常运行。

4.7.2.6 维修和保养

减速机采用 90 号工业齿轮油。第一次加油运转一周后应更换新油，并将内部油污冲净，以后每 3～6 个月更换一次，链条式刮渣机运转时应保证减速机内的油标位置。

4.7.3 螺旋输送机

螺旋输送机是一种利用电动机带动螺旋回转推移物料以实现输送目的的机械。在水处理工程中主要适用于污水处理厂格栅除污机的栅渣输送、污泥脱水机的泥饼输送和粉状及颗粒等各种物料的输送。它能水平、倾斜或垂直输送，具有结构简单、横截面积小、密封性好、操作方便、维修容易、便于封闭运输等优点。

4.7.3.1 工作原理

驱动装置带动螺旋转动，将物料均匀地从进料口输送至出料口，整个运输过程可在一个密封的槽中进行，降低了噪声，减少了异味的排出。

4.7.3.2 结构组成

螺旋输送机一般分为有轴、无轴两种，有轴螺旋输送机由螺杆、“U”形槽盖板、进出料口和驱动装置组成（见图 4-45），而无轴螺旋输送机则把螺杆改为无轴螺旋，并在“U”形槽内装置有可换衬体，结构简单。

由于设备中没有高速运转零件，因此螺杆磨损低，设备能耗低，几乎不需要维修。

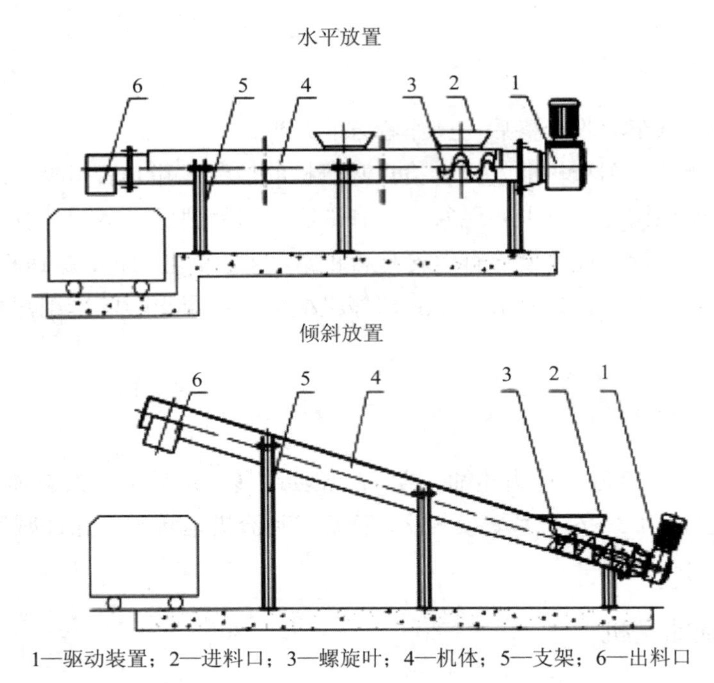

1—驱动装置；2—进料口；3—螺旋叶；4—机体；5—支架；6—出料口

图 4-45 螺旋输送机结构示意图

4.7.3.3 规格型号及主要技术参数

螺旋输送机的型号表示方法：

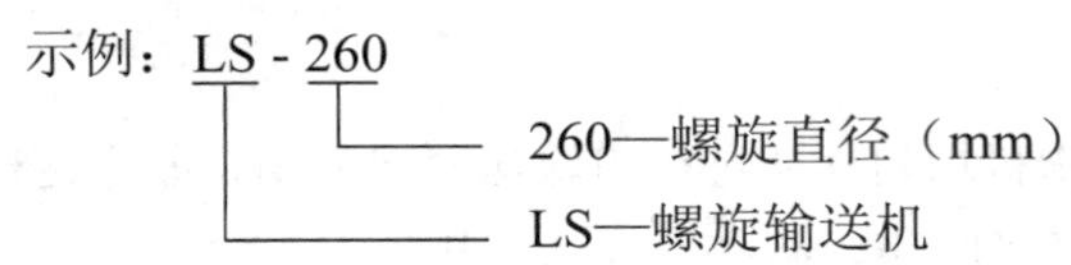

表 4-19 螺旋输送机技术参数表

参数 \ 型号	LS-260	LS-320	LS-360
螺旋直径/mm	260	320	360
螺旋节距/mm	210	260	320
输送量/（m^3/h）	3～5	4～8	6～11
转速/（r/min）	18	15	12
倾角/（°）	0～25	0～25	0～25
输送长度/m	≤10	≤15	≤15
电机功率/kW	1.5～3.0	2.2～5.5	3.0～7.5

4.8　排泥设备

在水处理工程中，排泥设备的作用是将初沉池、二沉池中沉淀的污泥排至污泥浓缩池，以便后续的污泥处理。主要有行车式刮（吸）泥机、中心传动式刮（吸）泥机和周边传动式刮（吸）泥机等。

4.8.1　行车式刮泥机

行车式刮泥机适用于市政及城镇污水处理厂给排水工程中平流式沉淀池等平底矩形池必不可少的机械排泥设备，刮泥机能将沉降在池底的污泥刮集至集泥槽，并将池面的浮渣撇向集渣槽。

4.8.1.1　组成

行车式刮泥机由驱动装置、行车、刮泥机构、刮渣装置、提升装置、电控箱等组成（见图 4-46）。传动部件在水面以上，检修方便，回程收刮机，不扰动沉淀。可根据池型的需要设置浮渣刮板数量及角度。按水流方向，可分为逆向刮泥逆向排渣和逆向刮泥同向排渣方式。刮泥机构在不刮泥回程时刮泥耙全部抬起。当回到刮泥的起始位置时，刮泥耙落下，这样周而复始的工作。

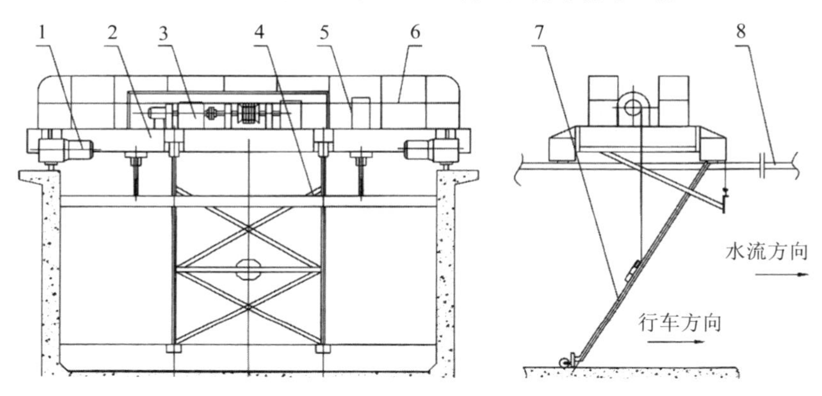

1—驱动装置；2—行车；3—提升装置；4—刮渣装置；5—电控箱；6—栏杆；7—刮泥机构；8—轨道组件

图 4-46　行车式刮泥机结构示意图

4.8.1.2　工作原理

行车式刮泥机可根据不同的要求将集泥槽、集渣槽设置在沉淀池的同一端或分两端（见图 4-47 和图 4-48），刮泥机的工作过程如下：

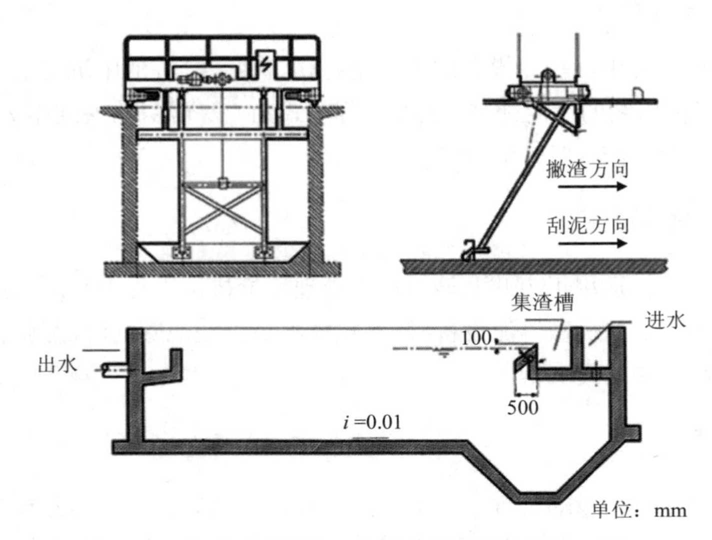

图 4-47　行车式刮泥机工作示意图（两槽同设一端）

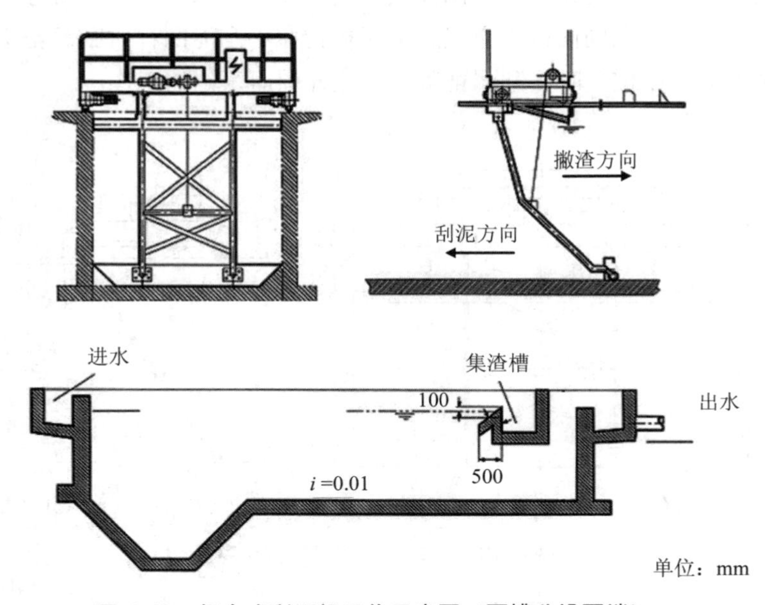

图 4-48　行车式刮泥机工作示意图（两槽分设两端）

①两槽同设一端：刮泥耙下降、撇渣板下降→刮泥机由池端（出水端）始点向泥、渣槽端行驶，将污泥、浮渣刮集输送至终点（进水端）→刮泥耙上提、撇渣板上提→刮泥机终端向始端换向行驶→抵达始端后停机或进行另一循环。

②两槽分设两端：刮泥耙下降，撇渣板上提→刮泥机由出水端始点向泥槽端行驶，将污泥刮集输送至终点→刮泥耙上提而撇渣板下降→刮泥机换向行驶将浮渣撇向浮渣槽→抵达始端后停机或进行另一循环。

4.8.1.3　规格型号及主要技术参数

行车式刮泥机的型号表示方法：

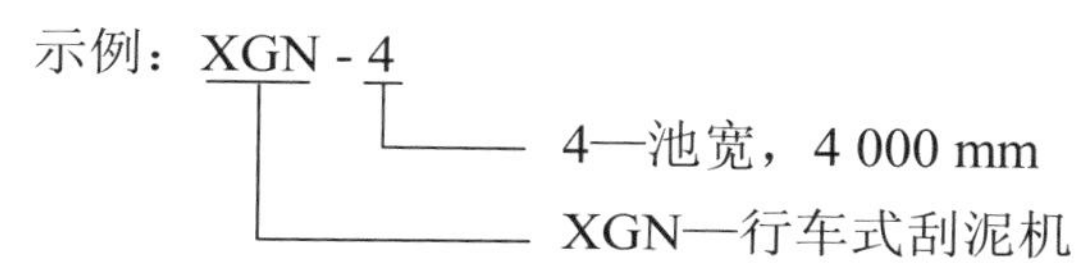

行车式刮泥机主要技术参数见表4-20。

表4-20　行车式刮泥机主要技术参数表

型号/参数	池宽 *B*/mm	池深 *H*/m	池长 *L*/m	行车速度/(m/min)	钢轨型号	驱动功率/kW
XGN-4	4 000	3.0～5.0	用户自定	0.6～1.2	12#轻轨	0.75
XGN-5	5 000				12#轻轨	0.37×2
XGN-6	6 000				12#轻轨	0.55×2
XGN-8	8 000				15#轻轨	0.75×2
XGN-10	10 000				15#轻轨	1.1×2
XGN-12	12 000				22#轻轨	1.1×2
XGN-16	16 000				22#轻轨	1.5×2

4.8.1.4　安装

行车式刮泥机土建条件图见图4-49。

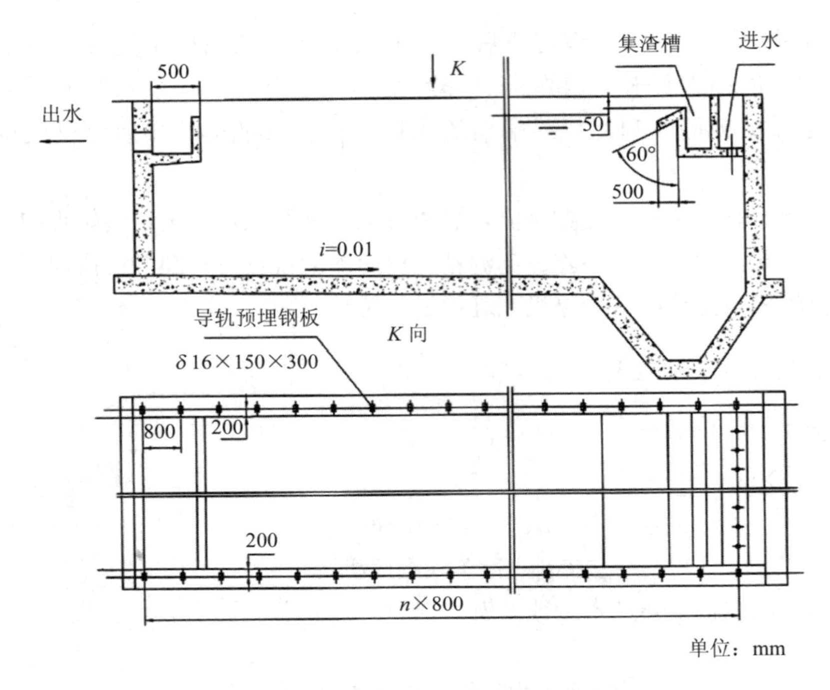

图 4-49　行车式刮泥机土建条件图

4.8.1.5　运行与维护注意事项

①刮泥撇渣机运转时保持减速机润滑油的油标位置。带座轴承每月注油1～2次。

②开机前检查升降钢丝绳是否有污物，升降限位紧定螺丝是否牢固，以免发生误动作。

③检查水上零件连接是否松动。

④检查橡胶刮板，磨损腐蚀严重时应予以更换。

⑤每年大修一次。

4.8.2　行车式吸泥机

行车式吸泥机，用于污水处理厂、自来水厂平流沉淀将沉降在池底的污泥刮到泵吸泥口，通过泵吸，边行走边吸泥，然后将污泥排出池外。

4.8.2.1　工作原理

行车式吸泥机由四点支撑行走大梁横跨在平流式沉淀池上，双边驱动，池两边均铺设钢轨，从池的一端运行到另一端，边行走边吸泥，撞到行程控制开关，折返行走，回程吸泥，完成一个工作周期。

4.8.2.2　结构组成

行车式吸泥机由驱动装置、吸泥系统、行走大梁、工作桥、电控柜、撇渣装置（选择件）等组成。在斜管沉淀池中使用时，还需安装池底吸泥架和吸泥吊架。

行车式吸泥机分为 3 种类型：I 型（平池底扁吸口，见图 4-50）、II 型（坡底圆吸口，见图 4-51）、III型（斜板沉淀池平底扁吸口，见图 4-52）。

本机采用双边驱动，边走边吸泥，可依据污泥量的多少调节排泥次数。控制线可按用户要求采用滑线、滑触线、电缆卷筒等形式。

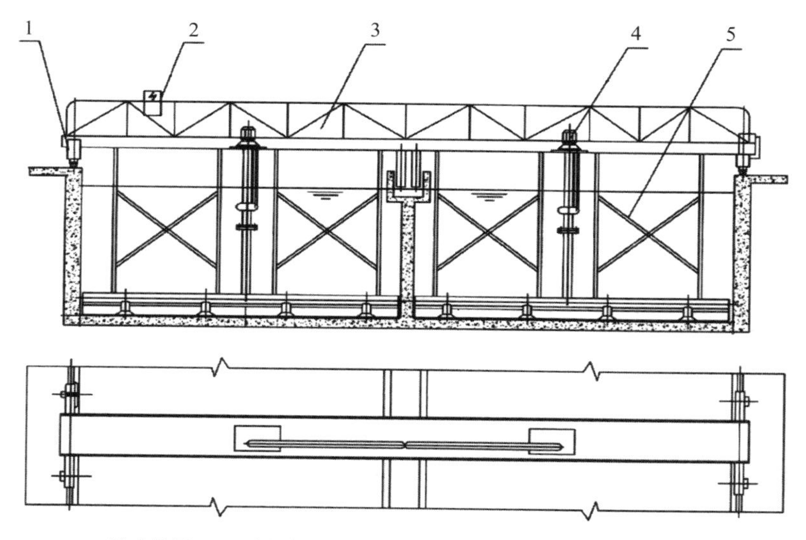

1—驱动装置；2—电控柜；3—行走大梁；4—吸泥泵；5—吸泥吊架

图 4-50　行车式吸泥机 I 型（平池底扁吸口）结构示意图

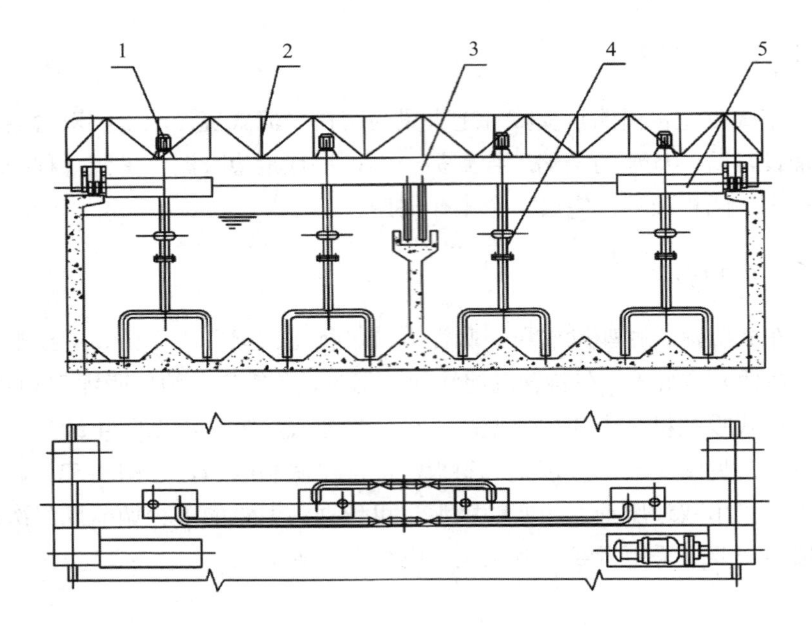

1—液下污水泵；2—栏杆；3—主梁；4—吸泥管；5—驱动装置

图 4-51 行车式吸泥机 II 型（坡底圆吸口）结构示意图

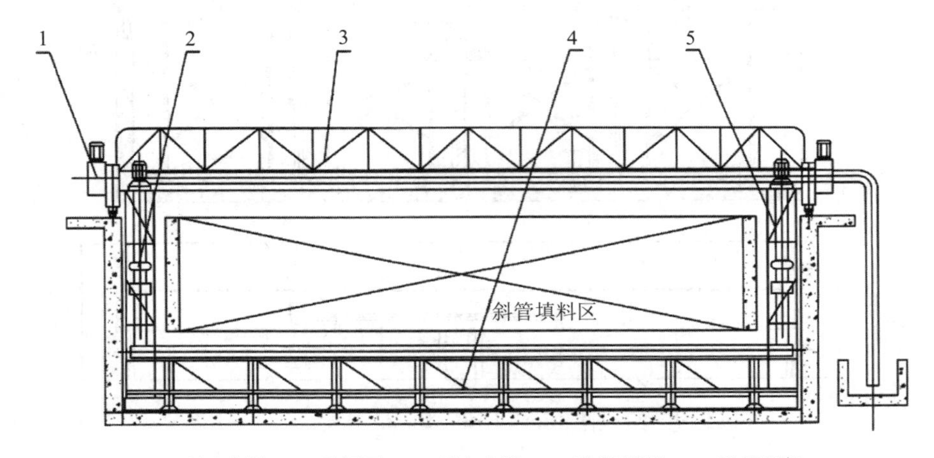

1—驱动装置；2—吸泥泵；3—行走大梁；4—吸泥桁架；5—吸泥吊架

图 4-52 行车式吸泥机 III 型（斜板沉淀池平底扁吸口）结构示意图

4.8.2.3 规格型号及主要技术参数

行车式吸泥机的型号表示方法：

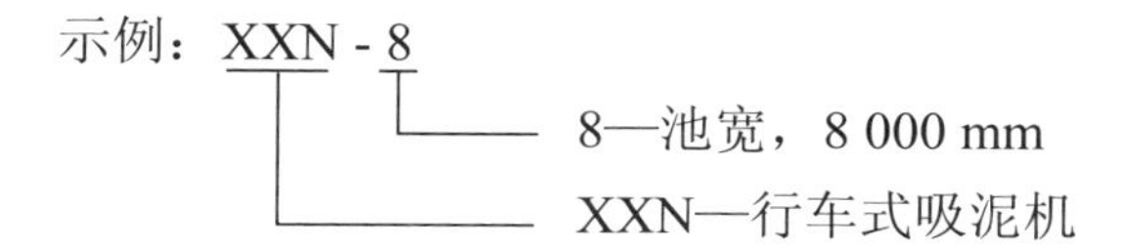

行车式吸泥机主要技术参数见表 4-21。

表 4-21 行车式吸泥机主要技术参数表

<table>
<tr><th>参数
型号</th><th>池宽
B/mm</th><th>池深
H/m</th><th>池长
L/m</th><th>行车速度/
（m/min）</th><th>钢轨型号</th><th>驱动功率/
kW</th></tr>
<tr><td>XXN-8</td><td>8 000</td><td rowspan="7">3.0～5.0</td><td rowspan="7">用户自定</td><td rowspan="7">1.2～1.6</td><td>$12^{\#}$轻轨</td><td>0.55×2</td></tr>
<tr><td>XXN-10</td><td>10 000</td><td>$15^{\#}$轻轨</td><td>0.55×2</td></tr>
<tr><td>XXN-12</td><td>12 000</td><td>$15^{\#}$轻轨</td><td>0.75×2</td></tr>
<tr><td>XXN-14</td><td>14 000</td><td>$15^{\#}$轻轨</td><td>0.75×2</td></tr>
<tr><td>XXN-16</td><td>16 000</td><td>$15^{\#}$轻轨</td><td>1.1×2</td></tr>
<tr><td>XXN-18</td><td>18 000</td><td>$22^{\#}$轻轨</td><td>1.1×2</td></tr>
<tr><td>XXN-20</td><td>20 000</td><td>$22^{\#}$轻轨</td><td>1.5×2</td></tr>
</table>

4.8.2.4 安装

（1）安装前注意事项

为便于吸泥机的正常运转，安装时必须使 4 个行走轮在矩形的两条平行边上。轨道钢必须在矩形的两条边上且在同一个水平面上。

（2）安装步骤

①在平流池两侧壁顶预留轨道钢预埋铁，每隔 1 m 预埋 1 块，每块预埋铁的两端制有螺栓和压板，以便于压牢钢轨。

②将设备吊至平流池上，4 个行走轮安放于钢轨上，按基准线找平，校核安装尺寸。

③滑动电缆及电器安装，将吊电缆用吊环传入钢丝绳，把钢丝绳拉紧，固定在两头的立柱上。穿接主电缆，通电调试行走情况，安装行程开关及触碰块，根据回车位安装防掉车挡板。

④试车，在安装结束后空车至少不间断运行 8 h，时刻检查行车是否有掉轨现象，一经发现及时停车处理，防止设备掉入池中。

⑤吸泥泵安装，将吸泥泵安装在工作桥上。

⑥吸泥管和排泥管管道安装，从吸泥泵的入口处开始自上往下安装管道及吸泥嘴，吸泥嘴至池底距离为 10～20 mm。数台吸泥泵汇总至一条出泥管道排入平流池外侧污泥沟中。

⑦接通吸泥泵电源。

⑧进水试泵，在试车运行无问题后，向池内注水，水位要求高于吸泥泵泵头 30 mm，边进水边开泵，观察排泥口出水情况。

4.8.3　中心传动刮（吸）泥机

4.8.3.1　适用范围

中心传动刮泥机适用于给排水工程中水厂或污水处理厂辐流式（圆形）沉淀池的排泥和除渣。

4.8.3.2　工作原理

中心传动刮泥机采用中心传动，固定平台、中心支墩垂驾式，中心进水、排泥，周边出水。减速机带动蜗轮蜗杆转动，刮臂随传动轴转动，刮泥板将沉淀污泥由池边逐渐刮至池中心集泥坑，在静水压的作用下将污泥排出池外。

4.8.3.3　结构组成

中心传动刮泥机主要由刮泥机架、浮渣耙板、浮渣刮板、中心架、稳流筒、传动装置、钢梁、电控箱、浮渣漏斗、溢流堰、小刮板等组成，见图 4-53。

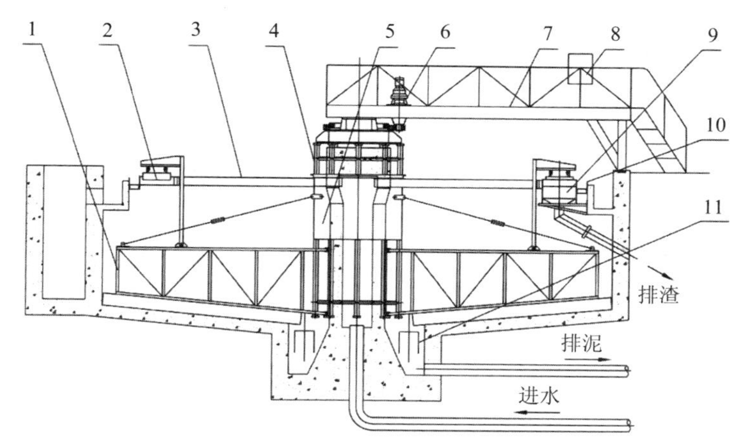

1—刮泥机架；2—浮渣耙板；3—浮渣刮板；4—中心架；5—稳流筒；6—传动装置；
7—钢梁；8—电控箱；9—浮渣漏斗；10—溢流堰；11—小刮板

图4-53 中心传动刮泥机结构示意图

4.8.3.4 规格型号及技术参数

中心传动刮泥机的型号表示方法：

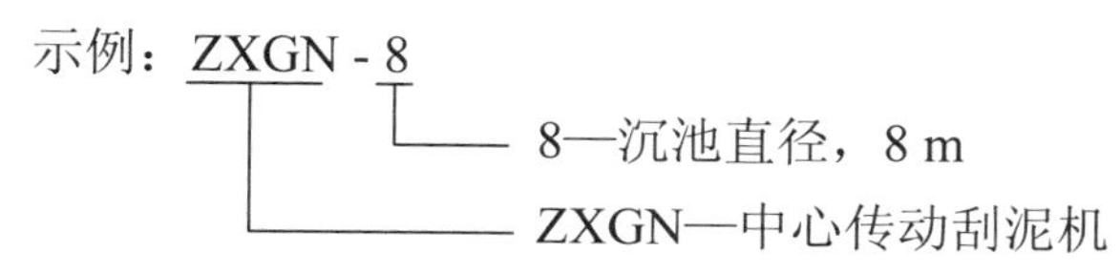

中心传动刮泥机主要技术参数见表4-22。

表4-22 中心传动刮泥机主要技术参数表

参数 型号	池径 D/m	池深 H/m	周边线速/（m/min）	驱动功率/kW
ZXGN-8	8	2.5～4.5	1.0～3.0	0.75
ZXGN-10	10			0.75
ZXGN-12	12			1.1
ZXGN-14	14			1.1
ZXGN-16	16			1.5
ZXGN-18	18			2.2
ZXGN-20	20			2.2
ZXGN-25	25			3.0
ZXGN-30	30			3.0
ZXGN-40	40			2.2×2

4.8.3.5 土建条件图及土建尺寸表

中心传动刮泥机土建条件图见图 4-54，土建尺寸参数表见表 4-23。

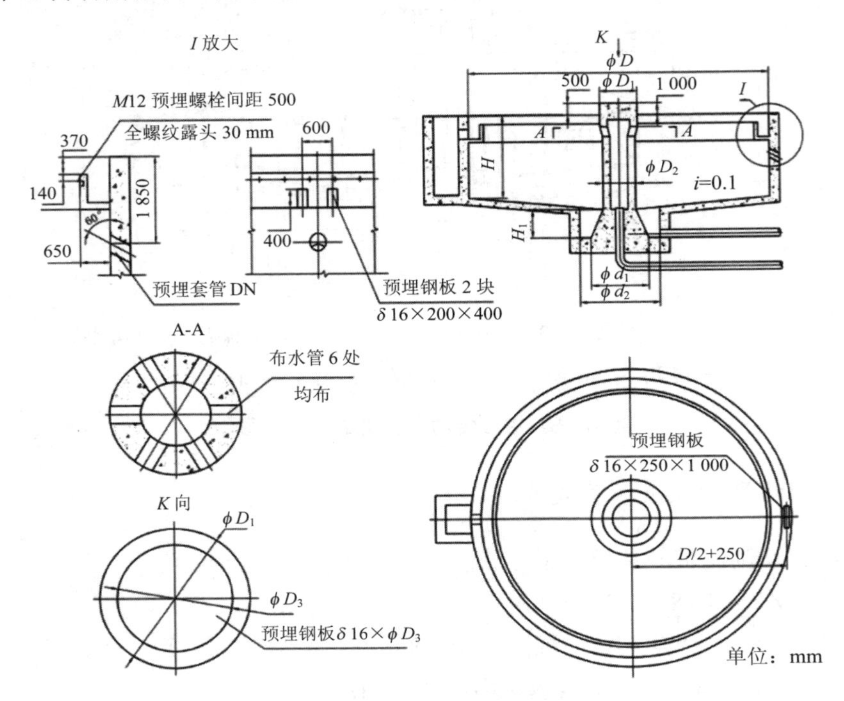

图 4-54 中心传动刮泥机土建条件图

表 4-23 中心传动刮泥机土建尺寸参数表

参数 型号	D/ mm	D_1/ mm	D_2/ mm	D_3/ mm	DN/ mm	d_1/ mm	d_2/ mm	H/ m	H_1/ mm
ZXGN-8	8 000	1 200	1 000	850	200	2 300	3 200	2.5～4.5	600
ZXGN-10	10 000	1 200	1 000	850	200	2 300	3 200		600
ZXGN-12	12 000	1 500	1 300	1 150	200	2 300	3 200		700
ZXGN-14	14 000	1 500	1 300	1 150	200	2 500	3 400		700
ZXGN-16	16 000	1 600	1 400	1 250	200	2 500	3 400		800
ZXGN-18	18 000	1 600	1 400	1 250	200	2 500	3 400		800
ZXGN-20	20 000	1 600	1 400	1 250	200	2 500	3 400		800
ZXGN-25	25 000	1 800	1 500	1 350	200	2 800	3 800		1 000
ZXGN-30	30 000	2 000	1 600	1 400	250	3 000	4 500		1 000
ZXGN-40	40 000	2 500	2 000	1 800	250	3 500	5 500		1 200

4.8.4　周边传动刮（吸）泥机

周边传动刮泥机适用于中小型辐流式沉淀池污泥的刮集和排除。结构为中心支墩单臂单周边传动，上部设有浮渣收集装置和过载保护装置，底部设有刮泥装置。采用中心进水、周边出水、中心出泥的方式。

4.8.4.1　工作原理

周边传动刮泥机通过摆线针轮减速机带动车轮，使整个机械沿池四周做周边运行，水下的刮板缓慢地将污泥刮向池中心集泥坑，再通过池内的静水压力将污泥沿管道排出，水上的浮渣通过撇渣板、刮渣耙刮入排渣斗内，清水则通过溢流板、溢流槽流出。

4.8.4.2　结构组成

周边传动刮泥机主要由溢流装置、浮渣漏斗、中心支座、行走平台、稳流筒、刮泥装置、浮渣刮板、电控箱、浮渣耙板、驱动装置、小刮板等组成，见图 4-55。

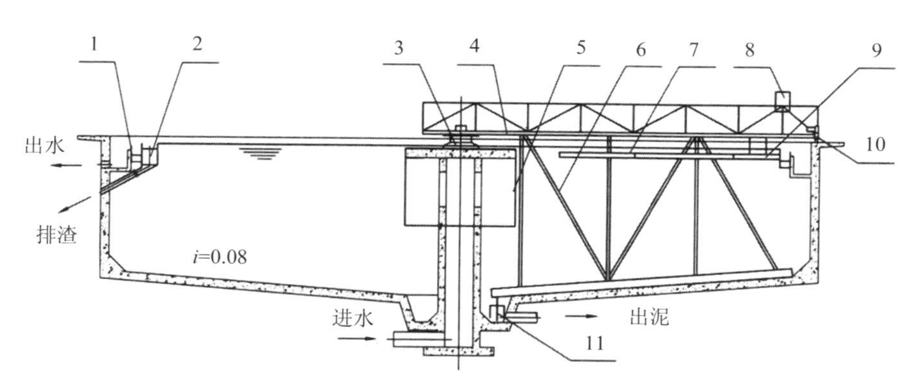

1—溢流装置；2—浮渣漏斗；3—中心支座；4—行走平台；5—稳流筒；6—刮泥装置；
7—浮渣刮板；8—电控箱；9—浮渣耙板；10—驱动装置；11—小刮板

图 4-55　周边传动刮泥机结构示意图

4.8.4.3　技术参数

周边传动刮泥机的型号表示方法：

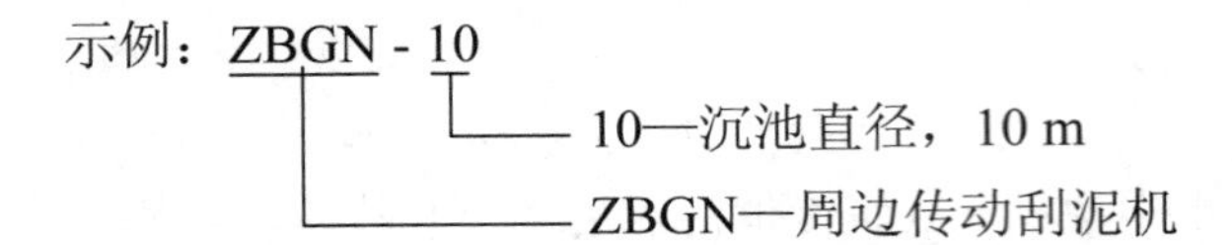

周边传动刮泥机主要技术参数见表 4-24。

表 4-24 周边传动刮泥机主要技术参数表

参数 型号	池径 D/m	池深 H/m	周边线速/(m/min)	驱动功率/kW
ZBGN-10	10	3.0～5.0	1.0～2.0	0.55
ZBGN-12	12			0.75
ZBGN-14	14			0.75
ZBGN-16	16			0.75
ZBGN-18	18			0.75
ZBGN-20	20			0.75
ZBGN-25	25			1.1
ZBGN-30	30			1.1
ZBGN-35	35			1.1
ZBGN-40	40			1.5
ZBGN-50	50			1.5

4.8.4.4 土建条件图及土建尺寸表

周边传动刮泥机土建条件图见图 4-55，土建尺寸参数见表 4-25。

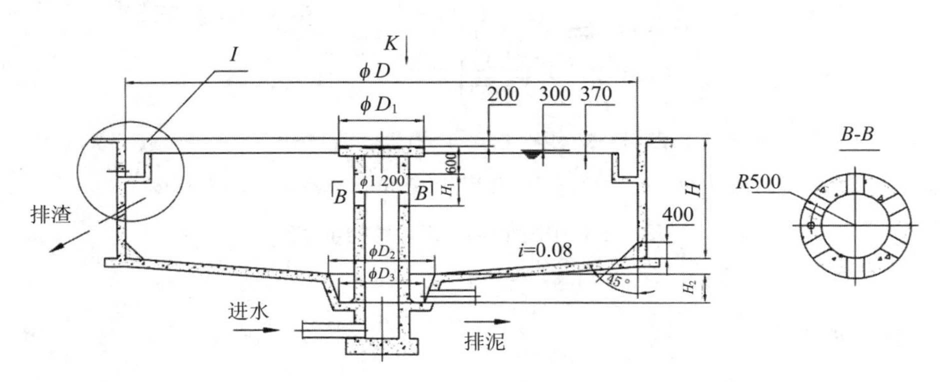

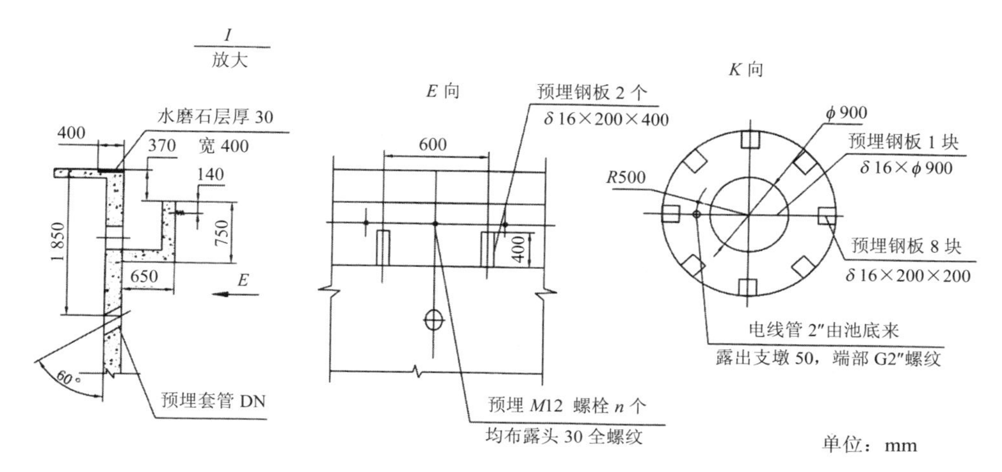

图 4-56　周边传动刮泥机土建条件图

表 4-25　周边传动刮泥机土建尺寸参数表

尺寸＼池径	10	12	14	16	18	20	25	30	35	40	50
D_1/mm	1 400	1 500	1 500	1 500	1 800	1 800	2 000	2 400	2 400	2 600	3 000
D_2/mm	2 000	2 200	2 200	2 500	2 500	2 500	2 900	2 400	3 850	4 500	5 000
D_3/mm	1 500	1 700	1 700	2 000	2 000	2 000	2 500	2 900	3 350	3 800	4 000
H/m	3.0～5.0										
H_1/mm	600	600	600	800	800	800	1 000	1 000	1 200	1 200	1 300
H_2/mm	500	500	500	600	600	600	600	800	800	1 000	1 000
N/个	46	56	66	77	88	98	124	151	177	203	255
DN/mm	125	125	125	150	150	150	200	200	250	250	300

4.8.5　刮泥机安全操作规程

①刮泥机启动前，检查二沉池导轨上是否有杂物，二沉池池壁周边是否有扫帚、推车等工具，如有应立即清理。

②在确认可以开启后，自动状态下，可通知中控室值班人员启动刮泥机，手动状态下直接按启动按钮启动刮泥机。

③刮泥机运行后现场值班人员需守机 10 min，查看有无杂声、振动、撞击等异常情况，如果有立即停机检查，对自己无法解决的问题应及时上报生产部。

④刮泥机运行正常后值班人员每隔 1 h 去现场巡视一次，查看刮泥机是否运行正常，电动机、减速机有无过热现象。

⑤定期清扫二沉池出水堰门内积泥和藻类，保持堰门清洁，值班人员必须穿救生衣从安全通道下池清扫出水堰门。

⑥在接到生产部停机指令后，自动运行状态下可在中控室单击关闭按钮停机，手动状态下值班人员去现场按关闭按钮停机。

⑦刮泥机长期停用前要每隔 1 h 开启 1 次，反复数次彻底清除池底污泥后再停机，以免下次开机时池底污泥板结损坏刮板。

⑧定期清理二沉池垃圾，保持刮泥机及二沉池周边清洁卫生，并按要求填写刮泥机运行记录。

4.9 污泥处理设备

水处理工程中常用的污泥处理设备有板框压滤机、带式压滤机和螺压脱水机等。

4.9.1 板框压滤机

板框压滤机是污水处理系统中的污泥处理设备，其作用是将污水处理后的污泥进行压滤，形成大块滤饼（泥饼），以便排除，也可应用于化工、陶瓷、石油、医药、食品、冶炼等行业。

4.9.1.1 结构组成

板框式压滤机主要由止推板（固定滤板）、压紧板（活动滤板）、滤板和滤框、横梁（扁铁架）、过滤介质（滤布或滤纸等）、压紧装置、集液槽等组成，见图 4-57。

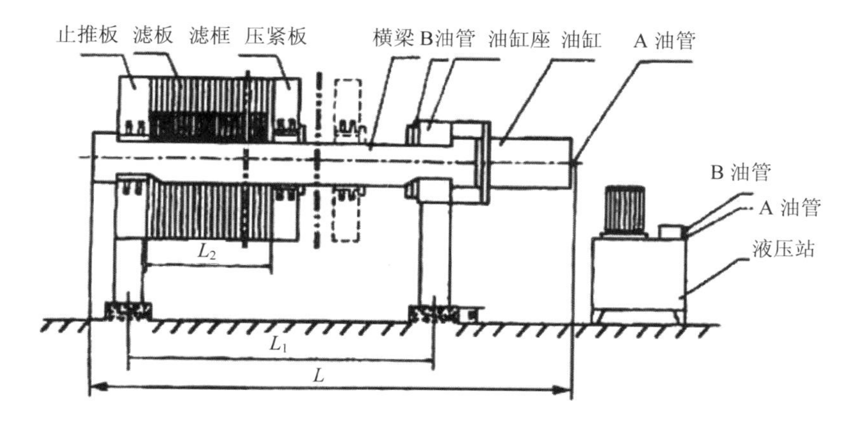

图 4-57　板框压滤机结构示意图

4.9.1.2　分类

板框压滤机根据压紧方式分为手动压紧、机械压紧和液压压紧 3 种形式。手动压紧是螺旋千斤顶推动压紧板压紧；机械压紧是电动机配“H”形减速箱，经机架传动部件推动压紧板压紧；液压压紧是有液压站经机架上的液压缸部件推动压紧板压紧。两横梁把止推板和压紧装置连在一起构成机架，机架上压紧板与压紧装置饺接，在止推板和压紧板之间依次交替排列着滤板和滤框，滤板和滤框之间夹着过滤介质；压紧装置推动压紧板，将所有滤板和滤框压紧在机架中，达到额定压紧力后，即可进行过滤。悬浮液从止推板上的进料孔进入各滤室（滤框与相邻滤板构成滤室），固体颗粒被过滤介质截留在滤室内，滤液则透过介质，由出液孔排出机外。

板框压滤机根据出液方式有明流和暗流两种形式。滤液从每块滤板的出液孔直接排出机外的称明流式，明流式便于监视每块滤板的过滤情况，发现某滤板滤液不纯，即可关闭该板出液口；若各块滤板的滤液汇合从一条出液管道排出机外的则称暗流式，暗流式用于滤液易挥发或滤液对人体有害的悬浮液的过滤。

板框压滤机根据是否需要对滤渣进行洗涤，又可分为可洗和不可洗两种形式。可洗式压滤机的滤板有两种形式，板上开有洗涤液进液孔的称为有孔滤板（也称洗涤板），未开洗涤液进液孔的称无孔滤板（也称非洗涤板）。可洗式压滤机又有单向洗涤和双向洗涤之分，单向洗涤是由有孔滤板和无孔滤板组合交替放置；

双向洗涤滤板都为有孔滤板，但相邻两块滤板的洗涤应错开放置，不能同时通过洗涤液。

4.9.1.3 工作原理

板框压滤机以过滤介质（常用为涤纶布）两面的压力差为推动力，水被强制通过介质，污泥截留在介质表面。

板框压滤机由交替排列的滤板和滤框构成一组滤室。滤板的表面有沟槽，其凸出部位用以支撑滤布。滤框和滤板的边角上有通孔，组装后构成完整的通道，能通入悬浮液、洗涤水和引出滤液。板、框两侧各有把手支托在横梁上，由压紧装置压紧板、框。板、框之间的滤布起密封垫片的作用。由供料泵将悬浮液压入滤室，在滤布上形成滤渣，直至充满滤室。滤液穿过滤布并沿滤板沟槽流至板框边角通道，集中排出。压滤完毕，可通入清洗涤水洗涤滤渣。洗涤后，有时还通入压缩空气，除去剩余的洗涤液。随后打开压滤机卸除滤渣，清洗滤布，重新压紧板、框，开始下一工作循环。

板框压滤机的操作共由 4 步组成：

①压紧：压滤机在操作前需要进行整机检查，查看滤布有无打折或重叠现象，电源是否已正常连接。检查后即可进行压紧操作，首先按一下“启动”按钮，油泵开始工作，然后再按一下“压紧”按钮，活塞推动压紧板压紧，当压紧力达到调定高点压力后，液压系统自动跳停。

②进料：当压滤机压紧后，就可以进行进料的操作了。开启进料泵并缓慢开启进料阀门，进料压力逐渐升高至正常压力。这时观察压滤机出液情况和滤板间的渗漏情况，过滤一段时间后压滤机出液孔出液量逐渐减少，这时说明滤室内滤渣正在逐渐充满，当出液口不出液或只有很少量液体时，证明滤室内滤渣已经完全充满形成滤饼。如需要对滤饼进行洗涤或风干，即可随后进行，如不需要洗涤或风干即可进行卸饼操作。

③洗涤或风干：在压滤机滤饼充满后，关停进料泵和进料阀门。开启洗涤泵或空压机，缓慢开启进洗液或进风阀门，对滤饼进行洗涤或风干。操作完成后，关闭洗液泵或空压机及其阀门，即可进行卸饼操作。

④卸饼：首先关闭进料泵和进料阀门、进洗液或进风装置和阀门，然后按住操作面板上的“松开”按钮，活塞杆带动压紧板退回，退至合适位置后，放开按住的“松开”按钮，人工逐块拉动滤板卸下滤饼，同时清理粘在密封面处的滤渣，

防止滤渣夹在密封面上影响密封性能，产生渗漏现象。至此一个操作周期完毕。

4.9.1.4 运行操作注意事项

操作前准备工作：

①板框的数量是否符合规定，禁止在板框少于规定数量的情况下开机工作。

②板框的排列次序是否符合要求，安装是否平整，密封面接触是否良好。

③滤布有无破损，滤布孔比板框孔小且与板框孔相对同心。

④各管路是否畅通，有无漏点。

⑤液压系统工作是否正常，压力表是否灵敏好用。

操作中注意事项：

①安装压滤布必须平整，不许折叠，以防压紧时损坏板框及泄漏。

②液压站的最高工作压力不得超过20 MPa。

③过滤压力必须小于0.45 MPa，过滤物料温度必须小于80℃，以防引起渗漏和板框变形、撕裂等。

④操纵装置的溢流阀，须调节到能使活塞退回时所用的最小工作压力。

⑤板框在主梁上移动时，不得碰撞、摔打，施力应均衡，防止碰坏把手和损坏密封面。

⑥物料、压缩、洗液或热水的阀门必须按操作程序启用，不得同时启用。

⑦卸饼后清洗板框及滤布时，应保证孔道畅通，不允许残渣粘在密封面或进料通道内。

⑧液压系统停止操纵时，操作装置的长杆手轮应常开，短杆手轮应常闭，以保证安全，并避免来油浪费。

4.9.1.5 日常维护保养注意事项

①注意各部连接零件有无松动，应随时予以紧固。

②压紧轴或压紧螺杆应保持良好的润滑，防止有异物。

③压力表应定期校验，确保其灵敏度。

④拆下的板框，存放时应码放平整，防止挠曲变形。

⑤每班检查液压系统工作压力和油箱内的油量是否在规定范围内。

⑥油箱内应加入清洁的46#液压油，并经80～100目滤网过滤后加入，禁止将含杂质或含水分的油加入油箱。

⑦操作人员应坚持随时打扫设备卫生，保持压滤机干净整洁，使设备本体及周围无滤饼、杂物等。

4.9.1.6 常见故障及处理方法

板框压滤机的常见故障及处理方法见表4-26。

表4-26 板框压滤机的常见故障及处理方法

故障现象	故障原因	处理方法
整机压不住	板框不符合要求	更换板框
	电动机功率选择过小	重新选用
局部漏料	板框局部有缺陷或穿孔	更换板框
	滤布皱褶或损坏	拉平或更换滤布
	板间有障碍物	清除障碍物
齿轮跳动	齿轮的位置不正确	重新找正
	中心距不准	重新找正
	齿轮轮齿缺损	更换齿轮
	减速器底座松动	调整加固
丝杆弯曲	顶杆中心不正	更换丝杆，校正中心
	导向架装配不正	调整导向架
丝杆螺母碎裂	压紧力过大	正确控制压紧力
	螺母材质选用、加工不当	正确选材加工
电动机烧坏	操作不当，过载	检查更换
	电动机本身质量原因	检查更换

4.9.2 带式压滤机

带式压滤机是一种高效率、低能耗、连续运行的挤压式污泥脱水设备。广泛使用于市政给排水、石油化工、造纸、冶金、食品、制药、制革、纺织印染等行业的污泥脱水处理。

4.9.2.1 工作原理

带式压滤机脱水过程可分为预处理脱水、重力脱水、楔形区预压脱水及压榨脱水4个重要阶段。

带式压滤机污泥脱水工作流程示意图见图4-58。

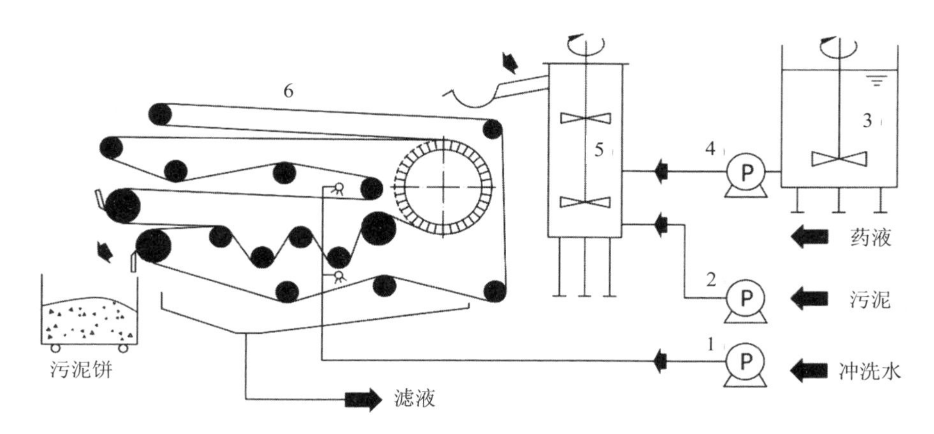

1—冲洗水泵；2—污泥泵；3—溶药搅拌机；4—加药泵；5—絮凝搅拌机；6—带式压滤机

图4-58 带式压滤机污泥脱水工作流程示意图

经过浓缩的污泥与一定浓度的絮凝剂在静、动态混合器中充分混合以后，污泥中的微小固体颗粒聚凝成体积较大的絮状团块，同时分离出自由水，絮凝后的污泥被输送到浓缩重力脱水的滤带上，在重力的作用下自由水被分离，形成不流动状态的污泥，然后夹持在上、下两条网带之间，经过楔形预压区、低压区和高压区由小到大的挤压力和剪切力作用，逐步挤压污泥，以达到最大限度的泥、水分离，最后形成滤饼排出。

（1）预处理脱水

为了提高污泥的脱水性，改良滤饼的性质，增加物料的渗透性，需对污泥投加絮凝剂进行预处理。经过浓缩的污泥与一定浓度的絮凝剂在静、动态混合器中充分混合后，污泥中的微小固体颗粒聚凝成体积较大的絮状团块，同时分离出自由水。

（2）重力浓缩脱水

污泥经布料斗均匀送入网带，污泥随滤带向前运行，游离态水在自重作用下通过滤带流入接水槽，重力脱水也可以说是高度浓缩段，主要作用是脱去污泥中的自由水，使污泥的流动性减小，为进一步挤压做准备。

（3）楔形区预压脱水

重力脱水后的污泥流动性几乎完全丧失，随着带式压滤机滤带的向前运行，上下滤带间距逐渐减少，物料开始受到轻微压力，并随着滤带运行，压力逐渐增大，楔形区的作用是延长重力脱水时间，增加絮团的挤压稳定性，为进入压力区做准备。

（4）压榨脱水

物料脱离楔形区就进入压力区，物料在此区内受挤压，沿滤带运行方向压力随挤压辊直径的减少而增加，物料受到挤压体积收缩，物料内的间隙游离水被挤出，此时，基本形成滤饼，继续向前至压力尾部的高压区，经过高压后滤饼的含水量可降至最低。

4.9.2.2 结构组成

带式压榨过滤机主要由驱动装置、机架、压榨辊、上滤带、下滤带、滤带涨紧装置、滤带清洗装置、卸料装置、气控系统、电气控制系统等组成。

①机架：带式压榨过滤机架主要用来支撑及固定压榨辊系及其他各部件。

②压榨辊：是由直径从大到小顺序排列的辊筒组成。污泥被上、下滤带夹持，依次经过压榨辊时，在滤带张力作用下形成由小到大的压力梯度，使污泥在脱水过程中所受的压榨力不断增高，污泥中水分逐渐脱除。

③重力区脱水装置：主要由重力区托架、料槽组成。絮凝后的物料在重力区脱去大量水分，流动性变差，为以后的挤压脱水创造条件。

④楔形区脱水装置：由上、下滤带所形成的楔形区对所夹持物料施加挤压力，进行预压脱水，以满足压榨脱水段对物料含液量及流动性的要求。

⑤滤带：是带式压榨过滤机的主要组成部分，污泥的固相与液相的分离过程均以上、下滤带为过滤介质，在上、下滤带张紧力的作用下绕过压榨辊而获得去除物料水分所需压榨力。

⑥滤带调整装置：由执行部件气缸、调整辊信号反气压、电气系统组成。其作用是调整由滤带张力不均、辊筒安装误差、加料不均等多种原因所造成的滤带跑偏，保证带式压榨过滤机的连续性和稳定性。

⑦滤带清洗装置：由喷淋器、清洗水接液盒和清洗罩等组成。当滤带行走时，连续经过清洗装置，受喷淋器喷出的压力水冲击，残留在滤带上的物料在压力水作用下与滤带脱离，使滤带再生，为下一个脱水过程做准备。

⑧滤带张紧装置：由张紧缸、张紧辊及同步机构组成，其作用是将滤带涨紧，并为压榨脱水的压榨力的产生提供必要的张力条件，其张力大小的调节可通过调

节气压系统的张紧缸的气压来实现。

⑨卸料装置：由刮刀板、刀架、卸料辊等组成，其作用是将脱水后的滤饼与滤带剥离，达到卸料的目的。

⑩传动装置：由电动机、减速机、齿轮传动机构等组成，它是滤带行走的动力来源，并能够通过调节减速机转速，满足工艺上不同带速的要求。

⑪气压系统：该系统主要是由动力源（储气罐、电动机、气泵等），执行元器件（气缸）及气压控制元件（包括压力继电器、压力流量及方向控制阀）等组成。通过气压控制元件，控制空气压力、流量及方向，保证气压执行元件具有一定的推力和速度，并按预定程序正常地进行工作。气压系统是完成滤带涨紧、调整操作的动力来源。

4.9.2.3　带式压滤机的安装

带式压滤机外形示意图见图 4-59，安装尺寸表见表 4-27。带式压滤机基础条件图见图 4-60，基础尺寸表见表 4-28。带式压滤机脱水机房布置图见图 4-61。

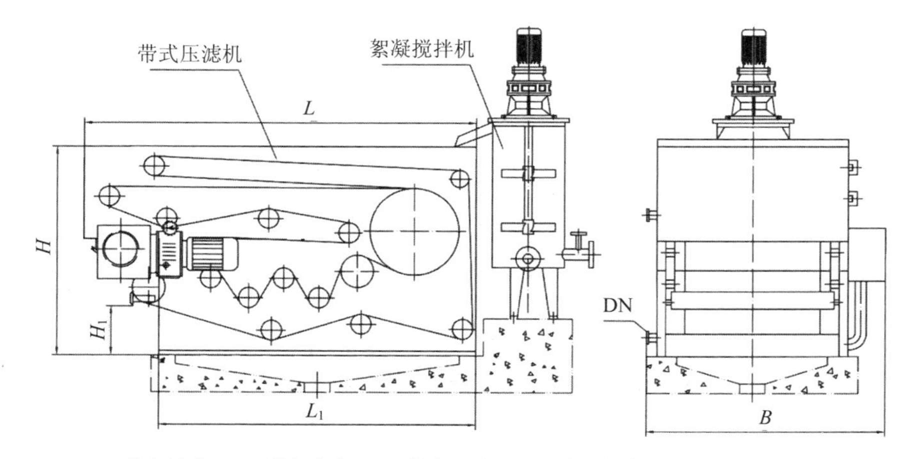

L—设备长度；B—设备宽度；H—设备高度；H_1—冲洗管高度；L_1—基础宽度；

DN—冲洗水管法兰公称直径

图 4-59　带式压滤机外形示意图

表 4-27 带式压滤机安装尺寸表 单位：mm

参数 型号	L	B	H	H_1	L_1	冲洗水管法兰（DN）
DYQ-500	3 100	1 350	1 600	420	2 500	40
DYQ-1000	3 100	1 850	1 600	420	2 500	40
DYQ-1500	3 500	2 380	1 600	450	2 950	40
DYQ-2000	3 500	2 780	1 600	450	2 950	40

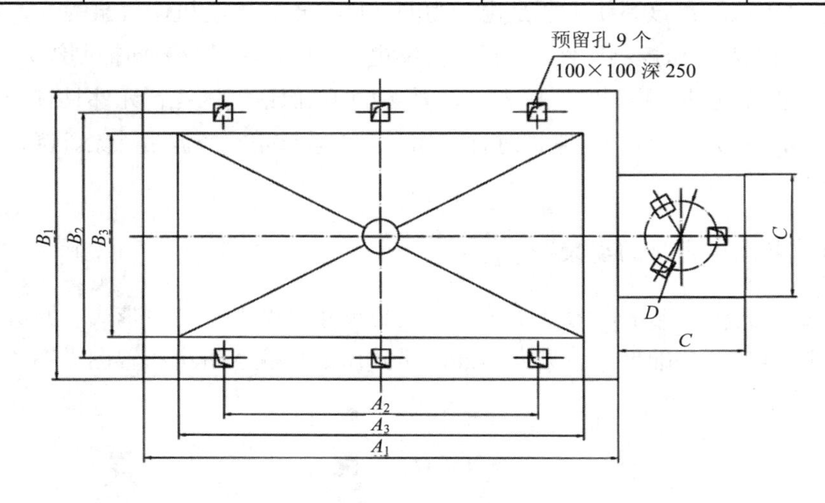

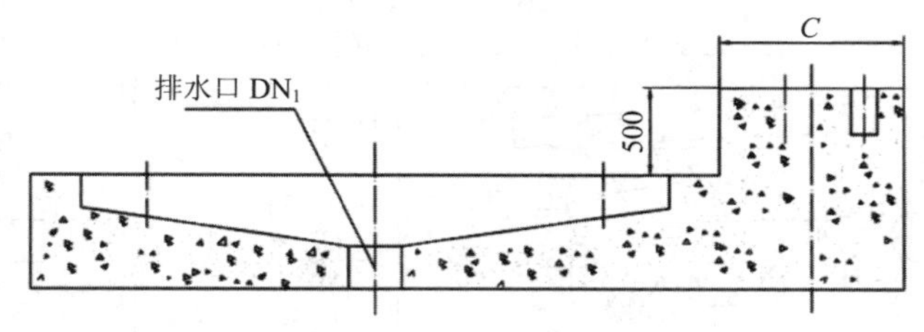

A_1—基础长度；A_2—滤液槽长度；A_3—预留孔间距；B_1—基础宽度；B_2—预留孔间距；B_3—滤液槽宽度；C—絮凝搅拌机基础宽度；D—预留孔直径；DN_1—排水口公称直径

图 4-60 带式压滤机基础条件图

表 4-28 带式压滤机基础装尺寸表 单位：mm

参数 型号	A_1	A_2	A_3	B_1	B_2	B_3	C	D	DN_1
DYQ-500	2 560	1 730	2 080	1 180	940	700	600	400	200
DYQ-1000	2 560	1 730	2 080	1 680	1 440	1 200	600	400	250
DYQ-1500	2 960	2 550	2 480	2 100	1 860	1 620	700	550	300
DYQ-2000	2 960	2 550	2 480	2 580	2 340	2 100	700	550	350

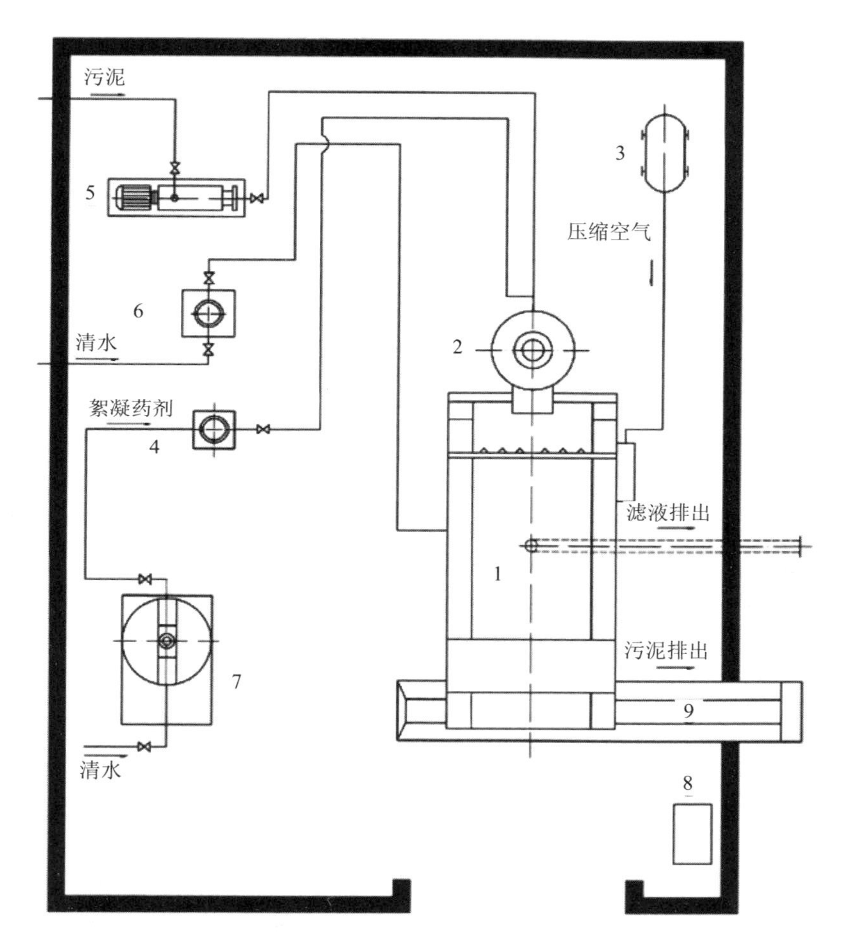

1—带式压滤机；2—絮凝搅拌机；3—空压机；4—加药泵；5—污泥泵；6—清洗水泵；
7—溶药贮药搅拌机；8—集中控制柜；9—皮带输送机

图4-61 带式压滤机脱水机房布置图

4.9.3 螺压脱水机

螺压脱水机是一种低转速、全封闭、可连续运行的脱水机械，广泛用于城镇污水处理厂、企业废水处理站污泥脱水处理。

4.9.3.1 工作原理

螺压脱水机由外筒和螺杆轴形成过滤腔，从入口侧到出口侧逐渐变小，经过絮凝处理的污泥由螺旋齿叶向出口侧螺旋传送，经过浓缩、过滤、压榨，进行连续固液分离。其中外筒滤网作为金属滤面，孔径沿污泥流向逐渐减小。入口部位为浓缩区，滤网孔径 1.5 mm；中间部位为过滤区，滤网孔径 1 mm；出口部位为压榨区，滤网孔径为 0.5 mm。螺杆轴为圆锥状，螺杆直径沿污泥流向逐渐增大，螺杆以 0.1～0.6 r/min 的转速低速旋转。在密封的絮凝混合槽内，絮凝后污泥以不超过 100 kPa 的压入压力，从螺杆的轴芯部向浓缩区压入。从污泥入口到出口，过滤、压榨区的过滤容积逐渐减小，内部压力渐渐上升，进行压榨脱水。在脱水的最终部位由挤出口承受最大 500 kPa 的背压，由螺杆承受挤出压力进行压榨的同时，螺旋齿叶施加剪切力进行强力脱水。

螺压机在连续工作过程中，采用间歇冲洗，即每间隔运行一定时间，螺杆轴驱动电动机反转，将腔室内污泥反向输送，同时带动原本静止的外筒滤网顺时针旋转，高低压冲洗水泵启动，开始冲洗滤网，到达设定时间后，驱动电动机恢复正转，进行污泥脱水，如此周而复始。

4.9.3.2 结构组成与特点

螺压脱水机本体由外筒、外筒金属滤网、螺杆轴、螺旋齿叶、挤出口装置、冲洗装置、螺杆轴驱动装置、防臭盖板等组成。

螺压脱水机主要特点是：结构简单，维护维修工作量少；可以改变螺旋转速任意调整泥饼含水率与处理量；动力小且节能；润滑点少，能够节约润滑的人工成本；低速旋转，无噪声和振动，设备磨损率低；结构密闭，臭气问题易解决；间歇冲洗，节约冲洗水量；机型占地面积较大；絮凝剂投配率较高；自动化程度高，对运行人员要求低，对流量、浓度等仪表可靠性要求高。

4.9.3.3 安装

（1）安装前准备

①安装前务必仔细核对全部设备供货清单，检查设备验收合格证书。

②提供完善的脱水机现场安装指导、调试、操作人员培训并且保证机械浓缩、脱水的处理效果。

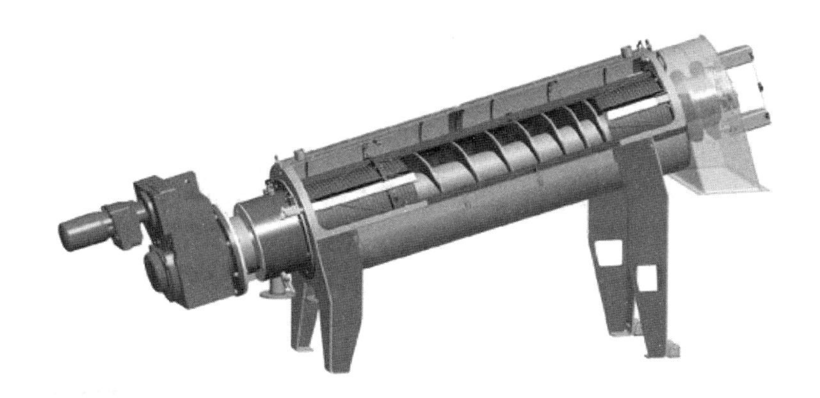

图 4-62　螺压脱水机结构示意图

③安装人员上岗前必须及早阅读和掌握螺压脱水机的安装指南、安装手册，明确安装程序和注意事项，参加专门的技术培训。

（2）安装注意事项

基座安装：

①浓缩机和脱水机必须严格固定在底座结构上，底座用预埋铁固定。其他设备地脚采用膨胀螺栓。

②机座在垂直和水平方向所允许的最大偏差为 1 mm，设备标高的允许偏差为±2 mm，设备水平度 1/1 000 mm，用水准仪检查。

③将浓缩机和脱水机基础的 4 块预埋铁按精度要求调整位置和水平。

④浓缩机和脱水机的 4 个机座支腿已随机配带机械减振器，安装时首先将减振器用螺栓、螺母与地脚板上好。整机找正后将地脚板与预埋铁焊接。为保护离心机漆面，最好先将每个地脚板点焊，然后卸下地脚螺母将离心机吊开。将地脚板完全焊好、冷却后再将离心机吊回复位并上紧地脚螺母。

设备吊装：

①浓缩机和脱水机应在房屋封顶前吊装到位。起吊浓缩机和脱水机组装时必须使用 4 个长度相同的同形吊链，并将其连接在机座的吊眼上、吊链应有足够长度。

②不得起吊转鼓、不可使用轴承室上的吊眼。

③安装时，防止转鼓或任何旋转部分触及浓缩机和脱水机的底部。

④设备吊装时必须使用设备原装提供的吊耳。

第5章　大气污染治理设备

大气污染治理设备分为除尘、脱硫、脱销，以及氨气、硫化氢、氟化氢、挥发性有机物等气态污染物处理等。

5.1　除尘设备

5.1.1　重力沉降室

重力沉降室是利用重力作用使尘粒从气流中自然沉降的除尘装置。

5.1.1.1　工作原理

重力沉降室的工作原理是含尘气流进入沉降室后，由于扩大了流动截面积而使气流速度大大降低，使较重颗粒在重力作用下缓慢向灰斗沉降。重力沉降室工作原理示意图见图5-1。

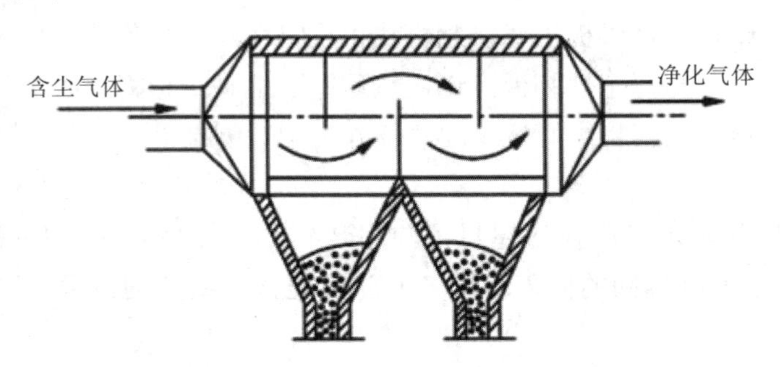

图5-1　重力沉降室工作原理示意图

重力沉降室具有结构简单、投资少、压力损失小的特点，维修管理较容易，而且可以处理高温气体。但是体积大，效率相对低，一般只作为高效除尘装置的预除尘装置，来除去较大和较重的粒子。

5.1.1.2　提高沉降室效率的主要途径

降低沉降室内气流速度，沉降室内的气流速度一般为 0.3～2.0 m/s；增加沉降室长度；降低沉降室高度。

5.1.2　惯性除尘器

惯性除尘器是利用气流方向急剧转变时尘粒因惯性力作用而从气体中分离出来的原理而设计的。它一般用于密度大、颗粒粗的金属或矿物性粉尘的处理，对密度小、颗粒细的粉尘或纤维性粉尘不适用。

5.1.2.1　工作原理

惯性除尘器的沉降室内设置各种形式的挡板，含尘气流冲击在挡板上，气流方向发生急剧转变，借助尘粒本身的惯性力作用，使其与气流分离。当含尘气体以一定的进口速度 v_j 冲击到挡板 1 上时，具有较大惯性力的大颗粒 d_1 撞击到挡板 1 上而被分离捕集。小颗粒 d_2 则随着气流以 R_2 的半径绕过挡板 1，由于挡板 2 的作用，使气流方向发生转变，小颗粒 d_2 借助离心力被分离捕集。如气流的旋转半径为 R_2，圆周切向速度为 v_t，这时小颗粒 d_2 受到的离心力与 $d_2^2 \cdot v_t^2/R_2$ 成正比。因此，粉尘粒径越大，气流速度越大，挡板板数越多和距离越小，除尘效率就越高，但压力损失相应也越大。惯性除尘器原理示意图见图 5-2。

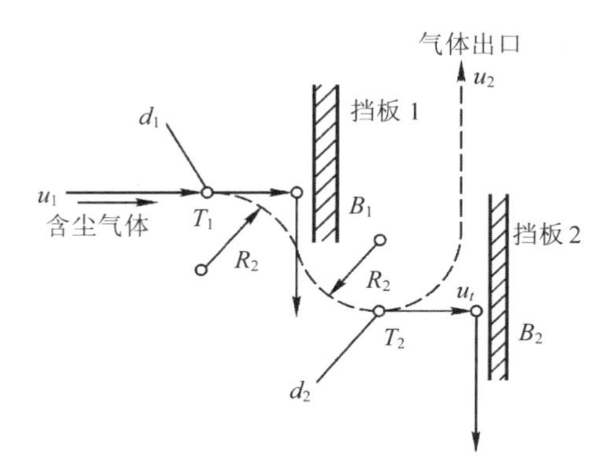

图 5-2　惯性除尘器原理示意图

5.1.2.2 结构形式

惯性除尘器的结构形式有冲击式和反转式两种。

冲击式惯性除尘器的特点是：用一个或几个挡板阻挡气流直线前进，在气流快速转向时，粉尘颗粒在惯性力作用下从气流中分离出来。冲击式惯性除尘器对气流的阻力较小，但除尘效率也较低；与重力除尘器不同，碰撞式惯性除尘器要求较高的气流速度，为 18～20 m/s，气流基本上处于紊流状态。冲击式惯性除尘器工作原理示意图见图 5-3。

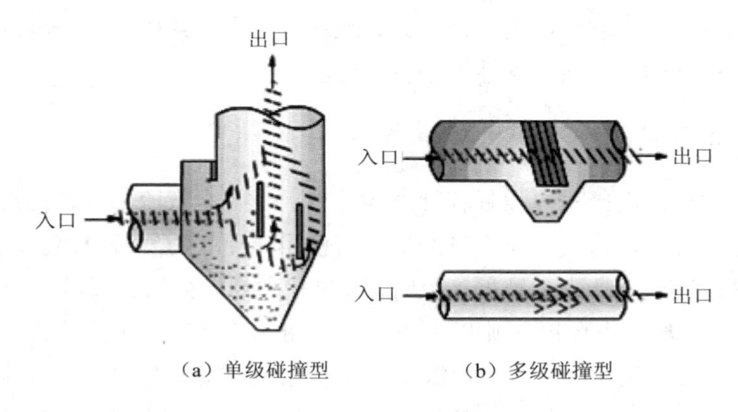

图 5-3 冲击式惯性除尘器工作原理示意图

反转式惯性除尘器的特点是把进气流用挡板分割成小股气流。反转式惯性除尘器工作原理示意图见图 5-4 和图 5-5。为了使任意一股气流都有相同的较小回转半径和较大回转角，可以采用各种百叶挡板结构。

百叶挡板能提高气流急剧转折前的速度，有效地提高分离效率。但速度不宜过高，否则会引起已捕集的颗粒粉尘的二次飞扬，所以一般都选用 12～15 m/s 的气流速度。

百叶挡板的尺寸对分离效率也有一定影响，一般选用的挡板长度（沿气流方向）为 20 mm 左右；挡板之间的距离为 3～6 mm；挡板的安装斜角（与铅垂线夹角）为 30°左右，使气流回转角为 150°左右。

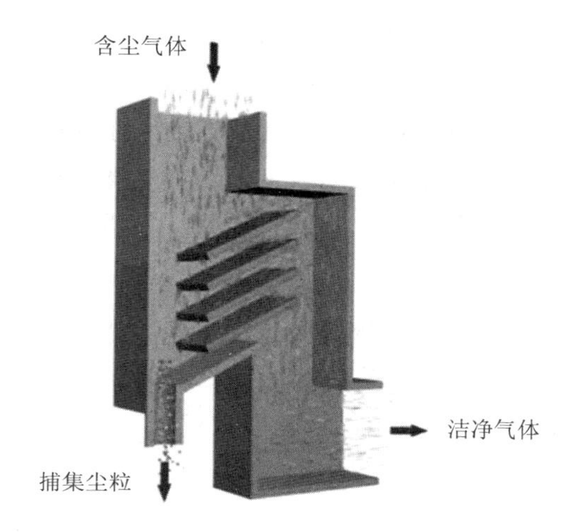

图5-4 反转式惯性除尘器（百叶窗型）工作原理示意图

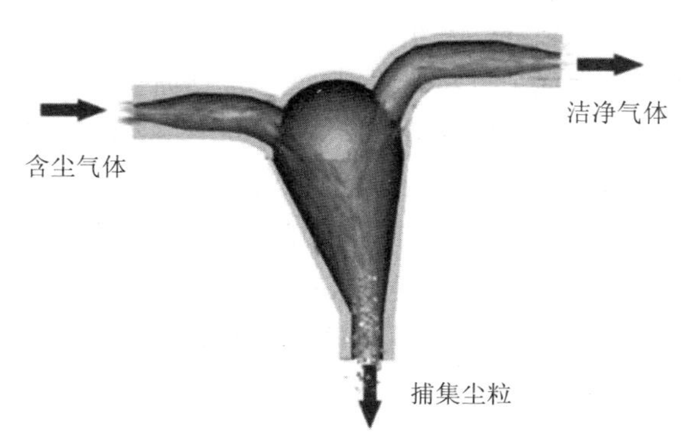

图5-5 反转式惯性除尘器（弯管型）工作原理示意图

5.1.2.3 运行注意事项

①惯性除尘器和重力除尘器一样，可以单独使用，也可以作为多级除尘器的预除尘器。

②惯性除尘器中的叶片容易磨损，制造和应用时要采取相应的技术措施，以延长其使用寿命。

③惯性除尘器是实际使用较多的一种，并易与除尘系统配置和连接，除尘效果好，也可以作预除尘器单独使用。

④百叶窗式惯性除尘器单独使用时有两种配置方法：一种是将该除尘器装在风机后面，大部分气体经除尘器外壳排出，小部分含大量粉尘的气体经旋风除尘器除尘后再进入风机，实行密封循环，可避免把旋风除尘器除净的粉尘排出去。其缺点是粉尘通过风机，容易磨损其叶轮；另一种是将该除尘器装在风机前面，这样可减少粉尘对风机叶轮的磨损，但未被旋风除尘器除掉的粉尘直接排出，除尘效率较低。

⑤惯性除尘器对装置漏风十分敏感，特别是壳体、叶片等漏风影响含尘气流流动时，除尘效率会明显下降。

5.1.3 旋风除尘器

5.1.3.1 工作原理

旋风除尘器是利用旋转气流产生的离心力使尘粒从气流中分离的装置。普通旋风除尘器是由进气筒、筒体、锥体和排气管等组成，气流沿外壁由上向下旋转运动：外涡旋，少量气体沿径向运动到中心区域。旋转气流在锥体底部转而向上沿轴心旋转；内涡旋，气流运动包括切向、轴向和径向运动；切向速度决定气流质点离心力大小，颗粒在离心力作用下逐渐移向外壁。到达外壁的尘粒在气流和重力共同作用下沿壁面落入灰斗。上涡旋，气流从除尘器顶部向下高速旋转时，一部分气流带着细小的尘粒沿筒壁旋转向上，到达顶部后，再沿排出管外壁旋转向下，最后从排出管排出。旋风除尘器是利用旋转气流产生的离心力使尘粒从气流中分离的，用来分离粒径大于 5～10 μm 的尘粒。旋风除尘器工作原理示意图见图 5-6。

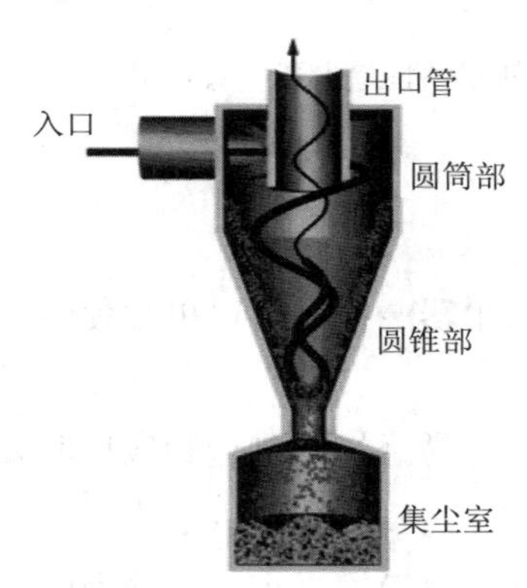

图 5-6 旋风除尘器工作原理示意图

5.1.3.2　结构组成

旋风除尘器由进气管、排气管、圆筒体、圆锥体和灰斗组成。旋风除尘器结构示意图见图 5-7。

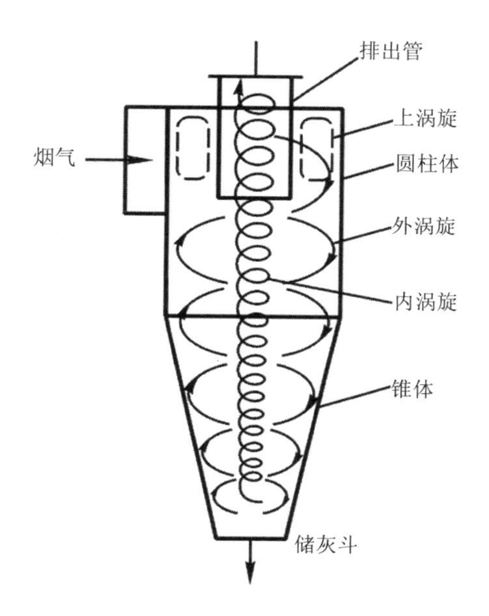

图 5-7　旋风除尘器结构示意图

5.1.3.3　效率影响因素

（1）进口速度

旋风除尘器内气流的旋转速度，是由进口速度造成的。增加进口速度，能提高除尘器内气流的旋转速度 v_t，使尘粒所受到的离心力增大，从而提高除尘效率，同时也增大了除尘器的处理风量。但进口速度不宜过大，过大会导致除尘器阻力急剧增加（除尘器阻力与进口速度的平方成正比），耗电量增大，而且，当进口速度增大到一定限度后，除尘效率的增加就非常缓慢，甚至有所下降。这主要是除尘器内部涡流加剧破坏了正常的除尘过程造成的。因此，最适宜的进口速度应控制在 12～20 m/s。

（2）筒体直径和高度

在同样的旋转速度下，筒体直径越小（筒体直径减小，旋转半径也减小），尘粒受到的离心力越大，除尘效率越高，但处理风量减小。目前常用的旋风除尘器直径一般不超过 800 mm。风量较大时，可用几台除尘器并联运行或采用多管旋风除尘器。增加筒体高度，从直观上看可以增加气流在除尘器内的旋转圈数，有利于尘粒的分离，使除尘效率提高。但筒体加高后，外旋下降的含尘气流和内旋上升的洁净气流之间的紊流混合也要增加，从而使带入洁净气流的尘粒数量增多。故筒体不宜太高，一般取筒体高度为 2*D*（*D* 为筒体直径）左右。

（3）锥体高度

在锥体部分，由于断面不断减小，尘粒到达外壁的距离也逐渐减小，气流的旋转速度不断增加，尘粒受到的离心力不断增大，这对尘粒的分离都是有利的。现代的高效旋风除尘器大都是长锥体就是这个原因。目前国内的高效旋风除尘器，如 ZT 型和 XCX 型也都是采用长锥体，锥体高度为（2.8～2.85）*D*。

（4）除尘器底部的严密性

旋风除尘器无论是在正压下还是在负压下运行，其底部（排尘口）总是处于负压状态，如果除尘器底部不严密，从外部渗入的空气就会把正在落入灰斗的一部分粉尘带出除尘器，使除尘效率显著下降。所以如何在不漏风的情况下进行正常排尘，是旋风除尘器运行中必须重视的一个问题。收尘量不大时，可在除尘器底部设固定灰斗定期排尘；收尘量较大、要求连续排尘时，可采用锁气器，常用的锁气器有翻板式、压板式和回转式几种。

（5）粉尘的性质

尘粒密度越大、粒径越大，离心力越大，除尘效率也就越高。因而旋风除尘器一般不适用于处理细微的纤维性粉尘。对非纤维性粉尘，粒径太小时，效率也不高。用于处理粒径大、密度大的矿物性粉尘效果好。

5.1.3.4 操作规程

（1）准备工作

①检查各连接部位是否连接牢固。

②检查除尘器与烟道，除尘器与灰斗，灰斗与排灰装置、输灰装置等接合部的密闭性，消除漏灰、漏气现象。

③关小挡板阀，启动通风机，无异常现象后逐渐启动。

（2）技术要求

①注意易磨损部位如外筒内壁的变化。

②含尘气体温度变化或湿度降低时注意粉尘的附着、堵塞和腐蚀现象。

③注意压差变化和排出烟色状况。因为磨损和腐蚀会使除尘器穿孔和导致粉尘排放，于是除尘效率下降、排气烟色恶化、压差发生变化。

④注意旋风除尘器各部位的气密性，检查旋风筒气体流量和集尘浓度的变化。

5.1.3.5　运行与维护

（1）稳定运行参数

旋风除尘器运行参数主要包括：除尘器入口气流速度，处理气体的温度和含尘气体的入口质量浓度等。

①入口气流速度。对于尺寸一定的旋风式除尘器，入口气流速度增大不仅处理气量可提高，还可有效地提高分离效率，但压降也随之增大。当入口气流速度提高到某一数值后，分离效率可能随之下降，磨损加剧，除尘器使用寿命缩短，因此入口气流速度应控制在 18～23 m/s。

②处理气体的温度。因为气体温度升高，黏度变大，使粉尘粒子受到的向心力加大，于是分离效率会下降。所以高温条件下运行的除尘器应有较大的入口气流速度和较小的截面流速。

③含尘气体的入口质量浓度。浓度高时大颗粒粉尘对小颗粒粉尘有明显的携带作用，表现为分离效率提高。

（2）防止漏风

旋风式除尘器一旦漏风将严重影响除尘效果。据估算，除尘器下锥体处漏风 1%时除尘效率将下降 5%；漏风 5%时除尘效率将下降 30%。旋风式除尘器漏风有 3 种部位：进出口连接法兰处、除尘器本体和卸灰装置。引起漏风的原因如下：

①连接法兰处的漏风主要是螺栓没有拧紧、垫片厚薄不均匀、法兰面不平整等引起的。

②除尘器本体漏风的主要原因是磨损，特别是下锥体磨损。据使用经验，当气体含尘质量浓度超过 10 g/m^{3}时，在不到 100 d 里可以磨坏 3 mm 厚的钢板。

③卸灰装置漏风的主要原因是机械自动式（如重锤式）卸灰阀密封性差。

（3）预防关键部位磨损

影响关键部位磨损的因素有负荷、气流速度、粉尘颗粒，磨损的部位有壳体、圆锥体和排尘口等。防止磨损的技术措施包括：

①防止排尘口堵塞。主要方法是选择优质卸灰阀，使用中加强对卸灰阀的调整和检修。

②防止过多的气体倒流入排灰口。使用的卸灰阀要严密，配重得当。

③经常检查除尘器有无因磨损而漏气的现象，以便及时采取措施予以杜绝。

④在粉尘颗粒冲击部位，使用可以更换的抗磨板或增加耐磨层。

⑤尽量减少焊缝和接头，必须有的焊缝应磨平，法兰止口及垫片的内径相同且保持良好的对中性。

⑥除尘器壁面处的气流切向速度和入口气流速度应保持在临界范围以内。

（4）避免粉尘堵塞和积灰

旋风式除尘器的堵塞和积灰主要发生在排尘口附近，其次发生在进、排气的管道里。

①排尘口堵塞及预防措施。引起排尘口堵塞通常有两个原因：一是大块物料或杂物（如刨花、木片、塑料袋、碎纸、破布等）滞留在排尘口，之后粉尘在其周围聚积；二是灰斗内灰尘堆积过多，未能及时排出。预防排尘口堵塞的措施有：在吸气口增加一栅网；在排尘口上部增加手掏孔（孔盖加垫片并涂密封膏）。

②进、排气口堵塞及其预防措施。进、排气口堵塞现象多是设计不当造成的进、排气口略有粗糙直角、斜角等就会形成粉尘的黏附、加厚，直至堵塞。

5.1.4 袋式除尘器

袋式除尘器是利用棉毛、人造纤维等织物进行过滤的一种除尘装置；滤料本身的网孔较大，为 20～50 μm，绒布为 5～10 μm，却能除去粒径 1 μm 以下的颗粒，除尘效率很高。

5.1.4.1 工作原理

袋式除尘就是利用滤袋进行过滤除尘的技术。当气流进入袋式除尘器（见图 5-8）时，气体通过滤袋进入净气室排入大气，而粉尘则被滤袋拦截在滤袋表面，从而达到除尘的效果。其工作原理主要有筛滤、惯性碰撞、滞留、扩散、静电、重力沉降。

（1）筛滤作用

当粉尘粒径大于滤布孔隙或沉积在滤布上的尘粒间孔隙时，粉尘即被截留下来。由于新滤布孔隙远大于粉尘粒径，所以阻留作用很小，但当滤布表面积沉积大量粉尘后，阻留作用就显著增大。

图 5-8　袋式除尘器

（2）惯性碰撞、滞留

当含尘气流接近过滤纤维时，气流将绕过纤维，而尘粒由于惯性作用继续直线前进，撞击到纤维上即会被捕集，这种惯性碰撞作用，随粉尘粒径及流速的增大而增强。

粉尘因截留、惯性碰撞、静电和扩散等作用，在滤袋表面形成粉尘层。粉尘层形成后，成为袋式除尘器的主要过滤层。除尘效率将进一步提高，但气体阻力也将随之提高。当粉尘过滤层较厚，或气体阻力较高时，要进行清灰处理。

5.1.4.2　结构

袋式除尘器的结构一般由过滤袋、清灰装置、清灰控制装置等组成，见图 5-9。过滤袋是过滤除尘的主体，它由滤布和固定框架组成。滤布（滤料）及所吸附的粉尘层构成过滤层，为了保证袋式除尘器的正常工作，要求滤料耐温、耐腐、耐磨，有足够的机械强度，除尘效率高，阻力低，使用寿命长，成本低等。

清灰及其控制装置是保证袋式除尘器按设定周期进行清灰的重要部件，其性能直接影响袋式除尘器的正常工作。不同类型的袋式除尘器，清灰方式及清灰控制装置类型也不同。

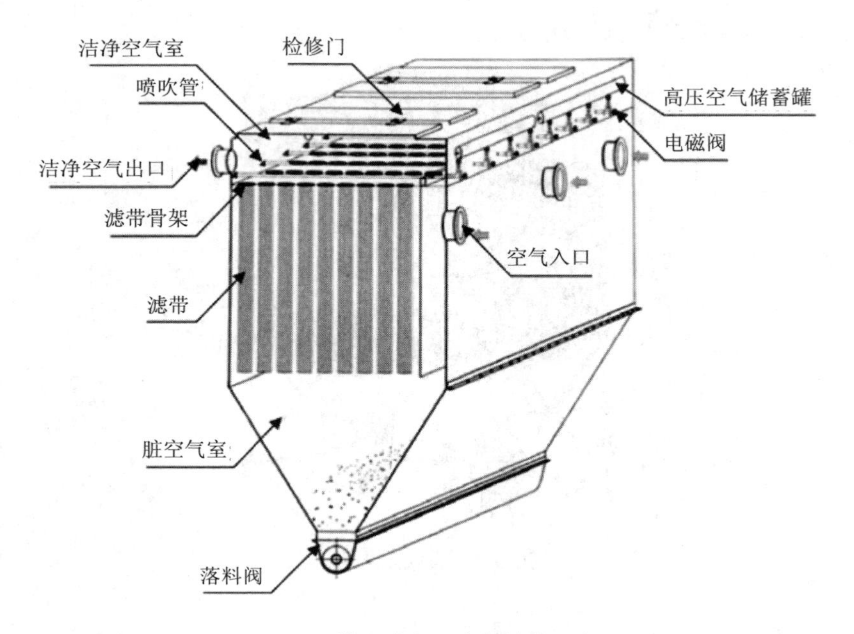

图 5-9 袋式除尘器内部结构示意图

5.1.4.3 工作过程

在正常运行时，含尘气体由侧面或底部料斗进入除尘器并通过布袋，这时粉尘被截留在滤材外表面，洁净空气经布袋中心进入干净空气室经出口排出。脉冲清灰时，时序控制器会按照预先设定时间对一组滤材进行清灰，这时时序控制器会控制一个脉冲电磁阀打开，储气包内的高压空气会瞬间进入布袋中心，把截留在滤材表面的粉尘吹扫干净，粉尘在其自重的作用下进入集尘灰斗。袋式除尘器工作过程示意图见图 5-10。

5.1.4.4 分类

（1）按进入滤袋的压力分类

袋式除尘器按含尘烟气进入滤袋的状况，分为两类：正压式和负压式，或者叫压入式或吸入式。

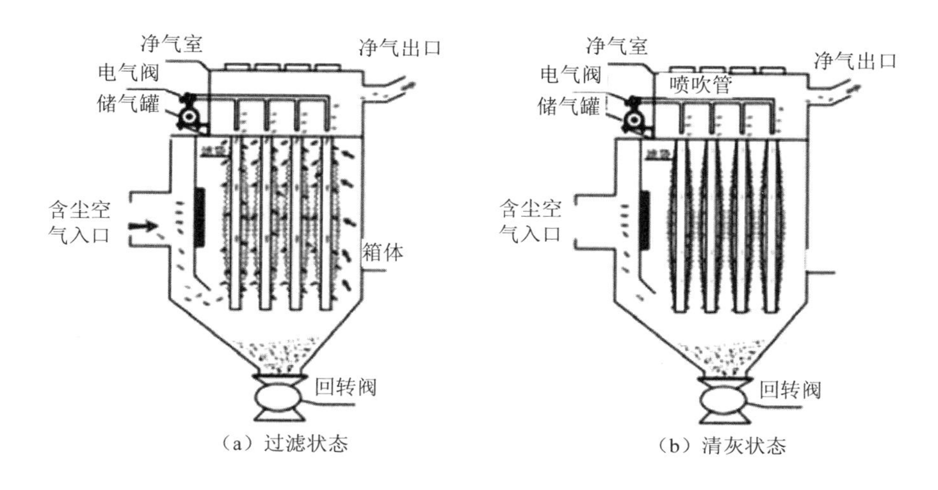

（a）过滤状态　　（b）清灰状态

图 5-10　袋式除尘器工作过程示意图

正压式就是风机在除尘器的前面，将含尘烟气送（压）入除尘器，净化后经除尘器的排气天窗排入大气（可以不要烟囱）。这种除尘器壳体的严密性要求低，结构相对简单，投资省。但由于含尘烟气必须经过风机，导致风机叶轮磨损较大。一般适用于含尘浓度低的烟气除尘。而负压式袋式除尘器的壳体的严密性要求严格，强度要求高，建造费用较高，但含尘烟气不经过风机，因此，风机叶轮磨损小。

（2）按过滤方式分类

袋式除尘器按过滤方式可分为内滤式和外滤式两种。

含尘烟气由袋内流至袋外、净化后的烟气从袋外排出的称为内滤式；外滤式则与此相反。内滤与外滤与袋式除尘器的清灰方式有关，一般脉冲型袋式除尘器多为外滤式；机械振动型袋式除尘器多为内滤式；大气反吹型袋式除尘器有内滤和外滤两种。正压式为内滤，负压式为外滤。内滤式袋式除尘器，袋内无骨架，滤袋磨损小，但清灰时滤袋两端所受的挠曲变形较大。外滤式袋式除尘器，在同样的体积内布置的过滤面积较内滤式的大，从而可减少设备的体积，但外滤式袋式除尘器，袋内有骨架，清灰时滤袋和骨架有些磨损。

（3）按进风方式分类

袋式除尘器按进风方式可分为下进风、上进风和侧向进风 3 种。

含尘烟气从滤袋下部进入，上部排出的称为下进风袋式除尘器；上进风袋式除尘器则与此相反。下进风袋式除尘器，含尘烟气流动方向与烟尘沉降方向相反，烟尘中的大颗粒可自然沉降，但在处理超细粉尘时有增加滤袋粉尘负荷的趋势。上进风袋式除尘器，含尘烟气中粉尘的沉降方向与烟气的运动方向相同，因而在向下流动的过程中，无论尘粒的粒度如何，均有不被滤袋捕捉而落入灰斗的概率，上进风袋式除尘器在处理含超细粉尘较多的气溶胶（＜3 μm）时效果较好。侧向进风适用于外滤式除尘器。下进风和侧进风比较常用。

（4）按清灰方式分类

清灰方式是衡量袋式除尘器设备水平的重要标志之一。随着袋式除尘器的发展，滤料的材质不断改进，清灰方式也在不断地革新。目前袋式除尘器类型清灰方式主要有机械清灰、逆气流清灰、脉冲喷吹清灰、声波清灰。

①机械清灰。这是一种最简单的方式，它包括人工振打、机械振打、高频振荡等。清灰时，振打方式有水平振打、垂直振打和快速振动。机械清灰简单，但振动分布不均匀，过滤风速低，对滤袋损害较大。

②逆气流清灰。它是采用室外或循环空气以与含尘气流相反的方向通过滤袋，使滤袋上的尘块脱落，掉入灰斗。逆气流清灰有两种工作方式：反吹风清灰和反吸风清灰。前者以正压将气流吹入滤袋，后者则是以负压将气流吸出滤袋。清灰气流可以由主风机供给，也可以单独设反吹（吸）风机。这种清灰方式气流分布比较均匀，但清灰强度小，过滤风速不宜过大。

③脉冲喷吹清灰。它以压缩空气通过文氏管诱导周围的空气在极短的时间内喷入滤袋，使滤袋产生脉冲膨胀振动，同时在逆气流的作用下，滤袋上的粉尘被剥落掉入灰斗。这种方式的清灰强度大，可以在过滤工作状态下进行清灰，允许的过滤风速高。

④声波清灰。低频声波振动清灰器（见图 5-11）广泛应用于电除尘器、布袋除尘器、旋风除尘器及石膏仓、石灰仓、水泥仓、料仓等易形成挂料堆积、流通不畅的场合，清除各种料仓挂料表面积灰、鼠洞、架桥或堵塞。

低频声波振动清灰器的工作原理是以压缩空气、氮气为主要动力源，气源经过腔体及膜片产生低频振动。高能量声波通过扩声筒，在设备里产生球面纵波的形式共振，无死角。清理物体表面的灰尘，使积灰、挂料产生疲劳而剥离，从而达到清灰的目的。

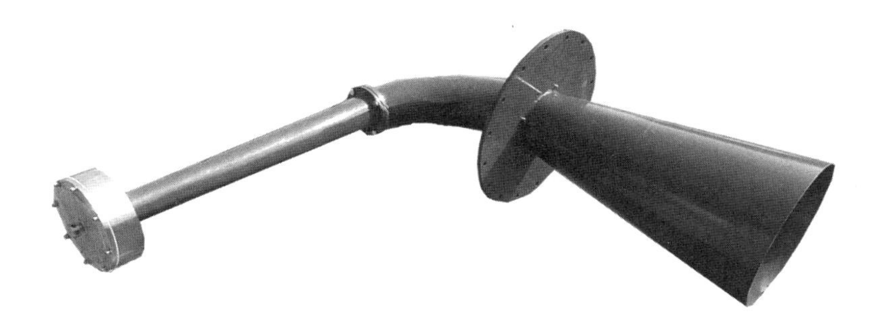

图 5-11　声波清灰器

声波振动清灰器特点：不受任何高温、低温及恶劣条件的影响，工作性能稳定可靠；压缩空气耗能小，寿命长；无须人工敲打清灰，避免因此而造成的设备损坏。

5.1.4.5　优缺点

（1）优点

①除尘效率高，一般在 99%以上，除尘器出口气体含尘浓度在每立方米气体数十毫克之内，对亚微米粒径的细尘有较高的分级效率；

②处理风量的范围广，小的仅 1 min 数立方米，大的可达 1 min 数万立方米，可用于工业炉窑的烟气除尘，减少大气污染物的排放；

③结构简单，维护操作方便；

④在保证同样高除尘效率的前提下，造价低于电除尘器；

⑤采用玻璃纤维、聚四氟乙烯、P84 等耐高温滤料时，可在 200℃以上的高温条件下运行；

⑥对粉尘的特性不敏感，不受粉尘及电阻的影响。

（2）缺点

①滤袋的耐温和耐腐蚀性差；

②对于特殊气体的处理，滤料价格昂贵；

③不适宜处理黏性强或吸湿性粉尘，特别是烟气温度不能低于露点，否则会结露，堵塞滤袋，造成糊袋；

④需定期更换滤袋，一般为两年更换 1 次；

⑤运行阻力大，一般为 1 200～1 500 Pa，因此对主引风机的功率要求大。

5.1.4.6 试运行

（1）试运转前的准备工作

①必须准备好有关设备运转的一切技术资料。

②必须确保有关辅助设备（如风机、除尘器配管、电气设备等）完好。

③设备各部分必须按图纸要求安装完毕，各连接螺栓拧紧无松动现象。

④设备各处密封良好，花板、灰斗、管道、法兰连接处无漏风，检查门开启应灵活，关闭应严密。

⑤滤袋无破损，袋口涨圈应嵌牢，袋笼垂直度应符合要求。

⑥检查各气动阀气源是否接通；气管上的截止阀及气动元件安装方向是否正确、是否密封；电控部分安装是否正确；电器接线、配管安装、差压计导管是否齐全良好。

⑦各润滑点应注入规定数量的润滑油。

⑧设备的控制程序接线按图纸要求进行测试。

⑨配备好调试人员和使用仪器工具。

（2）空载试车

①压缩空气配管系统通气前应将水平管排泄阀打开，以排除管路油污、杂物等，清洗干净后关闭排泄阀。

②压缩空气配管系统进行通压试验，试验压力为工作压力的 1.5 倍，检查进气口装置上的气水分离器、调压阀是否正常，管路有无漏气或堵塞现象。

③压缩空气配管系统进行通压试验合格后，通气室各分室阀和旁路阀气缸动作是否灵活，关闭是否严密，切换是否正确。

④将振动器用手转 20～30 圈，再接通电源检查振动是否正常。

（3）负荷试车

①在确认无负荷试运转完成后方可负荷联动试车。

②打开除尘总开关，使除尘器、输灰系统、控制装置处于工作状态，使各电动执行机构进入正常工作。

③检查各滤袋室及检查门、进排气管连接处有无漏气现象，发现问题及时处理。

④检查电控系统及电动、气动执行机构及相关装置的配合程度，各阀启动是否正常。

⑤按既定程序进行逐排脉冲清灰，检查微机控制运行是否正常，显示功能和信号传递是否准确可靠，如有误差及时调整。

⑥检查滤袋工作时是否吸瘪，喷吹时是否鼓胀。

⑦检查卸灰阀是否正常。

⑧在负荷运转时如发现漏风等问题，停车后应及时处理。

5.1.5 静电除尘器

5.1.5.1 工作原理

静电除尘器的基本原理是利用电力捕集烟气中的粉尘，主要包括以下 4 个相互关联的物理过程：①气体的电离；②粉尘的荷电；③荷电粉尘向电极移动；④荷电粉尘的捕集。

在两个曲率半径相差较大的金属阳极和阴极上，通过高压直流电，维持一个足以使气体电离的电场，气体电离后所产生的电子（阴离子和阳离子），吸附在通过电场的粉尘上，使粉尘获得电荷。荷电极性不同的粉尘在电场力的作用下，分别向不同极性的电极运动，沉积在电极上，从而达到粉尘和气体分离的目的。静电除尘器工作过程示意图见图 5-12。

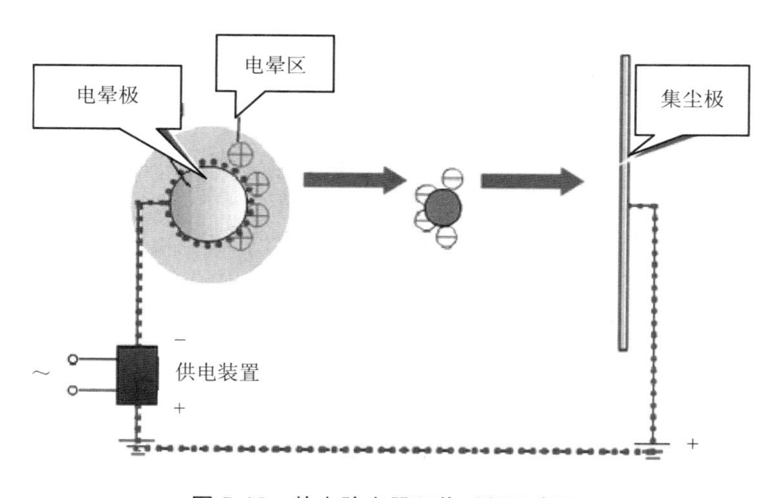

图 5-12　静电除尘器工作过程示意图

5.1.5.2 结构组成及分类

静电除尘器由两大部分组成：一部分是除尘器本体系统；另一部分是提供高压直流电的供电装置和低压自动控制系统。静电除尘器的高压供电系统为升压变压器供电，除尘器集尘极接地。低压电控制系统用来控制电磁振打锤、卸灰电极、输灰电极以及几个部件的温度。静电除尘器结构示意图见图 5-13。

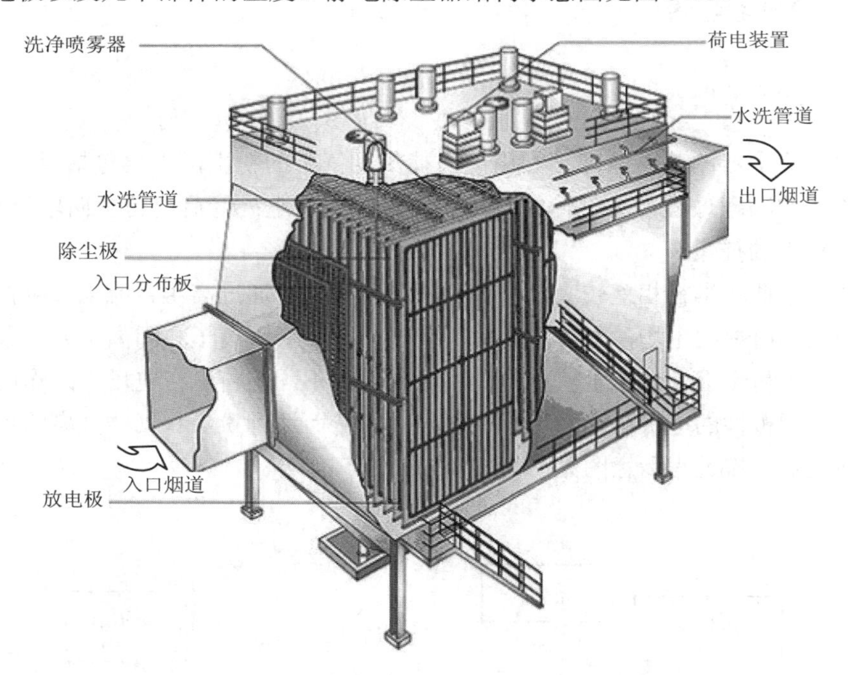

图 5-13 静电除尘器结构示意图

静电除尘器与其他除尘设备相比，耗能少，除尘效率高，适用于除去烟气中粒径为 0.01～50 μm 的粉尘，而且可用于烟气温度高、压力大的场合。实践表明，处理的烟气量越大，静电除尘器的投资和运行费用越经济。

静电除尘器形式分为以下几类：按气流方向分为立式和卧式，按沉淀极形式分为板式和管式，按沉淀极板上粉尘的清除方法分为干式和湿式等。

静电除尘器的分类方法很多，主要有以下几种：

①按清灰方式分为干式、半湿式、湿式电除尘器及雾状粒子捕集器。干式静电除尘器易产生粉尘二次飞扬。湿式静电除尘器需进行二次处理。

②按烟气在静电除尘器内的运动方向分为立式和卧式静电除尘器。烟气在静电除尘器内自下而上做垂直运动的称为立式静电除尘器。烟气在静电除尘器内沿水平方向运动的称为卧式电除尘器。

③按静电除尘器的形式分为管式和板式静电除尘器。管式静电除尘器主要用于处理烟气量小的场合。板式静电除尘器的应用则较为广泛。

④按收尘板和电晕极的布置分为单区和双区静电除尘器。收尘板与电晕极布置在同一区域内的为单区静电除尘器，其应用最为广泛。收尘板与电晕极布置在两个不同区域内的为双区静电除尘器。

⑤按振打方式分为侧部振打和顶部振打静电除尘器。振打清灰装置布置在阴极或阳极侧部的称为侧部振打静电除尘器，现应用较多的为挠臂锤振打。振打清灰装置布置在阴极或阳极顶部的称为顶部振打电除尘器。

5.1.5.3 除尘效果的影响因素

静电除尘器的除尘效果与许多因素有关，如烟气的温度、流速，以及除尘器的密封状态、收尘板间距等。

（1）烟气的温度

烟气的温度过高，电晕始发电压、起晕时电晕极表面的电场温度、火花放电电压等均降低，影响除尘效率。烟气的温度过低，容易造成绝缘部件因结露而爬电；金属件被腐蚀，并且燃煤发电排出的烟气中含有 SO_2，其腐蚀程度更为严重；灰斗内粉尘结块影响排灰，灰斗长期积灰，使收尘板、电晕线埋于积灰中而将收尘板烧变形，断裂，电晕线烧断。

（2）烟气的流速

烟气的流速不能过高，因为粉尘在电场中荷电后沉积到收尘板上需要有一定的时间，如果烟气流速过高，荷电粉尘来不及沉降就被气流带出，同时烟气的流速过高容易使已沉积在收尘板上的粉尘产生二次飞扬，特别是振打落灰时更容易产生二次飞扬。

（3）除尘器的密封状态

由于静电除尘器用于负压操作，如果壳体的连接处密封不严，就会从外部漏入冷空气，使通过电除尘的风速增大，烟气温度降低，这会使烟气露点发生变化，使收尘性能下降，如果从灰斗或排灰装置漏入空气，将会造成收集的粉尘产生再飞扬，使收尘效率降低，还会使灰受潮、黏附灰斗造成卸灰不流畅，甚至产生堵灰。

（4）收尘板间距

当作用电压、电晕线的间距和半径相同时，加大板间距，会影响电晕线临近区所产生离子电流的分布、增大表面积上的电位差，将导致电晕外区电场强度降低，影响除尘效率。

（5）电晕线间距

电晕线的间距有一个会产生最大电晕电流的最佳值，当作用电压、电晕线半径和板间距相同时，增大电晕线间距会使电晕电流密度和电场强度的分布不均匀，若电晕线间距小于最佳值，电晕线附近电场的相互屏蔽作用会使电晕电流减小。

（6）气流分布是否均匀

出现气流分布不匀时，气流速度低的地方收尘率高，气流速度高的地方收尘率低，气流速度低的地方增加的粉尘收集量小于气流速度高的地方减少的粉尘收集量，而总收尘效率降低。并且气流速度高的地方会出现冲刷现象，将已沉积在收尘板上的粉尘再次大量扬起。

5.1.5.4 优、缺点

（1）优点

①除尘效率高，设计合理的静电除尘器除尘效率可达到99%以上。

②阻力损失小，一般静电除尘器的阻力小于294 Pa。

③能处理高温烟气，一般静电除尘器用于处理250℃以下的烟气，经特殊设计，可处理350℃甚至500℃以上的烟气。

④能处理较大的烟气量。

⑤采用特殊结构的静电除尘器可捕集腐蚀性强的物质。

⑥运行费用低。

⑦对不同粒径的粉尘进行分类捕集。

（2）缺点

①设备比较复杂，要求设备调运和安装以及维护管理水平高。

②对粉尘比电阻有一定要求。静电除尘器最适合的比电阻范围为$10^4<\rho<5\times10^{10}$（Ω·cm），所以对粉尘有一定的选择性，不能使所有粉尘都获得很高的净化效率。

③受气体温、温度等的操作条件影响较大，同一种粉尘如在不同温度、湿度下操作，所得的效果不同，有的粉尘在某一个温度、湿度下使用效果很好，而在

另一个温度、湿度下由于粉尘电阻的变化效果却很差。

④一次投资较大。一台静电除尘器少则几十万元，多则几百万元甚至上千万元。卧式的静电除尘器占地面积较大。

⑤不能捕集有害气体。

5.1.5.5 选用、安装与调试

（1）选用

静电除尘器的选型要根据处理含尘气体的性质与处理要求确定，其中粉尘的比电阻是最重要的因素。

如果粉尘的比电阻适中，可选用普通干式除尘器。对高比电阻的粉尘，则采用特殊静电除尘器，如宽极距型静电除尘器和高温静电除尘器等。若仍然要采用普通干式静电除尘器时，则应在含尘气体中加入适量的调理剂，如 NH_3、SO_2 或水等来降低粉尘的比电阻。对于低比电阻的粉尘，一般的干式静电除尘器难以捕集，因为粉尘通过静电除尘器后聚集成大的颗粒团，若在静电除尘器后增加一个旋风除尘器或过滤式除尘器，则可获得良好的除尘效果。

湿式静电除尘器既能捕集比电阻高的粉尘，又能捕集比电阻低的粉尘，而且具有很高的除尘效率。其缺点是会带来污水处理以及通风管道和除尘器本体的腐蚀问题，所以一般尽量不采用湿式电除尘器。

（2）安装与调试

①安装注意事项。

安装静电除尘器除了应遵照一般机械设备的安装要求外，还要特别注意以下几个问题。

- 除尘器密闭性良好。除尘器密闭性能的优劣，将会直接影响除尘器的性能和使用寿命。因此，壳体上所有焊接部位均应采用连续焊缝，并用煤油渗透法检查，以保证其密闭性。

- 除尘器表面处理光滑。除尘器在安装、焊接过程中产生的毛刺、飞边往往是操作电压不能升高的原因。因此，需将电场内的焊缝打磨平整，必须除去所有毛刺、飞边、凸起物等。

- 集尘极与电晕极的极间距精确。两极间距大小直接关系到除尘器的工作电压，在电极安装过程中，必须按照设计要求仔细调整，对于规格在 40 m^2 以下的电除尘器，极间距偏差应小于±5 mm，大于此规格的除尘器，其偏差应小于±10 mm。

②调试。

电除尘器安装完毕后，应在冷态下检查各部件的安装质量，进行适当调整，调试内容主要包括如下几项。

• 关闭各检查门，向除尘器通入气体。测定其进、出口气体量，计算漏风率，漏风率小于 7%为合格，否则应仔细检查焊缝和连接处。

• 向除尘器内通入冷风，在第一电场前端测定沿电场断面的气流分布均匀性。要求任何一点的流速不得超过该断面平均流速的 40%；任何一个测定断面，85%以上的测点流速与平均流速相差不得超过 25%。如未达到要求，应调整气流分布板。例如，可对多孔分布板若干个孔进行调整，也可调整翼形板的翼片角度。

• 启动两极振打清灰装置，使其运转 8 h，检查装置运转是否正常。要特别注意振打轴向电机是否发热，测定集尘极的振打频率等，是否达到设计要求。

• 启动排灰装置和锁风装置，使其运转 4 h，检查运转是否正常，电动机是否发热。

• 每个电场至少测定三排集尘极板面上若干点的振动加速度，若个别点加速度过小则应加固极板与撞击杆的连接。

• 接通高压硅整流器，向电场送电，并逐步升高电压，除尘器的电场应能升至 65 kV 而不发生击穿。否则应进行适当调整。

5.1.5.6 维护与故障处理方法

静电除尘器的维护主要包括供电设备和除尘器本体两部分。静电除尘器运行过程中的常见故障、产生原因及一般处理方法见表 5-1。

表 5-1 静电除尘器的常见故障、产生原因及一般处理方法

故障现象	产生原因	处理方法
一次工作电流大，二次电压升不高，甚至接近零	1. 集尘极板和电晕极之间短路	1. 清除短路杂物或剪去折断的电晕线
	2. 石英套管内壁冷凝结露，造成高压对地短路	2. 擦抹石英套管，或提高保温箱内温度
	3. 电晕极振打装置的绝缘瓷瓶破损，对地短路	3. 修复损坏的绝缘瓷瓶
	4. 高压电缆或电缆终端接头击穿短路	4. 更换损坏的电缆或电缆接头
	5. 灰斗内积灰过多，粉尘堆积至电晕极框架	5. 清除下灰斗内的积灰
	6. 电晕极断线，线头靠近集尘极	6. 剪去折断的电晕线线头

故障现象	产生原因	处理方法
二次工作电流正常或偏大，二次电压升至较低电压便发生短路	1. 两极间的距离局部变小	1. 调整极间距
	2. 有杂物挂在集尘极板或电晕极上	2. 清除杂物
	3. 保温箱或绝缘室温度不够，绝缘套管内壁受潮漏电	3. 擦抹绝缘套管内壁，提高保温箱内温度
	4. 电晕极振打装置绝缘套管受潮积灰，造成漏电	4. 提高绝缘套管箱内温度
	5. 保温箱内出现正压，含湿量较大的烟气从电晕极支撑绝缘套管向外排出	5. 采取措施，防止出现正压或增加一个热风装置，鼓入热风
	6. 电缆击穿或漏电	6. 更换电缆
二次电压正常，二次电流显著降低	1. 集尘极板积灰过多	1. 清除积灰
	2. 集尘极板或电晕极的振打装置未开或失灵	2. 检查并修复振打装置
	3. 电晕线粗大，放电不良	3. 分析原因，采取必要措施
	4. 烟气中粉尘浓度过大，出现电晕闭塞	4. 改进工艺流程，降低烟气的粉尘含量
二次电压和一次电流正常，二次电流无读数	1. 整流输出端的避雷器或放电间隙击穿破损	查找原因，消除故障
	2. 毫安表并联的电容器损坏，造成短路	
	3. 变压器至毫安表连接导线在某处接地	
	4. 毫安表本身指针卡住	
二次电流不稳定，毫安表指针急剧摆动	1. 电晕线折断，其残留段受风吹摆动	1. 剪去残留段
	2. 烟气湿度过小，造成粉尘比电阻值上升	2. 通知工作人员，适当处理
	3. 电晕极支撑绝缘套管对地产生沿面放电	3. 处理放电的部位
一二次电压、电流正常，但集尘效率显著降低	1. 气流分布板孔眼被堵	1. 检查气流分布板的振打装置是否失灵
	2. 灰斗的阻流板脱落，气流发生短路	2. 检查阻流板，并进行适当处理
	3. 靠出口处的排灰装置严重漏风	3. 加强排灰装置的密闭性
排灰装置卡死或保险跳闸	1. 有掉锤故障	停机修理
	2. 机内有杂物掉入排灰装置	
	3. 若是拉链机，则可能发生断链故障	

5.2 气态污染物净化设备

气态污染物控制是减少气态污染物向大气排放的技术措施和管理政策。工业生产中的有害气体种类很多，主要有硫氧化物、氮氧化物、卤化物、碳氧化物、碳氢化合物等。气态污染物在废气中以分子状态或蒸汽状态存在，是均相混合物，可根据物理的、化学的和物理化学的原理进行分离。目前国内外采用的主要技术为吸收、吸附、冷凝、燃烧和催化转化 5 种。

净化方法的选择取决于气体的流量和污染物的浓度。尽可能地减少气体流量和提高污染物的浓度，可使处理费用降至最低。对于浓度较高的气体，可考虑增加预处理系统。废气中的颗粒物会给气体净化装置的操作带来困难，几种废气共存也会使净化装置的设计和选择复杂化。

5.2.1 吸收净化设备

吸收净化法是利用各种气体在液体中的溶解度不同，使污染物组分被吸附剂选择性吸收，从而使废气得以净化的方法。吸收净化法效率高、适应性强，各种气态污染物一般都可以选择适当的吸收剂进行处理。如工业废气中的二氧化硫、氮氧化物、卤化物、硫化物、一氧化碳及碳氢化合物等都可以用吸收法予以治理。

吸收法净化废气的主要设备是吸收塔。按气液接触基本构件的特点，吸收塔可分为填料塔、板式塔等。

5.2.1.1 填料塔

填料塔是以塔内的填料作为气液两相间接触构件的传质设备。填料塔属于连续接触式气液传质设备，两相组成沿塔高连续变化，在正常操作状态下，气相为连续相，液相为分散相。填料塔的结构如图 5-14 所示。

填料塔的塔身是一直立式圆筒，底部装有填料支撑板，填料以乱堆或整砌的方式放置在支撑板上。填料的上方安装填料压板，以防被上升气流吹动。气体从塔底送入，经过填料间的空隙上升。吸收剂自塔顶经喷淋装置均匀喷洒，沿填料表面下流。填料的润湿表面就成为气液连续接触的传质表面，净化气体最后从塔顶排出。

填料的作用是增加气液两相的接触表面积和提高气相的湍动程度，促进吸收过程的进行，它是填料塔的核心部分，是影响填料塔经济性的重要因素。填料的主要特性参数有比表面积、孔隙率、填料因子、单位堆积体积内的填料数目等。

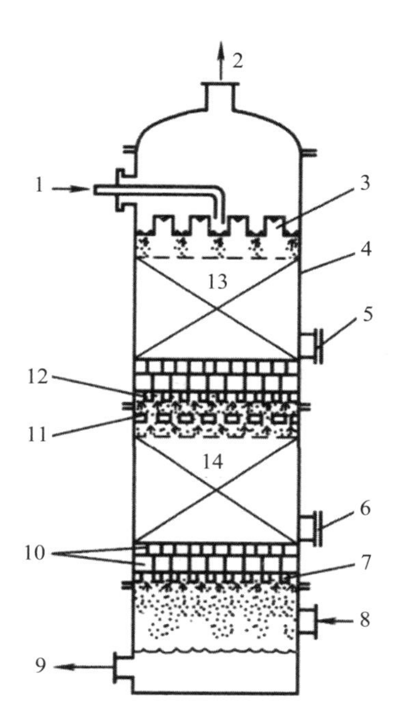

1—液体入口；2—气体出口；3—液体分布器；4—外壳；5—填料卸出口；6—人孔；
7、12—填料支撑；8—气体入口；9—液体出口；10—防止支撑板堵塞的大填料和中等填料层；
11—液体再分布器；13、14—填料

图5-14　填料塔结构示意图

填料的种类很多，大致可分为通用型填料和精密填料两大类，如图5-15所示。拉西环、鲍尔环、矩鞍和弧鞍填料等属于通用型填料，其特点是适用性好，但效率低，可由金属、陶瓷和塑料等材质制成。θ网环和波纹网填料等属于精密填料，其特点是效率较高，但要求较苛刻，应用受到限制，其主要材质为金属材料，部分填料也可用非金属材料制成。

填料在填料塔内的装填方式有乱堆与整砌两种。

①乱堆填料。装卸方便，压降大。一般直径在50 mm以下的填料多采用乱堆方式装填。

②整砌填料。常用规整填料整齐砌成，压降小。适用于直径在50 mm以上的填料。

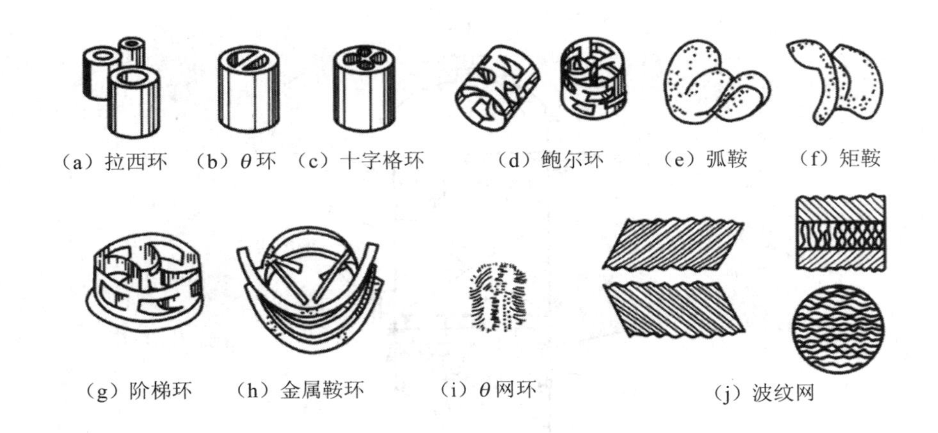

图 5-15　填料的种类

填料塔具有结构简单、操作稳定、适用范围广、便于用耐腐蚀材料制造、压力损失小、适用于小直径塔等优点。塔径在 800 mm 以下时，较板式塔造价低、易于安装检修。

填料塔也有一些不足之处，如填料造价高；当液体负荷较小时不能有效地润湿填料表面，使传质效率降低；用于大直径的塔时，则存在效率低、重量大、造价高以及清理检修麻烦，不能直接用于有悬浮物或容易聚合的物料，对侧线进料和出料等复杂精馏不太适合等缺点。

近年来，随着性能优良的新型填料不断涌现，填料塔的适用范围正在不断扩大。

5.2.1.2　板式塔

板式塔是一类用于气液或液液系统的分级接触传质设备，由圆筒形塔体和按一定间距水平装置在塔内的若干塔板组成。操作时吸收剂从塔顶进入，在重力作用下，自上而下依次流过各层塔板，至塔底排出；气体在压力差推动下，自下而上依次穿过均布在各层塔板的开孔，以气泡的形式分散在液层中，形成气液接触面很大的气泡层。气相中部分有害气体被吸收，未被吸收的气体通过泡沫层后进入上一层塔板，气体逐渐上升并与板上的液体接触，被净化的气体最后由塔顶排出。板式塔的结构示意图见图 5-16。

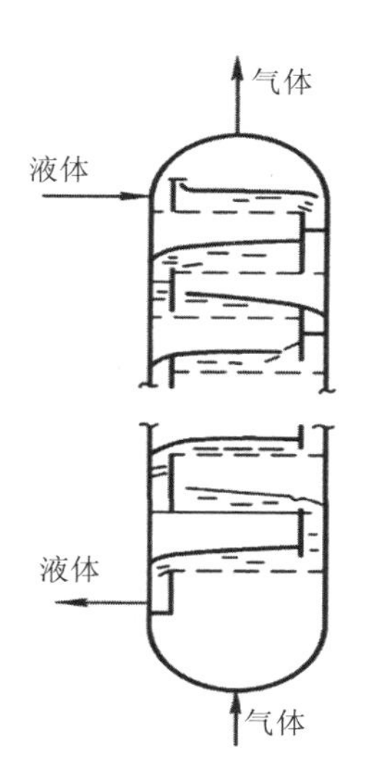

图 5-16 板式塔结构示意图

板式塔的类型很多，主要区别在于塔内所设置的塔板结构不同。板式塔的塔板可分为有降液管及无降液管两大类，如图 5-17 所示。在有降液管的塔板上，有专供液体流通的降液管，每层板上的液层高度可以由溢流挡板的高度调节。在塔板上气液两相呈错流方式接触。常用的板型有泡罩塔、浮阀塔和筛板塔等。在无降液管的塔板上，没有降液管，气液两相同时逆向通过塔板上的小孔呈逆流方式接触，常用的板型有筛孔和栅条等形式。

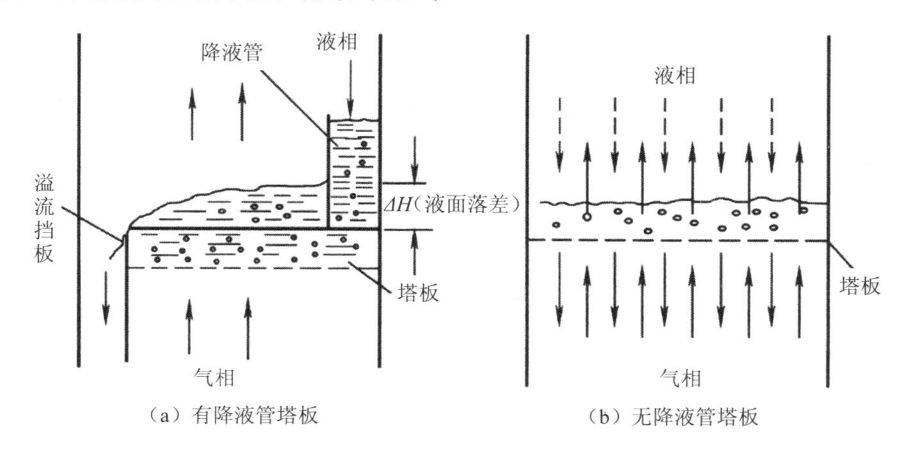

图 5-17 板式塔塔板结构示意图

与填料塔相比，板式塔的空塔速度高，因而生产能力大，但压降较高。直径较大的板式塔，检修清理较容易，造价较低。

5.2.1.3 填料吸收塔的基本操作

（1）装填料

吸收塔经检查吹扫后，即可向塔内装入用清水洗净的填料，对拉西环、鲍尔环和矩鞍形、弧鞍形以及阶梯环等填料，均可采用不规则和规则排列法装填。若采用不规则排列法，则先在塔内注满水，然后从塔的人孔部位或塔顶将填料轻轻地倒入，待填料装至规定高度后，把漂浮在水面上的杂物捞出，并放净塔内的水，将填料表面耙平，最后封闭人孔或顶盖。在填装填料时，要注意轻拿轻倒，以免碰碎而影响塔的操作。若采用规则法排列，则操作人员从人孔处进入塔内，按排列规则将填料排至规定高度。塔内填料装完后，即可进行系统的气密性试验。

（2）设备的清洗及填料的处理

①设备的清洗。在运转设备进行联动试车的同时，还要用清水清洗设备除去固体杂质。清洗中不断排放污水，并不断向溶液槽内补加新水，直至循环水中固体杂质含量小于0.005%为止。

在生产中，有些设备经清水清洗后即可满足生产要求，有些设备则要求清洗后，还要用稀碱溶液洗去其中的油污和铁锈。方法是向溶液槽内加入5%的碳酸钠溶液，启动溶液泵，使碱溶液在系统内连续循环18～24 h，然后放掉碱液，再用软水清洗，直至水中含碱量小于0.01%为止。

②填料的处理。瓷质填料一般与设备一同清洗后即可使用。塑料填料在使用前必须碱洗，其操作步骤为：①用温度为90～100℃、浓度为5%的碳酸钾溶液清洗48 h，随后放掉碱液；②用软水清洗8 h；③按设备清洗过程清洗2～3次。

塑料填料的碱洗一般在塔外进行，洗净后再装入塔内。有时也可装入塔内进行碱洗。

（3）填料塔的操作

①进塔气体的压力和流速不宜过大，否则会影响气、液两相的接触效率，甚至使操作不稳定。

②进塔吸收剂不能含有杂物，避免杂物堵塞填料缝隙。在保证吸收率的前提下，尽量减少吸收剂的用量。

③控制进入温度，将吸收温度控制在规定的范围。

④控制塔底与塔顶压力，防止塔内压差过大。压差过大，说明塔内阻力大，气、液接触不良，致使吸收操作过程恶化。

⑤经常调节排放阀，保持吸收塔液面稳定。

⑥经常检查泵的运转情况，以保证原料气和吸收剂流量的稳定。

⑦定时巡回检查各控制点的变化情况及系统设备与管道的泄漏情况，并根据要求做好记录。

5.2.2　吸附净化设备

吸附净化是用多孔吸附剂将气体（或液体）混合物中的一种或数种组分聚积或凝缩在其表面，从而达到分离净化目的的过程。由于吸附作用可以进行得相当完全，因此能有效地清除用一般手段难以处理的气体或液体中的低浓度污染物。吸附净化法常用来回收废气中的有机污染物及去除恶臭。如在人造纤维工作中回收丙酮、二氧化硫，在油漆工业中回收甲苯、二甲苯、酯类等。此外，还可用于治理烟道气中的硫氧化物、氮氧化物、汽车排出的一氧化碳、硝酸车间尾气等。

在气态污染物的吸附净化过程中。根据操作的连续性，可将吸附工艺分为间歇流程、半连续式流程和连续流程。根据吸附剂运动状态的不同，将吸附设备可分为固定床吸附器、移动床吸附器、流化床吸附器等类型。

5.2.2.1　固定床吸附器

在固定床吸附器内，吸附剂颗粒均匀、固定不动地堆放在承载板上，成为固定吸附剂床层，仅是气体流经吸附床。固定床吸附器结构简单、工艺成熟、性能可靠，特别适合于小型、分散、间歇性的污染源治理。固定床吸附器按照床层吸附剂的填充方式可分为立式、卧式和环式 3 种。

①立式固定床吸附器，如图 5-18 所示。分上流式和下流式两种。吸附剂装填高度以保证净化效率和一定的阻力降为原则，一般取 0.5～2.0 m。床层直径以满足气体流量和保证气流分布均匀为原则。立式固定床吸附器适合于小气量、浓度高的情况。

②卧式固定床吸附器，适合处理气量大、浓度低的气体，其结构如图 5-19 所示。卧式固定床吸附器为一水平摆放的圆柱形装置，吸附剂装填高度为 0.5～1.0 m，待净化废气由吸附层上部或下部入床。卧式固定床吸附器的优点是处理气量大、压降小，缺点是由于床层截面积大，容易造成气流分布不均。

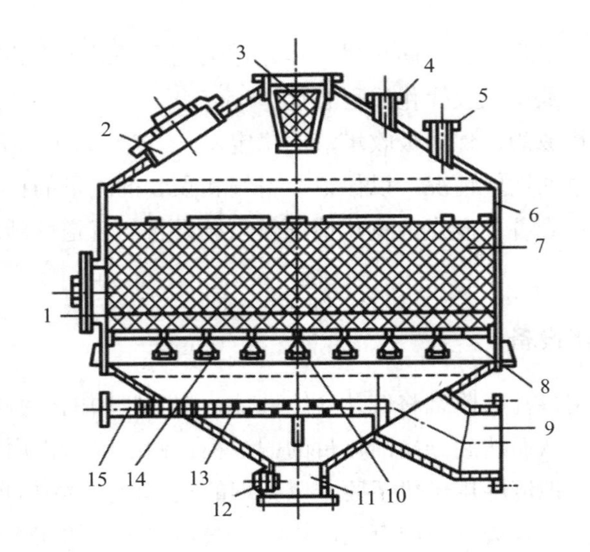

1—卸料孔；2—装料孔；3—废气及空气入口；4—脱附气排出；5—安全阀接管；6—外壳；
7—吸附剂；8—栅板；9—净气出口；10—梁；11—视镜；12—冷凝排放及供水；13—扩散器；
14—梁支架；15—扩散器水蒸气接管

图 5-18　立式固定床吸附器结构示意图

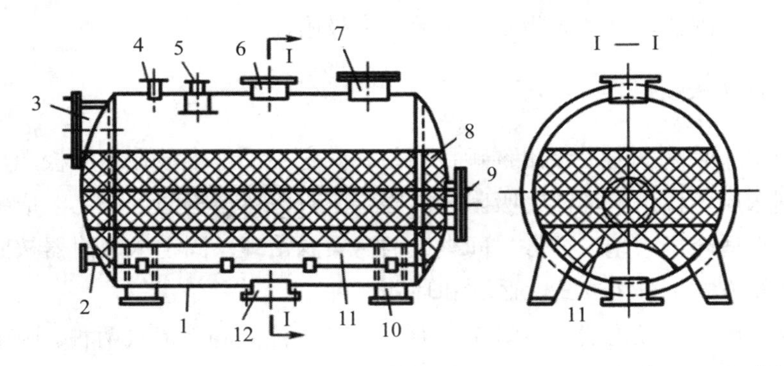

1—壳体；2—供水；3—人孔；4—安全阀接管；5—蒸汽进口；6—净化气体出口；7—装料口；
8—吸附剂；9—卸料口；10—支脚；11—填料底座；12—蒸汽及热空气出入口

图 5-19　卧式固定床吸附器结构示意图

③环式固定床吸附器，又称为径向固定床吸附器，其结构比立式和卧式吸附器复杂，如图 5-20 所示。吸附剂填充在两个同心多孔圆筒之间，吸附气体由外壳进入，沿径向通过吸附层，汇集到中心筒后排出。

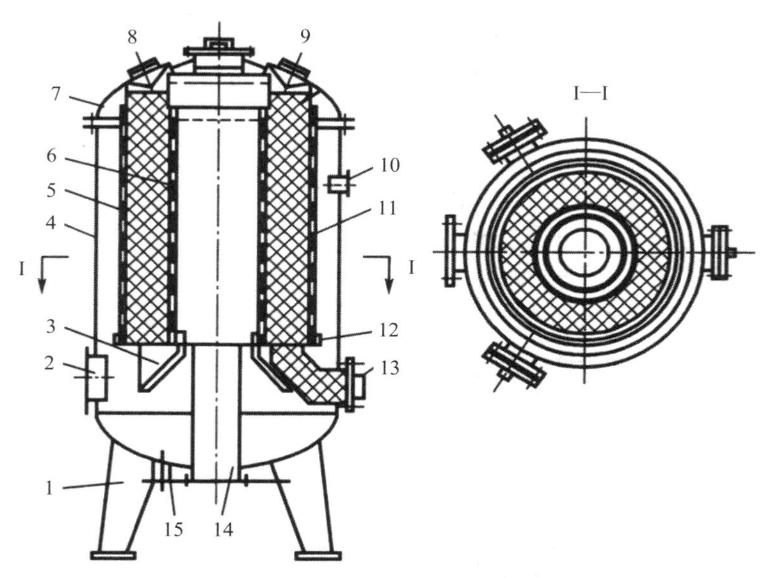

1—支脚；2—废气及冷热空气入口；3—吸附剂筒底支座；4—壳体；5、6—多孔外筒和内筒；
7—顶盖；8—视孔；9—装料口；10—安全阀接管；11—吸附剂；12—吸附剂筒底座；
13—卸料口；14—净化器出口及脱附水蒸气入口；15—脱附时排气口

图 5-20　环式固定床吸附器结构示意图

5.2.2.2　移动床吸附器

在移动床吸附器内固体吸附剂在吸附层中不断移动，一般固体吸附剂由上向下移动，而气体则由下向上流动，形成逆流操作。吸附剂在向下移动的过程中，依次经历冷却、吸附、精馏和脱附各过程。移动床吸附器的结构如图 5-21 所示。最上段是冷却器用于冷却吸附剂。吸附段Ⅰ、精馏段Ⅱ、汽提段Ⅲ之间由分配板分开。分配板的结构如图 5-22 所示。吸附器下部装有吸附剂控制机构，其结构如图 5-23 所示。在吸附段，待净化的气体由吸附段的下部（吸附器的中上部）进入，与从顶部下来的活性吸附剂逆流接触并把吸附质吸附下来，净化后的气体经吸附段顶部排出。吸附了吸附质的吸附剂继续下降，经过精馏段（增浓段）到达汽提段。在汽提段的下部通入热蒸汽，使吸附剂上的吸附质进行脱附。吸附剂经过汽提，大部分吸附质都被脱附，为了使之更彻底地脱附再生，在汽提段下面又加设了一个脱附塔，使吸附剂的温度进一步提高，一是为了干燥，二是为了使吸附剂更好地再生。经过再生的吸附剂到达塔底，由提升器将其返回塔顶，于是完成了一个循环过程。移动床克服了固定床间歇操作的缺点，适用于稳定、连续、量大的气体净化。

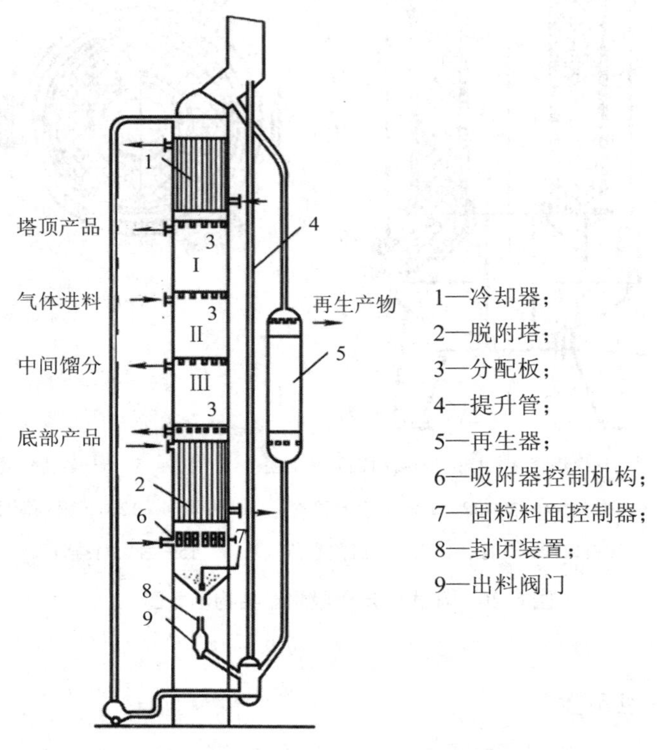

图 5-21 移动床吸附器结构示意图

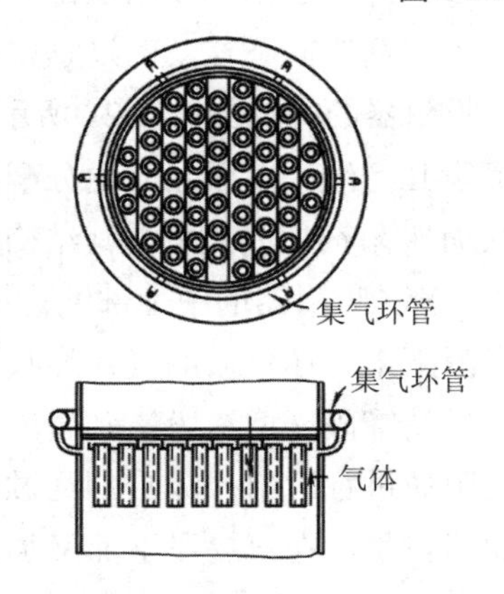

图 5-22 移动床吸附器分配板的结构

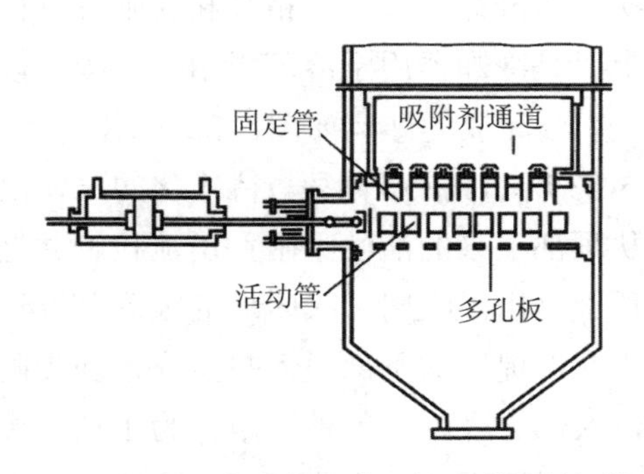

图 5-23 移动床吸附器的吸附控制机构

5.2.2.3 流化床吸附器

在流化床吸附器内，吸附层内的固体吸附剂呈沸腾状态。流化床吸附器的结构如图5-24所示。进入锥体的待净化气体以一定速度通过筛板向上流动，进入吸附段后，将吸附剂吹起，在吸附段内，完成吸附过程。净化后气体进入扩大段，由于气速降低，气体中夹带的固体吸附剂再回到吸附段，而气体则从出口管排出。与固定床相比，流化床所用的吸附剂粒度较小，气流速度要提高3倍以上，气、固接触相当充分，吸附速度快，但吸附剂的损耗较多。流化床吸附器适用于连续、稳定的大气量污染源治理。

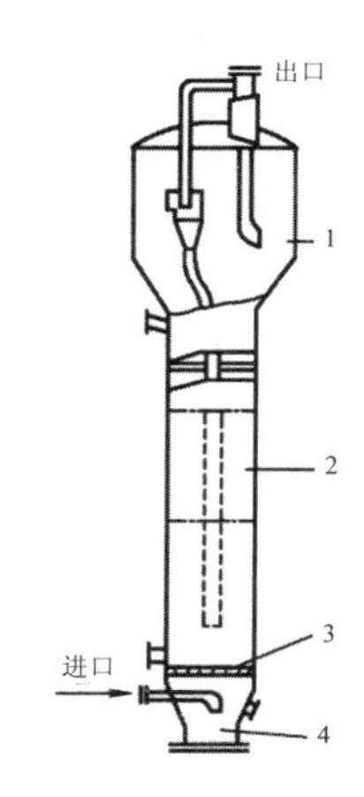

1—扩大段；2—吸附段；3—筛板；4—锥体

图5-24 流化床吸附器结构示意图

5.2.2.4 吸附设备的应用注意事项

废气中的粉尘、油烟、雾滴、焦油状物质等会使吸附剂劣化。废气温度太高或湿度太大会导致吸附量减少甚至不吸附。因此，可根据具体情况选择必要的预处理方法。

吸附法净化气态污染物一般由吸附及再生两部分组成。合理的再生过程对吸附法的经济性有重要作用。解吸和再生用的水蒸气量和动力消耗，因回收的物质和设备的不同而不同。一般回收1 kg溶剂需水蒸气3～5 kg，动力0.08～0.18 kW·h，回收率可达95%以上。

固定床吸附设备采用间歇操作，包括吸附、解吸、干燥和冷却，一般是两台或两台以上吸附器轮流进行吸附和解吸、再生。在操作过程中要注意防止吸附层温升过高；当采用高压风机时应注意减振和消除噪声；用水蒸气或洗涤液再生时应避免废水污染。

5.3 脱硫脱硝设备

脱硫就是脱去烟气中的 SO_2，脱硝主要是脱去烟气中的 NO_x，这两种物质排入大气会产生污染形成酸雨。火电厂、水泥厂、玻璃厂等企业生产过程中会产生大量含 SO_2 和 NO_x 的废气。脱硫脱硝设备是用来处理这种废气的装置。

5.3.1 脱硫设备

烟气脱硫就是应用化学或物理方法将烟气中的 SO_2 予以固定和脱除。目前，世界各国对烟气脱硫都非常重视，已开发了数十种行之有效的脱硫技术。烟气脱硫方法通常有两种分类方法：一是根据脱硫过程是否加水和脱硫产物的干湿形态，将烟气脱硫分为湿法、半干法、干法三类脱硫工艺。湿法烟气脱硫是采用液体吸收剂在离子条件下的气液反应，进而去除烟气中的 SO_2，系统所用设备简单，运行稳定可靠，脱硫效率高。但脱硫后烟气温度较低，设备的腐蚀较干法严重。半干法脱硫是利用含有石灰（氧化钙）的干燥剂或干燥的消石灰（氢氧化钙）吸收二氧化硫。干法脱硫工艺主要是利用固体吸收剂去除烟气中的 SO_2，一般把石灰石细粉喷入炉膛中，使其受热分解成 CaO，吸收烟气中的 SO_2，生成 $CaSO_3$，与飞灰一起在除尘器被收集或经烟囱排出。干法脱硫的最大优点是治理中无废水、废酸的排出，减少了二次污染；缺点是脱硫效率低，设备庞大。二是根据在脱硫过程中生成物的处置分为抛弃法和回收法。其中，抛弃法在我国大多指钙法，回收法大多指氨法。

5.3.1.1 湿式钙法脱硫工艺

钙法，也称为石灰/石灰石—石膏法，在湿式石灰石—石膏法中，石灰石被磨成极细的粉末，并制成浆液。烟气被引入吸收塔，烟气中的二氧化硫气体被石灰石浆液吸收并发生化学反应，生成亚硫酸钙。

湿式石灰石—石膏工艺在实际使用中流程形式较多，吸收塔形态也各异。目前最常用的是喷雾塔工艺流程（见图 5-25）。锅炉的烟气从除尘器出来经热交换器降温后，从塔的下部进入吸收塔，经过气/气热交换器后烟气温度下降到 10℃左右。吸收剂石灰石浆液（pH 值为 7～8）由石灰石浆液槽进入吸收塔的底部，并由循环泵从塔底打入喷雾管中，与烟气逆向接触，吸收烟气中的二氧化硫生成亚硫酸钙。反应后含有亚硫酸钙的浆液沉到塔的下部，这时从塔的底部通入空气氧化浆液，使之生成硫酸钙（此时浆液 pH 值控制在 5 左右）。将氧化后的浆液从底部抽出，经脱水后得到含水量小于 10%的二水硫酸钙（石膏）。净化后的烟再经热交换器升温，并进入烟囱排出。

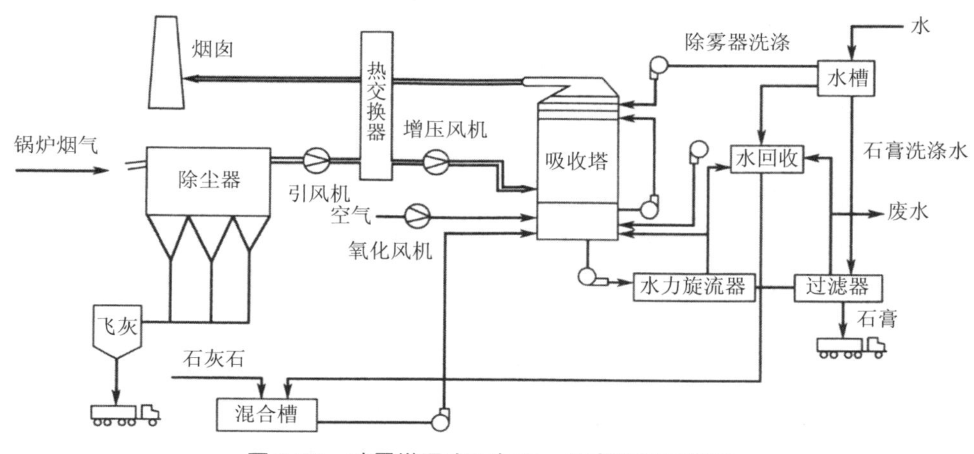

图 5-25　喷雾塔湿式石灰石—石膏脱硫工艺图

按工艺流程，可以将湿式石灰石—石膏工艺分为石灰石浆液制备系统、SO_2吸收系统、烟气再加热系统、石膏脱水与储存系统以及废水处理系统。

（1）石灰石浆液制备系统

石灰石浆液制备系统主要由石灰石料仓、石灰石磨机、浆液泵等组成。浆液制备有两种方式：一是用干式磨机将石灰石磨成所要求细度的干粉，石灰石粉被送到制浆池中加水，搅拌形成 20%～30%（质量分数）的石灰石浆液；二是用湿式磨机将石灰石磨成粉末，同时加入水，形成石灰石浆液，然后再加水稀释至20%～30%（质量分数）的石灰石浆液。

（2）SO_2吸收系统

通常由吸收塔、喷嘴、强制氧化系统、浆液再循环与循环泵、除雾器 5 部分组成。

①吸收塔。吸收塔是烟气脱硫系统的核心装置，是化学反应的发生容器。常用的吸收塔有喷雾塔、湍球塔、筛板塔等。进入吸收塔的烟气和吸收液有腐蚀性，所以对于吸收塔的材质有较高的要求。通常，吸收塔塔体的材料常采用高镍基合金钢、碳钢衬胶或碳钢加耐腐蚀衬里。

②喷嘴。按形状可分为空心锥体喷嘴和全锥形喷嘴。喷嘴必须承受强烈的磨损和腐蚀。一般选用碳化硅（SiC），制成切向喷嘴。选择喷嘴时，应在达到雾化要求的前提下，选择尽可能低的压力，以减少能耗；选择尽可能大的孔径，以防止堵塞。喷嘴可以在塔内周向布置，也可以随塔高布置，应保证喷出的锥形水雾

有足够的覆盖面，并保证液体均匀分布，靠壁面的喷嘴应向塔中心偏一点以防止浆液强烈冲刷壁面。喷嘴前分配管的直径逐渐缩小，以保证各个喷嘴前流量均匀。

③强制氧化系统。为了便于处理脱硫产物，常采用罗茨风机或离心风机向浆池内鼓入空气对浆液进行强制氧化，使脱硫产物完全氧化成石膏。同时，脱硫石膏有可能作为天然石膏的替代物。

④浆液再循环与循环泵。通过浆液再循环可达到一定的脱硫率。浆液再循环部分的最主要设备是循环泵。湿式脱硫一般采用离心泵。由于浆液流量大，同时氯离子浓度高，循环泵的选用要考虑防腐和耐磨。脱硫系统中的循环泵常采用高镍基合金钢叶轮，泵壳常采用衬胶防腐。循环泵的流量计算方法：根据脱硫要达到的效率求得液气比，由液气比求出所需浆液流量。

⑤除雾器。在湿式烟气脱硫系统中，烟气经过洗涤，带有大量的液滴，考虑烟气扩散和烟道、烟囱防腐的要求，必须除去烟气中的液滴，这种能实现气液分离的装置就是除雾器。除雾器通常布置在吸收塔内部，喷嘴层上面。通常，除雾器以粗分和细分两级布置，经过两级除雾器，粒径大于 17 μm 的液滴分离率可达到 99.9%。除雾器一般要求带有喷淋冲洗装置，定时清洗除雾器，以除去沉积在除雾器上的石灰石浆液。除雾器也可布置在水平烟道内，也可在垂直、水平烟道内部布置除雾单元，成为组合布置。

（3）烟气再加热系统

经过洗涤的烟气温度已低于露点，是否需进行再加热，取决于各国的环保要求。常规做法是利用烟气再加热器对洗涤后的烟气进行再加热，达到一定温度后通过烟囱排放。德国把净化烟气引入自然通风冷却塔排放，借烟气动量和携带热量的提高，使烟气扩散得更好。

烟气再加热系统一般由增压风机、热交换器和烟道等设备组成。

（4）石膏脱水与储存系统

吸收塔底部沉淀池的反应浆液在通入空气氧化后，用泵将其抽出放入一个浆液储槽。反应浆液从储槽中被引入水力分离器（或采用浆液浓缩沉淀池）浓缩至含水量为 40%～50%，然后用真空带式过滤器或离心机过滤，得到含水量小于 10%的脱硫石膏。

（5）废水处理系统

湿式石灰石—石膏工艺除产生石膏外，还会产生废水。这些废水含有氯化物、亚硫酸盐、硫酸盐以及重金属离子，必须通过废水处理将这些物质去掉，符合排放标准后才能排放。

5.3.1.2　半干钙法脱硫工艺

半干法的工艺特点是：反应在气、固、液三相中进行，利用烟气余热蒸发吸收液中的水分，使最终产物为干粉状，若与袋式除尘器配合使用，可提高 10%的脱硫效率。

半干法脱硫代表性工艺为半干法喷雾干燥脱硫工艺。喷雾干燥脱硫工艺主要由浆液制备系统、SO_2 吸收系统、除尘净化系统、控制系统等组成。烟气经静电除尘器除尘后进入喷雾吸收塔，在吸收塔中烟气与喷嘴中喷出的雾状吸收液接触，由于烟温较高（约 140℃），在气相向液相传质的同时，雾状液滴中大部分水分被蒸发，反应产物以干灰的形式通过吸收塔下部排出。净烟气从吸收塔旁侧烟道排出，进入袋式除尘器，发生二次脱硫反应。为了提高脱硫率，在有的流程中脱硫产物被循环使用。烟气通过除尘器除尘，再经加热后排入烟囱。

主要设备如下。

（1）石灰浆液制备系统

石灰浆液制备系统的作用：生石灰从料仓经输送装置（叶轮给料机和绞笼）送入消化池，在其中加水消化，冒出的蒸汽由风机抽出。消化池与料池中间连通，通过溢流形式将石灰浆送入料池，料池中再加水，配成所需浓度的石灰浆液。消化池和料池均设有搅拌器。制备石灰浆液的装置主要有滞流式、球磨式和打浆式三种，如图 5-26～图 5-28 所示。

其中，滞流式、打浆式打浆机只用鹅卵石状石灰。CaO 加水后生成 $Ca(OH)_2$，要求水质较好，即 Mg、S、C 等杂质含量少，否则水化不彻底。

H_2O
CaO
滤除 6%～7%的石灰尘杂质

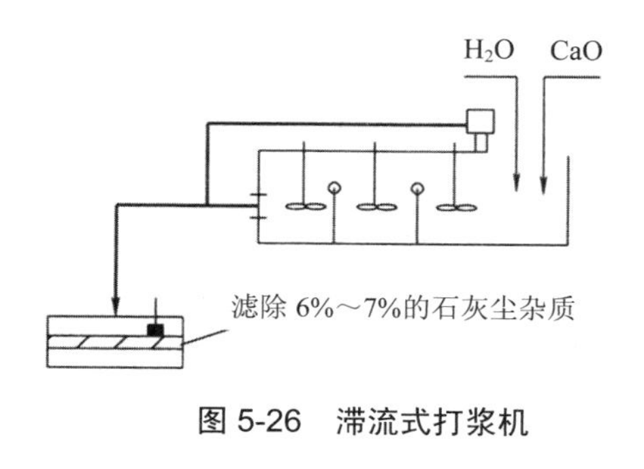

图 5-26　滞流式打浆机

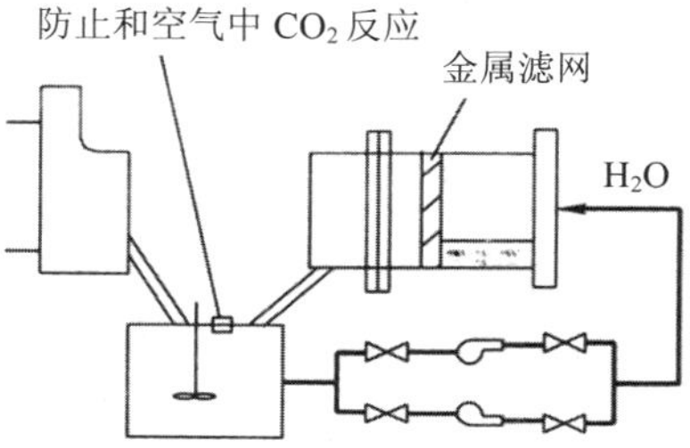

防止和空气中 CO_2 反应
金属滤网
H_2O

图 5-27　球磨式打浆机

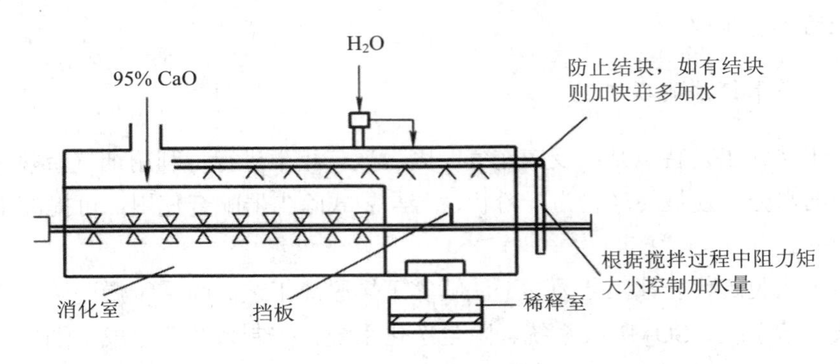

图 5-28 打浆式打浆机

一份磨得很细的石灰（200 目左右）与两份常温下水混合进入搅拌器，水质和石灰质量均较好者，混合后大约 8 min 温度即可上升到 95℃。而水与质量较差的石灰混合后，很长时间才能达到 90℃或根本达不到。$Ca(OH)_2$的水化程度以温度衡量，在 20 min 内达不到 95℃则表示水化不彻底，没有完全变成$Ca(OH)_2$。质量好的石灰及水进入滞流式打浆机中约 15 min 即可变成$Ca(OH)_2$。另外无论采用何种打浆机，均不要装得太满，应有 10%的余量避免溢出。

当脱硫装置出现故障时，应继续搅拌浆液以免其沉降，但不能超过 32 h，若超过 32 h，石灰浆液必须排空，并用清水冲洗打浆机及管路。

（2）喷雾吸收塔

喷雾吸收塔是脱硫的主要场所。喷雾吸收塔内温度的降低主要由水蒸发引起的。为了使其他地方温度降低，喷雾吸收塔必须是绝热的。物质转化靠石灰浆液雾滴与烟气直接混合，同时水分蒸发（接近沸点）。水蒸发时增加了烟气的相对湿度，反应后的干燥物质落入塔的底部。产生雾滴的雾化器有两种：旋转式和喷嘴式。产生的雾滴最好在 50～70 μm，雾滴过小则很快干燥，不能很好地和 SO_2 反应，脱硫效率低；若雾滴过大则水分蒸发不好，在塔壁烟管壁上结露产生腐蚀，而且蒸发不彻底的雾滴将来除尘时也会造成清灰困难并影响除尘器的运行。吸收塔直径与旋转式雾化器直径之比（D/D_1）的最佳值为 35。

根据烟气量决定烟气在塔内的停留时间，从顶部烟气扩散器进入塔内的烟气旋转方向与雾化器旋转方向相同，烟气速度 20 m/s，这样可保证烟尘不沉降。由于石灰浆高速喷出对喷嘴磨损严重，通常喷嘴一年更换一次而且要成对更换，否则平衡性能差，振动厉害，甚至导致雾化器雾化轮飞出。

喷嘴式雾化器一般喷雾量为 4～20 L/min，旋转式雾化器的喷雾量约 260 L/min（按 35%，相对密度 1.25 的浆液计），所以要 13～15 个喷嘴式雾化器才能和 1 个旋转式雾化器的喷雾量相当，而且喷嘴的数量必须为单数。

选择时应综合平衡，但无论用喷嘴式雾化器还是旋转式雾化器，体积是相同的，只是高径比（*H*/*D*）不同，消耗的浆液、雾滴的大小等都是相同的。旋转式雾化器的 *H*/*D* 为 0.2～0.9；喷嘴式雾化器的 *H*/*D* 为 2～4。

从经济上看，烟气量小于或等于 $20×10^4$ m^3/h 时使用喷嘴式雾化器比旋转式雾化器经济，大于 $20×10^4$ m^3/h 时使用旋转式雾化器比喷嘴式雾化器经济。

喷雾吸收塔的结构布置有多种形式：①水平布置。雾化室与反应室中间用隔墙隔开，隔墙上开有通道，通道中架设喷嘴，喷嘴周围有旋转片，使烟气通过时发生旋流，增加烟气与反应浆液的接触时间。②垂直布置。垂直布置的吸收塔上部为圆柱形，下部为圆锥形。在吸收塔的顶部装有浆液雾化装置。

（3）风机

为克服脱硫系统的阻力损失，一般在袋式除尘器后和再加热器前增设一台风机，负压运行有利于除尘器密封和减少能耗。

5.3.1.3 氨法脱硫设备

虽然目前世界上普遍使用的商业化技术是钙法（所占比例达 90%以上），但是与美国、欧洲各国及日本不同的是，在能源结构上，我国 70%左右依靠煤炭，这意味着燃煤烟气治理的任务异常繁重，如果在我国一味发展抛弃式钙法肯定是没有前途的。相反，在我国发展回收法，特别是氨法，既有相当坚实的基础，又有极为光明的前途。不但 SO_2 吸收剂的供应很丰富，而且氨法的产品本身是化肥，具有很好的应用价值。

氨法烟气脱硫工艺，顾名思义是利用氨为吸收剂除去烟气中 SO_2 的工艺。氨法脱硫工艺是采用一定浓度的氨水作吸收剂，在一结构紧凑的吸收塔内洗涤烟气中的 SO_2，达到烟气净化的目的。形成的脱硫副产物是可做农用肥的硫酸铵，不产生废水和其他废物，浓度保持在 90%～99%，能严格地保证出口 SO_2 浓度在 200 mg/m^3 以下。

（1）NKK 氨法脱硫技术及设备

NKK 氨法是日本钢管公司开发的工艺，主要由以下两部分反应组成。

①SO_2吸收：烟气经过吸收塔，其中的 SO_2 被吸收液吸收，并生成亚硫酸铵与硫酸氢铵。

②亚硫酸铵氧化：由吸收产生的高浓度亚硫酸铵与硫酸氢铵吸收液，先经灰渣过滤器滤去烟尘，再在结晶反应器中与氨起中和反应，同时用水间接搅拌冷却，使亚硫酸铵结晶析出。

从原引风机出口引出热烟气（约 150℃），经脱硫风机增压后进入吸收塔。该吸收塔从下往上分为三段：下段的作用是预洗涤除尘和冷却降温，在这一段没有吸收剂 NH_3 的加入；中段是第一吸收段，吸收剂 NH_3 在此段加入；上段作为第二吸收段，但是不加 NH_3，只加工艺水，吸收处理后的烟气经过加热器升温后排入烟囱。

NKK 氨法脱硫设备主要包括烟气预除尘及冷却系统、烟气 SO_2 吸收系统、硫酸铵结晶分离系统、排气再热系统、液氨储存及氨水制备系统、工业水及软化水系统、压缩空气系统。

（2）NADS（Novel Ammonia De-sulphurization，氨-肥法）氨法脱硫技术及设备

20 世纪 90 年代，华东理工大学在借鉴 NKK 氨法的基础上，成功研发出了 NADS 氨法。这种新的脱硫方法是结合化肥生产，将烟气中的 SO_2 回收生成硫酸铵，并生产高浓度的工业硫酸。

NADS 法的工艺流程如图 5-29 所示。整个工艺流程分为两大部分，一个是 SO_2 吸收部分，另一个是硫酸-硫酸铵部分。

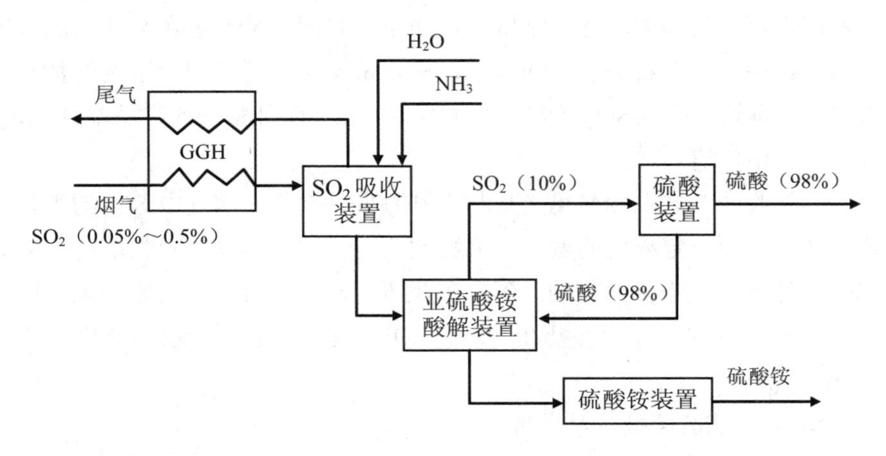

图 5-29 NADS 法的工艺流程框图（硫酸铵-硫酸）

①SO_2吸收装置。SO_2吸收部分主要设备包括SO_2吸收塔和烟气再加热器。在SO_2吸收塔中，烟气中的SO_2被NH_3和H_2O吸收后结合生成含有亚硫酸铵、亚硫酸氢铵和少量硫酸铵的混合水溶液。

NADS 技术采用筛板塔，这是一种大孔径、高开孔率的筛板塔，阻力低，通量大。在2.5×10^4 kW 机组的装置上，每块塔板的阻力为 0.15～0.3 kPa（相当于 15～30 mmH_2O），是传统塔板的 50%；筛板塔的空塔气速达到 4 m/s，是传统塔板空塔气速的两倍。它采用整体玻璃钢拼装技术，容易大型化，防腐性能高，使用寿命长，可确保大于 25 年。在筛板塔上，气、液接触的方式是喷雾方式，而不是鼓泡或泡沫方式，因此具有较高的SO_2吸收效率。与喷淋塔和填料塔相比，筛板塔更易实现一塔多级的操作，如图 5-30 所示。

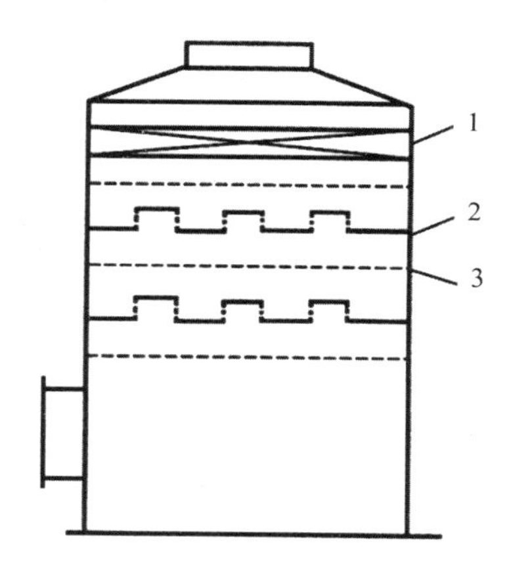

1—除沫构件；2—隔板；3—筛板

图 5-30 SO_2吸收塔结构示意图

烟气再加热器的功能是利用烟气的热量，将温度为 45～60℃的吸收尾气加热到 70～90℃，有利于尾气从烟囱排放。

②硫酸-硫酸铵装置，包括亚硫酸铵溶液酸解装置、硫酸生产装置、硫酸铵生产装置 3 套装置。

- 亚硫酸铵溶液酸解装置。在该装置中，亚硫酸铵和亚硫酸氢铵与硫酸（或磷酸、硝酸）反应，生成对应的硫酸铵（或磷酸二氢铵、硝酸铵）溶液和SO_2气体。同时在酸解装置中鼓入空气。

• 硫酸生产装置。由于该装置的 SO_2 气体非常干净（不像其他硫酸生产装置中含有砷、氟、尘等杂质），所以生产的硫酸品质是很高的。在设备上，其成套装置包括将 SO_2 催化氧化（催化剂为 V_2O_5/SiO_2）为 SO_2 的转化器和换热器、SO_2 气体干燥塔和 O_2 气体吸收塔，以及酸循环槽等。

• 硫酸铵生产装置。在该装置中，硫酸铵溶液经过蒸发结晶、离心分离、干燥、包装得到硫酸铵产品。具体的工艺流程如图 5-31 所示。

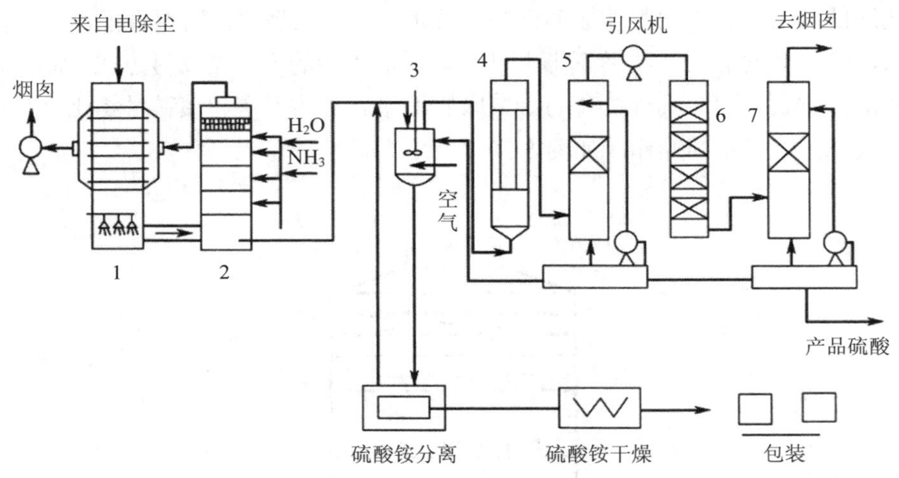

1—再热冷却塔；2—吸收塔；3—中和釜；4—冷凝器；

5—干燥塔；6—SO_2 转化器；7—吸收塔

图 5-31 NADS 技术的工艺流程简图（硫酸铵-硫酸方案）

来自电除尘器的 SO_2 烟气（温度 140～160℃）经过再热器回收热量后，温度降为 100～120℃，再经水喷淋冷却到低于 80℃，进入 SO_2 吸收塔。吸收塔的吸收温度在 50℃左右，SO_2 吸收率大于 95%，烟气出口氨含量小于 20 mL/m^3。吸收后的烟气进入再热器，升温到 70℃以上，进入烟囱排放。吸收塔为多级循环吸收，一般为 3～5 级。

从吸收塔出来的亚硫酸铵溶液经过离心分离除去灰尘后进入中和釜，得到硫酸铵溶液和高浓度的 SO_2 气体。硫酸铵溶液经过蒸发结晶、干燥、包装得到商品硫酸铵化肥。SO_2 气体进入硫酸生产装置生产 98%（质量分数）的硫酸。所得的硫酸 70%～80%返回中和釜，20%～30%作为商品出售。

5.3.2　脱硝设备

现有的烟气脱硝技术有选择性催化还原（SCR）、选择性非催化还原（SNCR）、SNCR-SCR 联合法 3 种。3 种方法各有所长，在世界范围内都得到了较快的发展，目前 SCR 工艺技术在工业上应用最广。SCR 工艺是利用还原剂（NH_3）对 NO_x 的还原功能，在催化剂的作用下将 NO_x 还原为 N_2 和水。“选择性”是指氨有选择性地将 NO_x 还原。SCR 装置一般布置在锅炉省煤器出口与空气预热器入口之间，催化反应温度为 300～400℃。

如图 5-32 所示，SCR 法烟气脱硝系统一般由氨的储存系统、氨与空气混合系统、氨气喷入系统、反应器系统、省煤器旁路、SCR 旁路、检测控制系统等组成。液氨从液氨槽车由卸料压缩机送入液氨罐，再经过蒸发器蒸发为氨气后通过氨缓冲槽和输送管道进入锅炉区，与空气均匀混合后由分布导阀进入 SCR 反应器内部反应。SCR 反应器设置于空气预热器前，氨气在 SCR 反应器的上方，通过一种特殊的喷雾装置和烟气均匀混合，混合后烟气通过反应器内催化剂进行还原反应。

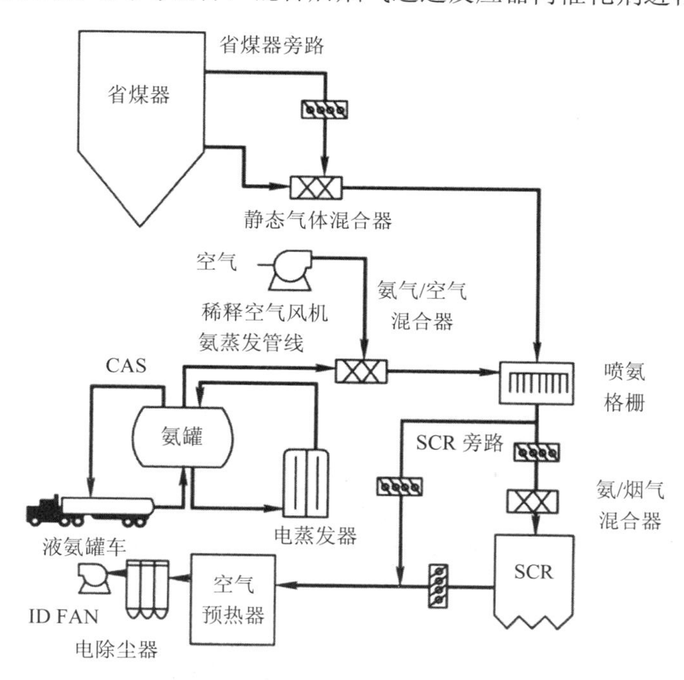

图 5-32　SCR 法烟气脱硝系统组成

第 6 章　噪声控制设备

噪声控制一般从 3 个方面考虑：一是声源的控制；二是传播途径的控制；三是接收者的防护。在噪声传播途径上的控制是目前噪声控制中的普遍技术，其按工作原理可分为吸声、隔声和消声，相应的设备为降噪设备、隔声设备和消声设备。

6.1　吸声降噪设备

在吸声降噪过程中，常采用多孔材料吸声结构、共振吸声结构来实现降噪目的。

6.1.1　多孔材料吸声结构

吸声板结构是由多孔吸声材料与穿孔板所组成的板状吸声结构，见图 6-1。穿孔板的穿孔率一般大于 20%，孔心间距越大，低频吸声效果越好。轻织物多采用玻璃布和聚乙烯塑料薄膜，聚乙烯塑料薄膜的厚度应小于 0.03 mm，否则会降低高频细声性能。

图 6-1　多孔材料吸声结构

6.1.2 共振吸声结构

多孔材料对中、高频声吸声效果较好，对低频声吸声效果较差，若采用共振吸声结构则可以改善低频吸声性能。共振吸声结构是利用共振原理制成的，常用的有薄板共振吸声结构、薄膜共振吸声结构、穿孔板共振吸声结构、微穿孔板共振吸声结构。

6.1.2.1 薄板共振吸声结构

把薄的板材（如胶合板、薄木板、硬质纤维板、石膏板、石棉水泥板、金属板等）周边固定在框架上，将框架固定在刚性壁面上，薄板与刚性壁面间留有一定厚度的空气层，就构成了薄板共振吸声结构，见图6-2。其机理是，当声波入射到薄板上引起板面振动，薄板振动要克服本身的阻尼和板与框架之间的摩擦，使一部分声能转化为热能而耗损。当薄板振动结构的故有频率与入射声波频率一致时，将发生共振，吸声最强。

图6-2 薄板共振吸声结构图

6.1.2.2 薄膜共振吸声结构

刚度很小的弹性材料（如聚乙烯塑料薄膜、漆布、不透气的帆布以及人造革等）和其后的空气层在一起，可构成薄膜共振吸声结构。薄膜共振吸声结构与薄板共振吸声结构的吸声机理基本相同。

6.1.2.3 穿孔板共振吸声结构

在钢板、铝板、硬质纤维板、胶合板、塑料板、石棉水泥板、水泥加压板等板材上面以一定孔径和穿孔率打孔，并在板背后留有一定厚度的空气层，就构成了穿孔板共振吸声结构，见图 6-30。

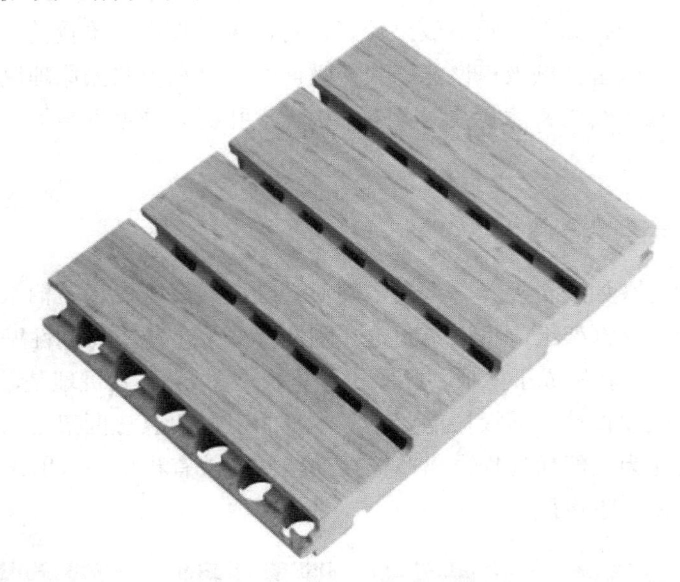

图 6-3 穿孔板共振吸声结构图

6.1.2.4 微穿孔板共振吸声结构

在板厚 1.0 mm 的薄板上穿孔径≤1.0 mm 的微孔，穿孔率在 1%～5%，后部留有一定厚度的空气层，就构成了微穿孔板共振吸声结构。微穿孔板可用铝板、钢板、镀锌板、不锈钢板、塑料板等材料制成。

微穿孔板共振吸声结构由于板薄、孔径小、声阻抗大、质量小，因而吸声系数和吸声频带宽度比穿孔板吸声结构要好。在国内噪声控制工程及改善厅堂音质方面得到了广泛的应用。

6.2 隔声设备

6.2.1 复合隔声板

用钢板、吸声材料、阻尼材料和装饰表面板等多层结构组成一个整体，即构成复合隔声板，见图 6-4。复合隔声板的长度和宽度按需要可有多种尺寸，厚度按噪声源性质的不同分为 50 mm、80 mm、100 mm、120 mm 等几种。以高频声为主的小型设备选用 50 mm 厚；以高频声为主的大型设备选用 80 mm 厚；以低中频声为主的小型设备选用 80 mm 厚；以低中频声为主的大型设备选用 120 mm 厚，中间再加阻尼层和吸声材料。

图 6-4　复合隔声板结构图

6.2.2　隔声罩

隔声罩是用隔声构件将噪声源封闭在一个较小的空间内，以降低噪声源向周围环境辐射噪声的罩形结构。将噪声源封闭在隔声罩内，需要考虑机电设备运转时的通风、散热问题；同时，安装隔声罩可能给监视、操作、检修等工作带来不便。

隔声罩基本结构如图 6-5 所示，罩壁一般由罩板、阻尼涂料和吸声层构成。为便于拆装、搬运、操作、检修以及经济方面的因素，罩板通常采用薄金属、木板、纤维板等轻质材料。当采用薄金属板作罩板时，必须涂覆相当于罩板 2～4 倍厚度的阻尼层，以改善共振区和吻合效应处的隔声性能。

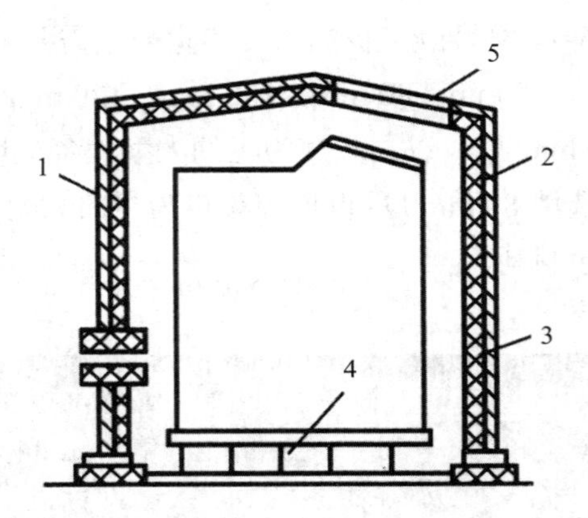

1—钢板；2—吸声材料；3—护面穿孔板；4—减振器；5—观测窗

图 6-5 隔声罩基本结构示意图

隔声罩一般分为全封闭隔声罩、局部封闭隔声罩和消声箱式隔声罩。全封闭隔声罩不设开口，多用来隔绝体积小、散热要求不高的机械设备。局部封闭隔声罩设有开口或局部无罩板，罩内仍存在混响声场，一般应用于大型设备的局部发声部件或发热严重的机电设备。消声箱式隔声罩是在隔声罩的进、排气口安装有消声器，多用来消除发热严重的风机噪声。

选择或制作隔声罩应注意的事项：

①罩面必须选择有足够隔声能力的材料制作，罩面形状宜选择曲面形体，其刚度较大，利于隔声；内部壁面与声源设备之间的距离不得小于 100 mm；罩壁宜轻薄，宜选用分层复合结构。

②采用钢板或铝板制作的罩壳，须在壁面上加筋，涂贴一定厚度的阻尼材料以抑制共振和吻合效应的影响，阻尼材料层厚度通常为罩壁的 2～3 倍。阻尼材料常用内损耗大的黏弹性材料，如沥青、石棉漆等。

③隔声罩内的所有焊缝应避免漏声，隔声罩与地面的接触部分应密封。

④罩体与声源设备及其机座之间不能有刚性接触，以免形成“声桥”，导致隔声量降低。机器与隔声罩之间，以及它们与地面或机座之间应有适当的减振措施。

⑤隔声罩内表面须进行吸声处理，需衬贴多孔或纤维状吸声材料层，平均吸声系数不能太小。

⑥隔声罩应易于拼装，考虑声源设备的通风、散热等要求。

6.2.3　隔声间

隔声间也称隔声室，是用隔声围护结构建造成的一个较安静且有良好的通风、采光的空间。隔声间是由隔声墙板、隔声门、隔声窗、通风消声装置、阻尼材料和减振器等多种声学构件组合而成的。

设计隔声门时，不仅要有足够的隔声量，还要保证门开启机构灵活方便，同时门扇与门框之间应密封好。隔声门常采用轻质复合结构，在层与层之间填充吸声材料，隔声量可达30～40 dB（A）。双层充气隔声门的隔声量可达46～60 dB（A）。隔声门的隔声性能与门缝的密封程度有关。即使门扇设计的隔声量很大，若密封不好，其隔声效果也会下降。隔声门的密封方法应该根据隔声要求和门的具体使用条件确定，例如，人员出入较少的隔声间的门可以采用隔声效果较好的双企口压紧橡皮条的密封方法，而人员出入较频繁的隔声间就不能使用这种方法。为使隔声门关闭严密，在门上应设加压关闭装置，一般采用较简单的锁闸。门铰链应有距门边至少50 mm的转轴，以便门扇沿着四周均匀地压紧在软橡皮垫上。门框与墙体的接缝处也应注意密封。

隔声窗按照其所使用的场所不同和隔声量不同可分多种形式。

隔声采光窗上安装的玻璃可以是两层，也可以是多层。隔声窗的隔声量除了取决于玻璃的厚度（或单位面积玻璃的质量），还取决于窗结构，窗与窗框之间、窗框和墙壁之间的密封程度。玻璃厚度一般为5 mm或6 mm，每层玻璃的厚度最好不相同，其总厚度一般为60 mm、80 mm、100 mm、120 mm。

通风隔声窗应满足通风和隔声两种功能要求。正面采用大块玻璃隔声采光，周边为橡胶条密封结构，下面和两侧面是进风或出风通道，在通道上进行吸声处理，相当于安装了阻性消声器。根据需要，可以在隔声窗内侧安装轴流风机，进行机械通风。

消声遮阳百叶窗具有遮阳、采光、降噪、通风等多种功能，可以安装于建筑物的窗洞口或隔声室、隔声罩的进出口。在百叶片上装以吸声材料，利用百叶片之间阻性消声达到降噪的目的，其消声降噪量为10 dB（A）左右。

6.2.4　声屏障

在噪声源和需要进行噪声控制的区域之间，安置一个有足够面密度的密实材料的板或墙，使声波传播有明显的附加衰减，这样的“障碍物”称为声屏障（noise barriers）。声屏障主要用于交通噪声的治理。在高速公路、高架道路、立交桥与道路周边住宅之间常看到声屏障。

声屏障的降噪作用是基于声波的衍射原理的。噪声在传播途径中遇到障碍物（声屏障），若障碍物尺寸远大于声波波长，大部分声能被反射和吸收，一部分绕射，于是声波在声屏障背后一定距离内形成“声影区”，同时声波绕射必然产生衰减。一般 3～6 m 高的声屏障，其声影区内降噪效果在 5～12 dB（A）。由于高频声声影区大，波长短，所以最容易被阻挡，其次是中频声，而声屏障后面形成的声影区中所产生的低频声，由于声波波长长，最容易绕射过去，所以声屏障对低频噪声的隔声效果是较差的。对于频率在 250 Hz 以下的低频声常借助吸声材料使低频噪声衰减。因此，声屏障应具有隔声和吸声的双重功能。

6.3 消声器

空气动力性噪声是一种常见的噪声污染，从喷气式飞机、火箭、宇宙飞船，直到各种动力机械、通风空调设备、气动工具、内燃发动机、压力容器及管道阀门等的进排气，都会产生声级很高的空气动力性噪声。控制这种噪声有效的方法之一就是在各种空气动力设备的气流通道上或进排气口上加装消声器。一个合适的消声器能使气流噪声降低 20～40 dB（A）。

6.3.1 消声器的种类与性能要求

按消声原理和结构的不同，消声器大致可分为阻性消声器、抗性消声器、阻抗复合式消声器、微穿孔板消声器、喷注耗散型消声器、有源消声器等类型，见表 6-1。

表 6-1 消声器的种类与适用范围

消声器类型	所包括的形式	消声频率特性	适用范围
阻性消声器	直管式、片式、折板式、声流式、蜂窝式、弯头式	中频、高频	消除风机、燃气轮机进气噪声
抗性消声器	扩张室式、共振腔式、干涉式	低频、中频	消除空压机、内燃机汽车排气噪声
阻抗复合式消声器	阻—扩型、阻—共型、阻—扩—共型	低频、中频、高频	消除鼓风机、大型风洞、发动机试车台噪声

消声器类型	所包括的形式	消声频率特性	适用范围
微穿孔板消声器	单层微穿孔板消声器、双层微穿孔板消声器	宽频带	高温、高湿、有油雾及要求特别清洁卫生的场合
喷注耗散型消声器	小孔喷注型、降压扩容型、多孔扩散型	宽频带	消除压力气体排放噪声，如锅炉排气、高炉放风、化工工艺气体放散等噪声
喷雾消声器		宽频带	用于消除高温蒸汽排放噪声
有源消声器		低频	用于消除低频噪声的一种辅助措施

一个性能好的消声器应满足以下几点。

①声学性能：消声器在所需要的消声频率范围内应有足够大的消声量。

②空气动力性能：消声器对气流的阻力损失或功能损耗要小。

③结构性能：体积要小、质量轻、坚固耐用、结构简单，便于加工、安装和维修。

④外形及装饰要求：除消声器几何尺寸和外形应符合实际安装空间的允许外，消声器的外形应美观大方，表面装饰应与设备总体相协调。

⑤价格费用要求：在消声量达到要求的条件下，消声器要价格便宜，使用寿命长，有一个较高的性能价格比。

6.3.1.1 阻性消声器

通常把不同种类的吸声材料按不同方式固定在气流通道中，即构成各式各样的阻性消声器。阻性消声器结构由于充分利用中、高频吸声特性较好的吸声材料，所以中、高频消声效果良好。其按气流通道的几何形状可分为直管式、折板式、声流式、弯头式、片式、蜂窝式、迷宫式等，见图 6-6。它们的特点见表 6-2。

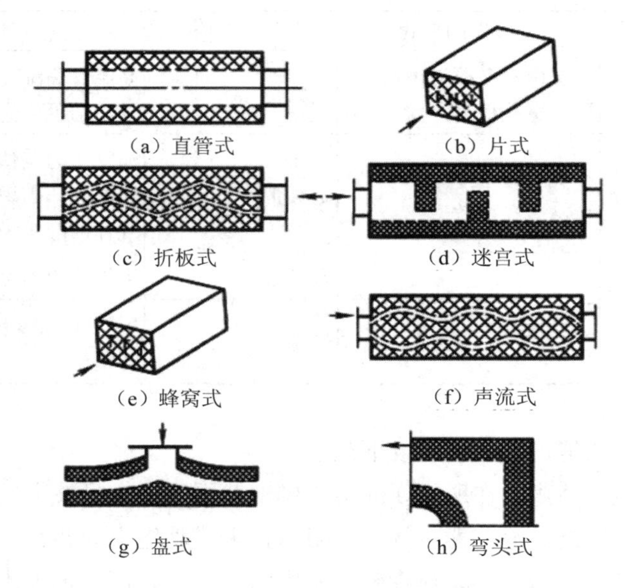

图 6-6 常见阻性消声器的形式

表 6-2 各类阻性消声器的特性与适用范围

种类	特性与使用范围
直管式	结构简单，阻力损失小，适用于小流量管道及设备的进、排气口
片式	单个通道的消声量即为整个消声器的消声量，结构损失大，不适于流速较高的场合
折板式	是片式消声器的变种，提高了高频消声性能，但阻力损失大，不适于流速较高的场合
迷宫式	在容量较大的箱（室）内加衬吸声材料和吸声障板，具有抗性作用，消声频率范围宽，但体积庞大，阻力损失大，仅在流速很低的风道上使用
蜂窝式	高频消声效果差，但阻力损失较大，构造相对复杂，适用于气流流量较大，流速不高的场合
声流式	是折板式消声器的改进型，改善了低频消声性能，阻力损失较小，但结构复杂，不易加工，造价高
盘式	主要适用于锅炉鼓风机的进口消声、机房及厂房进出风口消声，也适用于各类隔声罩的通风口消声
弯头式	低频消声效果差，高频消声效果好，一般结合现场情况，在需要弯曲的管道内衬贴吸声材料构成

阻性消声器的设计步骤如下。

①确定消声量。应根据有关的环境保护和劳动保护标准，适当考虑设备的具体条件，合理确定实际所需的消声量。对于各频带所需的消声量，可参照相应的 NR（噪声评价）曲线来确定。

②选择消声器的结构形式。根据气体流量和消声器所控制的流速，计算所需的通流截面，并由此来选定消声器的结构形式。一般来说，气流通道截面当量直径小于 300 mm，可采用单通道直管式；通道截面直径介于 300～500 mm，可在通道中加设吸声片或吸声芯；通道截面直径大于 500 mm，则应考虑选用片式、蜂窝式或其他形式。

③选用吸声材料。除了考虑材料的吸声性能外，还应考虑消声器的实际使用条件，在高温、潮湿、有腐蚀等特殊环境中，则应考虑吸声材料的耐热、防潮、抗腐蚀性能。

④确定消声器的长度。消声器的长度应根据噪声源的强度和现场降噪要求来决定。增加消声器的长度可以提高消声量，但还应注意现场有限空间所允许的安装尺寸。一般空气动力设备如风机、电机的消声器长度为 1～3 m，特殊情况下为 4～6 m。

⑤选择吸声材料的护面结构。阻性消声器的吸声材料在气流中工作时必须用牢固的护面结构固定。通常采用的护面结构有玻璃布、穿孔板或铁丝网等。如护面结构不合理，吸声材料会被气流吹跑或者使护面结构产生振动，导致消声器性能下降。护面结构的形式主要取决于消声器通道内的气流速度。

⑥验算消声效果。根据“高频失效”和气流再生噪声的影响验算消声效果。若设备对消声器的压力损失有一定要求，应计算压力损失是否在允许的范围之内。

6.3.1.2　抗性消声器

抗性消声器仅依靠管道突变或旁接共振腔等在声传播过程中引起阻抗的改变而产生声能的反射、干涉，从而降低由消声器向外辐射的声能，达到消声的目的。抗性消声器适用于窄带和中、低频噪声的控制，能在高温、高速、脉动气流下工作，适用于汽车、拖拉机、空压机等排气管道的消声。抗性消声器有扩张室式、共振腔式、干涉式、穿孔板式等类型，其中扩张室式和共振腔式是两种常用的类型。

（1）扩张室式消声器

①扩张室式消声器的消声性能。

扩张室式消声器也称膨胀式消声器，是利用管道横断面的扩张和收缩引起的反射和干涉来进行消声的。在工程中为了减少对气流的阻力，常用的是扩张管。扩张室消声器的消声量是由扩张比 m 决定的。但是，扩张比 m 不可选得太大，应使消声量与消声频率范围二者兼顾。在实际工程中，一般取 $9<m<16$，最大不超过 20，最小不小于 5。

不管扩张比 m 多大，单节扩张室式消声器消声量 ΔL 总是为零，即存在许多消声量为零的通过频率。改善扩张室消声器消声频率特性的方法如下：

● 将单节扩张室式改进为内插管式，即在扩张室两端各插入长度分别为扩张室长度的 1/2 和 1/4 的管，以分别消除 n 为奇数和偶数时的通过频率低谷，以使消声器的频率响应曲线平直。但实际设计的消声器多是两端插入管连在一起，在其间的 1/4 长度上打孔，穿孔率大于 30%，以减少气流阻力。

● 设计多节扩张室，将它们串联起来，各节扩张室长度不相等。同时使各自的通过频率相互错开。因此，既可提高总的消声量，又可改善消声频率特性。

②扩张室式消声器设计步骤。

● 根据需要的消声频率特性，合理地分布最大消声频率，确定各节扩张室式消声器的长度及其插入管的长度。

● 根据有关标准，确定所需要的消声量，尽可能选取较大的扩张比 m，设计扩张室各部分的截面尺寸。

● 验算所设计扩张室式消声器的上下频率是否在所需要消声的频率范围之外。如不符合，则重新修改方案。

（2）共振腔式消声器

在一段气流通道的管壁上开若干个小孔，并与外侧密闭空腔相通，小孔和密闭的空腔就组成了一个共振腔式消声器。其消声原理和穿孔共振结构是相似的，小孔与空腔组成一个弹性振动系统，小孔孔颈中具有一定质量的空气，在声波的作用下往复运动，与孔壁产生摩擦，使声能转变成热能而消耗掉。当声波频率与消声器固有频率相等时，发生共振。在共振频率及其附近，空气振动速度最大，因此消耗的声能最多，消声量最大。

共振腔消声器的气流通道截面积是由管道中气体流量和气流速度决定的。在条件允许的情况下，应尽可能缩小通道的截面积。一般通道截面直径不应超过 250 mm。如气流通道较大，则需采用多通道共振腔并联，每一通道宽度取 100～200 mm，且竖直高度小于共振波长的 1/3。

共振腔消声器适用于低、中频成分突出的气流噪声的消声，但有效消声频率范围较窄，对此可采用以下改进方法：

①在空腔内填充一些吸声材料，以增加共振腔消声器的声阻，使有效消声的频率范围展宽。这样处理尽管会使共振频率处的消声量有所下降，但由于偏离共振频率后的消声量变得下降缓慢，整体上还是有利的。

②采用多节共振腔串联。把具有不同共振频率的几节共振腔消声器串联，并使其共振频率互相错开，可以有效地展宽消声频率范围。

为了使共振腔消声器取得应有的效果，设计时应注意以下几点：

①共振腔的最大几何尺寸都应小于共振频率f_r处波长λ_r的1/3。

②穿孔位置应均匀集中在共振腔消声器内管的中部，穿孔范围应小于其共振频率相应波长的1/12；孔心距应大于孔径的5倍。若不能同时满足上述要求，可将空腔分割成几段来分布穿孔位置，总的消声量可近似视为各腔消声量的总和。

③为展宽共振腔消声器的有效消声频率范围，采取增大共振腔深度、减小孔径、在孔径处增加阻尼等措施。穿孔板的厚度宜取1～5 mm，孔径宜取ϕ3～10 mm，穿孔率宜取0.5%～5%，腔深宜取10～20 cm。

6.3.1.3　阻抗复合式消声器

阻性消声器在中、高频范围内有较好的效果，而抗性消声器可以有效降低低频、中频噪声。而在实际噪声控制工程中，往往遇到宽频带噪声，即低频、中频、高频的噪声都很高。为了在较宽的频率范围内获得较好的消声效果，通常将阻性结构和抗性结构按照一定的方式组合起来，就构成了阻抗复合式消声器。常用的阻抗复合式消声器有阻性—扩张室复合消声器，阻性—共振腔复合消声器，阻性—扩张室—共振腔复合消声器（见图6-7）。

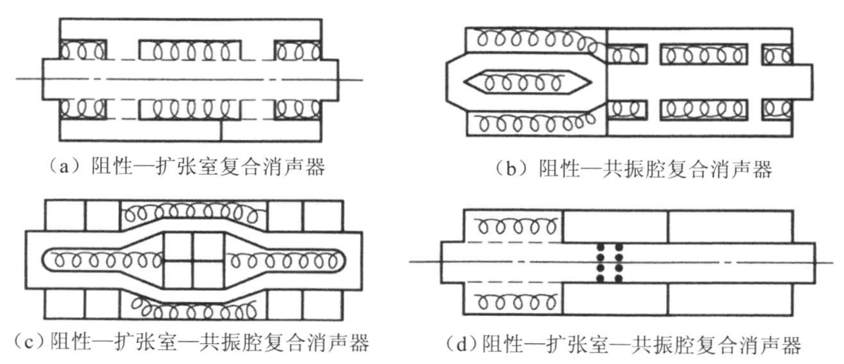

（a）阻性—扩张室复合消声器　（b）阻性—共振腔复合消声器

（c）阻性—扩张室—共振腔复合消声器　（d）阻性—扩张室—共振腔复合消声器

图6-7　几种阻抗复合式消声器

阻抗复合式消声器主要用于消除各种风机和空压机的噪声。但由于阻性段有吸声材料，因此阻抗复合式消声器一般都不适于在高温和含尘的环境中使用。

6.3.1.4 微穿孔板消声器

微穿孔板消声器是用微穿孔板制作，是阻抗复合式消声器的一种特殊形式。多种类型的微穿孔板消声器在通风空调系统和噪声控制工程中得到了广泛的应用。

微穿孔板消声器采用微穿孔薄板制成，不用任何多孔吸声材料。微穿孔板材料一般用厚度为 0.20～1.0 mm 的钢板、铝板、不锈钢板、镀锌钢板、PC 板、胶合板、纸板等制作。

为加宽吸收频带，孔径应尽可能地小，但因受冲孔制造工艺的限制以及微孔过小易堵塞，故常用孔径为 0.50～1.0 mm，穿孔率一般为 1%～3%。为获得宽频带、高吸声效果，一般用双层微穿孔板结构。微穿孔板与风管壁之间以及微穿孔板与微穿孔板之间的空腔，按所需吸收的频带不同而异。

微穿孔板消声器消声量高，消声频带宽，压力损失小，气流再生噪声低，不用多孔性吸声材料，无粉尘或其他纤维泄出，十分清洁，因此特别适用于环境标准要求较高的通风空调系统，如净化车间、无菌室、高级宾馆等。微穿孔板消声器防潮、防水，能承受较高气流速度的冲击，耐高温，适应性较强。

6.3.2 消声器的选用

消声器在选用过程中，应注意以下几个方面。

①噪声源特性分析。消声器用于降低空气动力性噪声，对其他噪声源是不适用的。应按不同性质、不同类型的噪声源，有针对性地选用不同类型的消声器。

噪声源的声级高低及频谱特性各不相同，消声器的消声性能也各不相同，在选用消声器前应对噪声源进行测量和分析。一般测量 A 声级、C 声级、倍频程或 1/3 倍频程频谱特性，使噪声源的频谱特性和消声器的消声特性两者相对应。噪声源的峰值频率应与消声器最理想、消声量最高的频段相对应。这样安装消声器后才能得到满意的消声效果。同时，应对噪声源的安装使用情况，周围的环境条件，有无可能安装消声器，消声器装在什么位置等事先有个考虑，以便正确合理地选用消声器。

②噪声标准确定。在具体选用消声器时，必须弄清楚安装所选用的消声器后能满足何种噪声标准的要求。

③消声量计算。按噪声源测量结果和噪声允许标准的要求来计算消声器的消声量。消声量过高或过低都不恰当。消声量过高，可能达不到，或提高成本，或影响其他性能参数；消声量过低，则达不到要求。计算消声量时要考虑的影响因素：第一，背景噪声的影响，有些待安装消声器的噪声源使用环境条件较差，背景噪声很高或有多种声源干扰，这时对消声器质量的要求不能太苛刻；第二，自然衰减量的影响，声波随距离的增加而衰减。

④选型。正确的选型是保证获得良好消声效果的关键。根据噪声源所需要的消声量、空气动力性能要求以及空气动力设备管道中的防潮、耐油、防火、耐高温等要求，选择消声器的类型：对低频、中频为主的噪声源（如离心通风机等），可采用阻性或阻抗复合式消声器；对宽频带噪声源（如高速旋转的鼓风机、燃气轮机等），可采用阻抗复合式消声器或微穿孔板消声器：对脉动性低频噪声源（如空燃机、内燃机等），可采用抗性消声器或微穿孔板消声器；对高压、高速排气放空噪声，可选用新型节流减压及小孔喷注消声器；对潮湿、高温、油雾、有火焰的空气动力设备，可采用抗性消声器或微穿孔板消声器；对于大风量特别或通道面积很大的噪声源，可以设置消声房、消声塔或以特制消声元件组成的大消声器。

⑤消声器只能降低空气动力设备进排气口或沿管道传播的噪声，而对该设备的机壳、管壁等辐射的噪声无能为力。因此，在选用和安装消声器时应全面考虑噪声源的分布传播途径、污染程度以及降噪要求等。采取隔声、隔振、吸声、阻尼等综合治理措施，才能获得较理想的效果。

⑥消声器的空气动力性能损失应控制在能使该机械设备正常工作的范围内。

⑦为了降低消声器的阻力损失和气流再生噪声，保证消声器的正常使用，必须降低消声器和管道中的气流速度。对于空调系统，主管道中和消声器内的流速应控制在 10 m/s 以下。内燃机进、排气消声器中的气流速度一般应控制在 60 m/s 以下。鼓风机、压缩机、燃气轮机进、排气消声器中的气流速度应控制在 30 m/s 以下。周围无工作人员的高压高速排气放空消声器，气流速度应限制在 60 m/s 以下。

⑧应考虑隔声及坚固耐用，并使其体积大小与空气动力机械设备相匹配。

6.3.3 消声器的安装

在风机管路系统中，消声器安装使用部位对实际取得的效果影响甚大。安装部位适当，则效果能达到设计要求的消声量；若安装部位不妥当，实际使用效果将达不到设计要求，甚至完全没有效果。因此一定要根据消声器安装结构示意图所标明的位置安装与风机适配的消声器。在安装使用消声器时应注意以下几点：

①明确风机噪声源的部位。风机噪声源的部位按其强度大小，依次为排气口辐射的噪声、进气口辐射的噪声、机壳和管道表面辐射的噪声、电机噪声。消声器仅对进、排气噪声有明显的效果。

②要选定在室内或室外安装消声器。若进气口或出气口离风机机壳和电机较近，为了消除其噪声的影响，充分显示出消声器的效果，消声器应安装在室外，若进气口或出气口离风机机壳和电机都很远，消声器也可以安装在室内。

③消声器在室外时，消声量可达到 20 dB（A）以上；消声器在室内时，若进气口消声器或出气口消声器安装的位置紧靠风机机壳时，其最好效果可降到 10～15 dB（A）。

④在安装消声器时，消声器到风机进口或出口的距离至少要大于管道直径的 3 倍以上。为减少机壳振动对消声器性能的影响，对于通风机，应尽量使用软连接。

⑤所有法兰盘连接处都应加以垫圈，以防漏声和漏气。

⑥为了提高消声效果，防止管道壁的辐射噪声，风管上应刷上沥青并贴上一层牛毛沥青纸，再捆上石棉绳，然后箍上钢网，最后用石灰水粉刷，或者捆扎 50～100 mm 厚的矿渣棉、玻璃棉等吸声材料。

⑦通风气流管道中含有较多的水或尘时，不宜采用阻性消声器。

⑧进、排气消声器，对于通风机可互换使用，对鼓风机和压缩机千万不可互换使用。

⑨消声器要定时检修，以保证消声器的效果。

第7章　固体废物处理与处置设备

固体废物是指人们在生活和生产活动中，不可避免地会产生一些目前看来已完全或基本上失去了使用价值的固态或半固态废物。固体废物是相对某过程或某一方面没有使用价值，而非在一切过程或方面都没有使用价值。一种过程的废物往往是另一过程的原料，所以固体废物又有“放在错误地点的原料”之称。

固体废物处理就是通过物理处理、化学处理、生物处理、热处理、固化处理等不同方法，使固体废物转化为适于运输、储存、资源化利用以及最终处置的一种过程。

①物理处理：根据固体废物的物理性质，采用机械操作改变固体废物的结构，使之成为便于运输、储存、利用或处置的形态，其方法包括压实、破碎、分选和脱水等。物理处理也常被作为回收固体废物中有价值物质的重要手段。

②化学处理：采用化学方法使固体废物中的有害成分发生破坏而达到无害化，或将其转变为适于进一步处理的形态，其方法包括氧化、还原、中和等。

③生物处理：利用微生物的作用使固体废物中的有机物降解，使其实现无害化或综合利用，其方法主要包括好氧处理、厌氧处理和兼氧处理。

④热处理：通过高温破坏和改变固体废物的组成和结构，同时达到减容、无害化、资源化的目的，其方法包括焚烧、热解、湿式氧化以及焙烧、烧结等。

⑤固化处理：采用一种固化基材，将固体废物包覆以减少其对环境的危害，使之能较安全地运输和处置。固化处理主要用于放射性固体废物的处理。

固体废物资源化就其广义来讲，表示资源的再循环；就其狭义来讲，是为了再循环利用废物而回收资源与能源。人类赖以生存和发展的自然资源有许多是不可更新的，一经用于生产和生活，将从生态圈中永久消失。从资源开发过程来看，固体废物资源化与原生资源相比，可以省去开矿、采掘、选矿、富集等一系列复杂过程，保护和延续原生资源寿命，弥补资源不足，保证资源永续；且可以节省大量的投资、降低成本、减少环境污染、保持生态平衡，具有显著的社会效益。资源化技术按照工艺可分为前期技术和后期技术。

①前期资源化技术，包括破碎、分选，主要用于分离回收资源。前期资源化技术不改变物质的性质，它可细分为保持废物收集时原形的技术，改变原形不改变物理性质的有用物质回收技术（物理性原料化再利用技术）。前者通常采用手选、清洗，并对回收废物进行简易修补或净化操作后回收利用，如回收空瓶、空罐、各种电器的部分原件、机器设备中的部分机件和仪表等；后者多采用破碎、分离、水洗等，根据各材质的特性，通过机械的、物理的方法分选后回收利用，如回收金属、玻璃、纸张和塑料等。

②后期资源化技术，主要是将前期技术回收后的残留物用化学的、生物的方法，改变其物质特性而进行回收利用的技术。后期技术又分为以回收物质为目的的资源化技术和以回收能源为目的的资源化技术两大类。后者可进一步分为可贮存、可迁移型能源及燃料的回收技术和不可贮存型能源的回收技术。后期资源化技术主要包括燃烧、热分解和生物分解等。

7.1 预处理设备

固体废物预处理技术是指采用物理、化学或生物方法，将固体废物转变成为便于运输、储存、回收利用和处置的形态。固体废物预处理设备包括压实设备、破碎设备、分选设备、脱水设备等几大类。

7.1.1 压实设备及其选用

压实设备又称压实器。压实器可分固定式和移动式两大类。固定式和移动式压实器的工作原理大致相同，均由容器单元和压实单元组成。前者容纳废物料，后者在液压或气压的驱动下依靠压头将废物压实。固定式压实器一般设在废物转运站、高层住宅垃圾滑道的底部，以及需要压实废物的场合。移动式压实器一般安装在垃圾收集车上，常用于废物处置场所。

常见的压实设备包括水平式压实器、三向联合压实器、回转式压实器3种。

为了最大限度地减容，获得较高的压缩比，应尽可能选择适宜的压实器。影响压实器选择的因素很多，除废物性质外，主要应考虑压实器的性能参数。

①装载区容积。压实器的装载区的容积一般为 0.765～9.18 m^3。装载区的容积应足够大，以便容纳用户所产生的最大件的废物。

②循环时间，指压头的压面从装料箱把废物压入容器，然后再回到原来完全缩回的位置，准备接收下一批废物所需要的时间。循环时间变化范围很大，通常为 20～60 s。如果希望压实器接收废物的速度快，则要选择循环时间短的压实器。

③压面压力。压实器压面压力通常根据某一具体压实器的额定作用力这一参数来确定，额定作用力作用在压头的全部高度和宽度上。固定式压实器的压面压力一般为 103～3 432 kPa。

④压面的行程，指压面压入容器的深度，为防止压实废物填埋时返弹回装载区，要选择行程长的压实器。现在的各种压实容器的实际进入深度为 10.2～666.2 cm。

⑤体积排率，即处理率，等于压头每次压入容器的可压缩废物的体积与每小时机器的循环次数之积，通常要根据废物产生率来确定。

⑥压实器应与容器相匹配，最好由同一厂家制造，这样才能使压实器的压面行程、循环时间、体积排率以及其他参数相互协调，否则很容易发生容器膨胀变形等问题。

7.1.2　破碎设备及其选用

7.1.2.1　破碎设备

破碎设备可分为机械能破碎设备和非机械能破碎设备两大类。机械能破碎设备是利用破碎工具（如破碎机的齿板、锤子、球磨机的钢球等）对固体废物施力将其破碎的，如颚式破碎机、锤式破碎机、冲击式破碎机、剪切式破碎机、辊式破碎机及球磨机等。非机械能破碎设备是利用电能、热能等对固体废物进行破碎，如低温破碎设备、减压破碎设备及超声波破碎设备等。一般破碎机都是用两种或两种以上的破碎方法联合作用对固体废物进行破碎，如压碎和折断、冲击破碎和磨碎等。

（1）颚式破碎机

颚式破碎机属于挤压型破碎机械（见图 7-1）。根据可动颚板的运动特性分为简单摆动式、复杂摆动式和综合摆动式。颚式破碎机具有结构简单、坚固、维护方便、工作可靠等特点。在固体废物破碎处理中，其主要用于破碎强度及韧性高、腐蚀性强的废物。例如，煤矸石作为沸腾炉燃料、制砖和水泥原料时的碎料等。颚式破碎机既可用于粗碎，也可用于中、细碎。颚式破碎机结构组成见图 7-2。

图 7-1　颚式破碎机

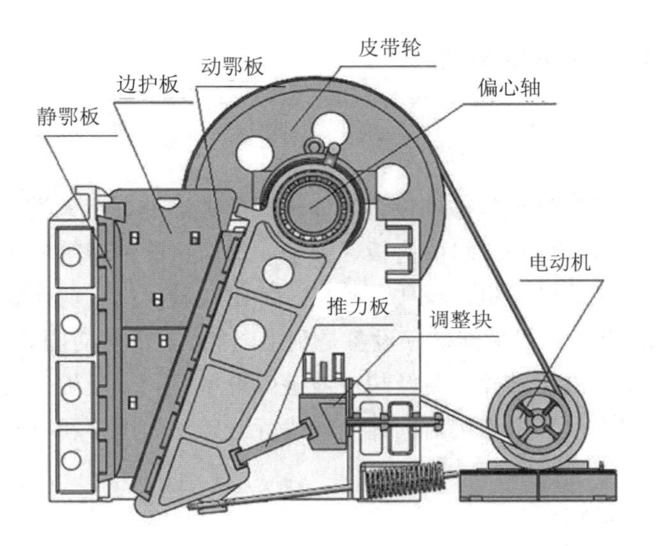

图 7-2　颚式破碎机结构组成

（2）锤式破碎机

锤式破碎机按转子数目不同可分为单转子和双转子两类，按转轴方向不同可分为卧轴和立轴锤式破碎机，常见的是卧轴锤式破碎机，即水平轴式破碎机。

目前专用于破碎固体废物的锤式破碎机主要有 BJD 型锤式破碎机、Hammer Mills 型锤式破碎机、Novorotor 型双转子锤式破碎机 3 种类型。BJD 型锤式破碎机主要用于破碎废旧家具、厨房用具、床垫、电视机、冰箱、洗衣机等大型固体废物，可以破碎到粒径为 50 mm 左右，不能破碎的废物从旁路排除。经 BJD 型锤式破碎机破碎后，金属切屑的松散体积减小 3～8 倍，便于运输至冶炼厂冶炼。锤子呈钩形，对金属切屑施加剪、切、拉、撕等作用。Hammer Mills 型锤式破碎机主要用于破碎汽车等大型固体废物。锤式破碎机及其内部结构见图 7-3。

图 7-3　锤式破碎机及其内部结构

（3）冲击式破碎机

冲击式破碎机是利用冲击作用进行破碎的设备，主要有 Universa 型和 Hazemag 型，其构造如图 7-4 所示。Hazemag 型冲击式破碎机装有两块反击板，形成两个破碎腔。转子安装有两个坚硬的板锤，机体内表面装有特殊钢制衬板，用以保护机体不受损坏。固体废物从上部进入，在冲击和剪切作用下破碎。冲击式破碎机适用于破碎中等硬度、软质、脆性及纤维状等多种固体废物。

（4）辊式破碎机

辊式破碎机主要靠剪切和挤压作用，见图 7-5。根据辊子的数目，可分为单辊、双辊、三辊和四辊破碎机；根据辊子表面的形状，可分为光辊破碎机和齿辊破碎机两种。光辊破碎机的辊子表面光滑，靠挤压破碎兼有研磨作用，可用于硬度较大的固体废物的中碎和细碎。齿辊破碎机辊子表面带有齿牙，主要破碎形式是劈碎，用于破碎脆性和含泥黏性废物。辊式破碎机可有效地防止产品过度破碎，能耗相对较低，构造简单、工作可靠。但其破碎效果不如锤式破碎机，运行时间长，使设备较为庞大。辊式破碎机内部结构见图 7-6。

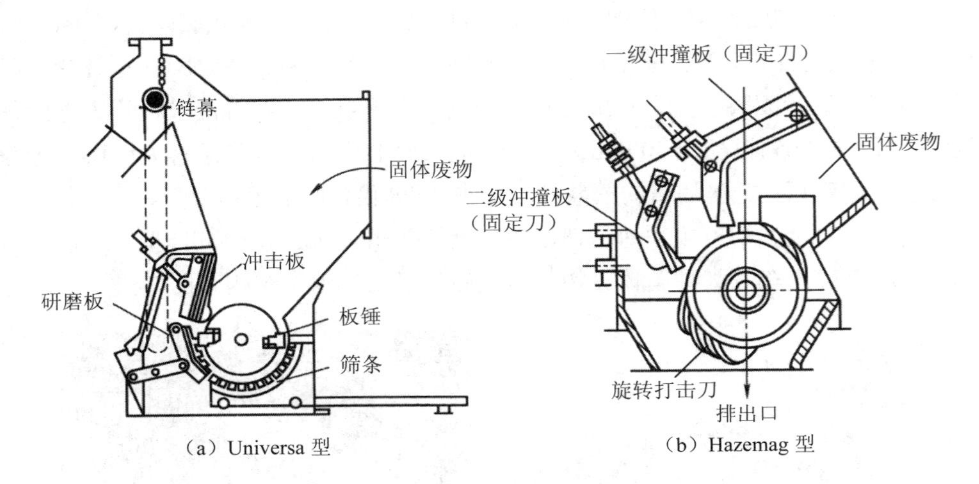

图 7-4　冲击式破碎机

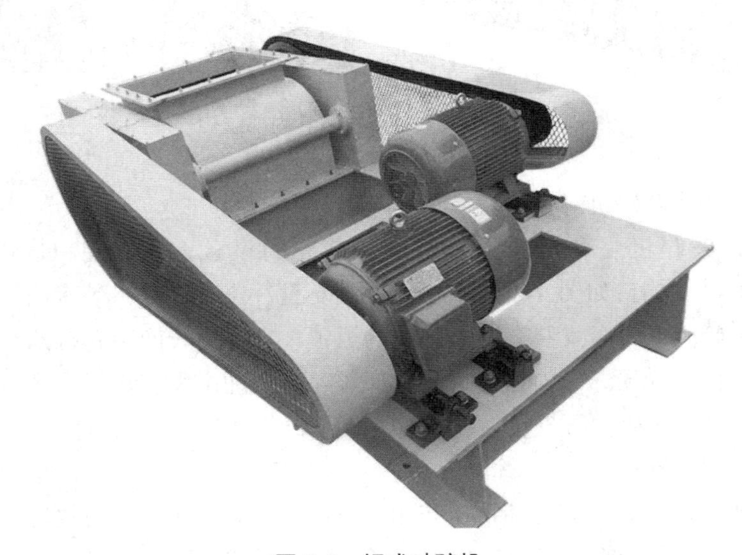

图 7-5　辊式破碎机

图7-6　辊式破碎机内部结构

（5）剪切式破碎机

剪切式破碎机是借助固定刀刃和可动刀刃（又分为往复刃和回转刃）之间的齿合作用，将固体废物剪切成适宜的形状和尺寸，见图7-7。剪切式破碎机特别适用于破碎低二氧化硅含量的松散物料。根据刀刃的运动方式不同可划分为往复式和回转式。

图7-7　剪切式破碎机

（6）球磨机

球磨机主要由圆柱形筒体、电动机、减速机、联轴器、轴承和传动大齿圈等部件组成，其构造如图 7-8 所示。筒体内装有直径为 25～150 mm 的钢球，其装入量为整个筒体有效容积的 25%～50%。筒体内壁敷设有衬板，防止筒体磨损，兼有提升钢球的作用。筒体两端的中空轴颈有两个作用：一是起轴颈的支承作用，使球磨机全部重量经中空轴颈传给轴承和机座；二是起给料和排料的漏斗作用。电动机通过联轴器和小齿轮带动大齿轮和筒体缓缓转动。当筒体转动时，在摩擦力、离心力和衬板的共同作用下，钢球和物料被衬板提升；当提升到一定高度后，在钢球和物料本身重力作用下自由下落和抛落，从而对筒体内底脚区内的物料产生冲击和研磨作用，使物料粉碎。物料达到磨碎细度要求后，由风机抽出。球磨机常用于矿业废物和工业废物处理。

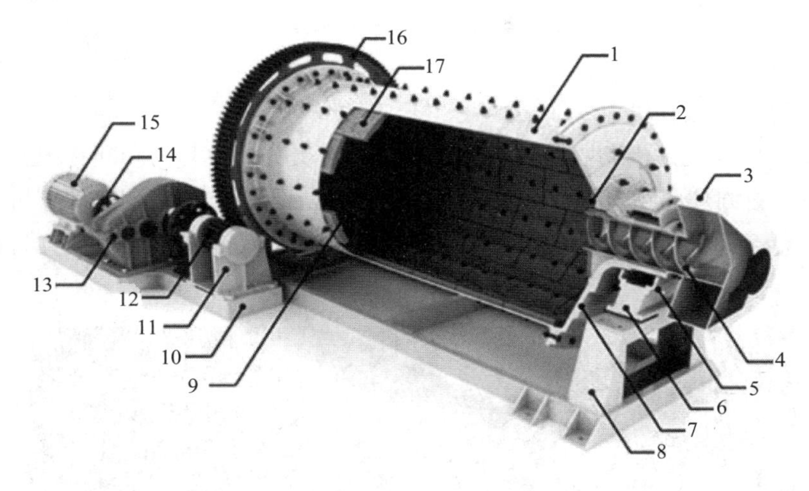

1—筒体；2—石板；3—进料器；4—进料螺旋；5—轴承盖；6—轴承座；7—辊轮；8—支架；9—花板；10—驱动座；11—过桥轴承座；12—小齿轮；13—减速机；14—联轴器；15—电动机；16—大齿圈；17—大衬板

图 7-8 球磨机结构示意图

（7）湿式破碎机

湿式破碎机为一立式转筒，底部设有多孔筛，筛上安装一个带有多把刀和叶轮的转子。旋转的转子切碎垃圾，并搅拌成浆液。浆液通过筛网，再经分离剔除无机物后，从中能初步回收纸浆纤维。破碎机内未被粉碎的金属、瓦砾等可从机器的侧口排出，并由斗式提升机送去磁选。该设备主要用于纸类废物破碎。

7.1.2.2　破碎设备的选用

选择破碎方法时，需视固体废物的机械强度，特别是废物的硬度和脆性而定。纤维等物质具有抗冲击性，因此只能以剪断破碎为主；塑料、橡胶类物质在低温下变脆，可进行低温破碎；对坚硬废物采用挤压破碎和冲击破碎十分有效；对韧性废物采用剪切破碎与冲击破碎相结合或剪切破碎与磨碎相结合较好；对脆性废物则采用劈碎、剪断破碎、冲击破碎为宜；纸类废物在水中会形成浆液，可采用湿式破碎。

垃圾破碎设备在向专用性方向发展的同时，又呈现出破碎功能综合性的趋势，即一台破碎机往往兼有多种破碎方式，甚至还具有分选等其他后道工序的处理功能。垃圾破碎设备通常体积大，造价高，从经济角度考虑，应尽量向多功能方向发展，做到一机多用，适应不同的处理对象。近年来，国外根据垃圾处理的需要，开发了以特定的大型垃圾为处理对象的破碎机，如装机总动力 1 000 kW 以上的废汽车破碎机；推广了以家庭厨房垃圾为处理对象的小型破碎机。在开发各种固定式破碎机的同时，还研制了车载移动式破碎机。

7.1.3　分选设备及其选用

7.1.3.1　分选设备

垃圾分选设备包括筛分设备、重力分选设备、磁力分选设备、电选设备、光电分选设备、摩擦与弹性分选设备，以及浮选设备。

（1）筛分设备

筛分是利用筛子使物料中小于筛孔的细粒物料透过筛面，而大于筛孔的粗粒物料留在筛面上，从而完成粗、细料分离的过程。最常用的筛分设备主要有固定筛、滚筒筛、惯性振动筛、共振筛等。

①固定筛。固定筛的筛面由许多平行排列的筛条组成，可以水平安装或倾斜安装，见图 7-9。固定筛有格筛和棒条筛两种。格筛一般安装在粗碎机之前，以保证入料大小适宜。棒条筛主要用于粗碎和中碎之前，安装倾角应大于废物对筛面的摩擦角，一般为 30°～35°，以保证废物沿筛面下滑。棒条筛孔尺寸为要求筛下粒度的 1.1～1.2 倍，一般筛孔尺寸不小于 50 mm。

筛条宽度应小于 50 mm。筛条宽度应大于固体废物中最大粒度的 2.5 倍。由于其构造简单，不需要耗用动力，设备费用低，维修方便，因此在固体废物处理中得到了广泛的应用。

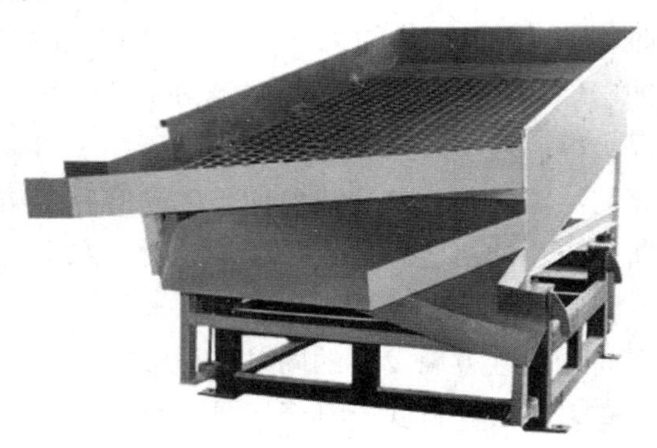

图 7-9 固定筛

②滚筒筛，又称为转筒筛，见图 7-10。筛面为带孔的圆柱形筒体或截头圆锥筒体。在传动装置的带动下，筛筒绕轴缓缓旋转。为使废物在筒内沿轴线方向前进，筛筒的轴线应倾斜 3°～5°安装。固体废物由筛筒一端给入，被旋转的筒体带起，达到一定高度后因重力作用而自行落下，如此不断地做起落运动，使小于筛孔尺寸的细粒过筛，而筛上产品则逐渐移动到筛的另一端排出。滚筒筛有单筒式和双筒式，通常带切割装置与刮板装置，比较适合含水量较高的生活垃圾分选，常用于堆肥的前处理和后处理。

图 7-10 滚筒筛

③惯性振动筛，是通过由不平衡物体的旋转所产生的离心惯性力而使筛箱产生振动的一种筛子（见图 7-11）。筛网固定在筛箱上，筛箱安装在弹簧上，振动

筛主轴通过滚动轴承支撑在箱体上。主轴两端装有偏心轮，调节重块在偏心轮上的位置使主轴转动时产生不同的惯性力，从而可将装在筛子上面的物料进行筛分。当电动机带动带轮做高速旋转时，配重轮上的重块就产生离心惯性力，其水平分力使弹簧做横向变形，由于弹簧横向刚度大，所以水平分力被横向刚度所吸收；而垂直分力则垂直于筛面，通过筛箱而作用于弹簧，强迫弹簧做拉伸及压缩运动。因此，筛箱的运动轨迹近似于圆。惯性振动筛适用于细粒废物（粒径为 0.1～15 mm）的筛分，也可用于潮湿及黏性废物的筛分。

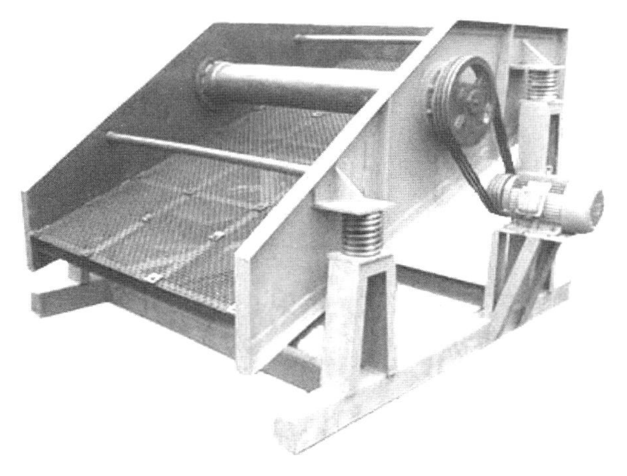

图 7-11　惯性振动筛

④共振筛，是利用装有弹簧的曲柄连杆机构驱动，使筛子在共振状态下进行筛分，其构造及工作原理如图 7-12 所示。筛箱、弹簧及下机体组成一个弹性系统，该弹性系统固有的振动频率与传动装置的强迫振动频率接近或相同时，使筛子在共振状态下进行筛分，故称为共振筛。共振筛的工作过程是筛箱的动能和弹簧的位能相互转化的过程，在每次振动中，只需要补充为克服阻尼的能量就能维持筛子的连续振动。所以，这种筛子虽大，但消耗的功率却很小。

共振筛具有处理能力大、筛分效率高、耗电少、结构紧凑等优点，是一种有发展前途的筛子，但同时也有制造工艺复杂、机体笨重、橡胶弹簧易老化等缺点。共振筛的应用十分广泛，适用于废物中、细粒的筛分，还可用于废物分选作业的脱水、脱重介质和脱泥筛分等。

图 7-12 共振筛

选择筛分设备时应考虑如下因素：颗粒的大小、形状、尺寸分布、整体密度、含水率、黏结性；筛分器的构造材料，筛孔尺寸，形状，筛孔所占筛面比例，转筒筛的转速、长度与直径，振动筛的振动频率、长度与宽度；筛分效率与总体效果要求；运行特征，如能耗、日常维护、可靠性、噪声、非正常振动与堵塞的可能等。在垃圾的预处理和分选作业中，欧美各国由于垃圾中废纸较多，通常采用滚筒筛，我国由于城市垃圾成分比较复杂，多采用振动筛。

（2）重力分选设备

重力分选是利用不同物质颗粒间的密度差异，在运动介质中受到重力、介质动力和机械力的作用，使颗粒群产生松散分层和迁移分离，从而得到不同密度产品的分选过程。重力分选设备主要有风力分选机、跳汰分选机、重介质分选机三种。

①风力分选机。风力分选机属于干式分选，主要用于城市垃圾的分选，将城市垃圾中以可燃性物料为主的轻组分和以无机物为主的重组分分离，以便回收利用或处理。

按气流吹入分选设备内的方向，风选机可分为水平气流风选机（又称为卧式风力分选机，见图 7-13）和上升气流风选机（又称为立式风力分选机，见图 7-14）两种类型。

卧式风力分选机，如图 7-13 所示为其工作原理示意。空气流从侧面进入，当废物从给料口落下后，被水平气流吹散，废物中各组分沿各自的运动轨迹分别落入重质组分、中重质组分和轻质组分收集槽中。

立式曲折风力分选机，如图 7-14 所示为其工作原理示意。图 7-14（a）所示为从底部通入气流的曲折风力分选机；图 7-14（b）所示为从顶部抽吸的曲折风力分选机。物料从中部给入风力分选机，在上升气流的作用下，按密度大小进行分离，重质组分从底部排出，轻质组分从顶部排出，再经旋风分离器进行气固分离。

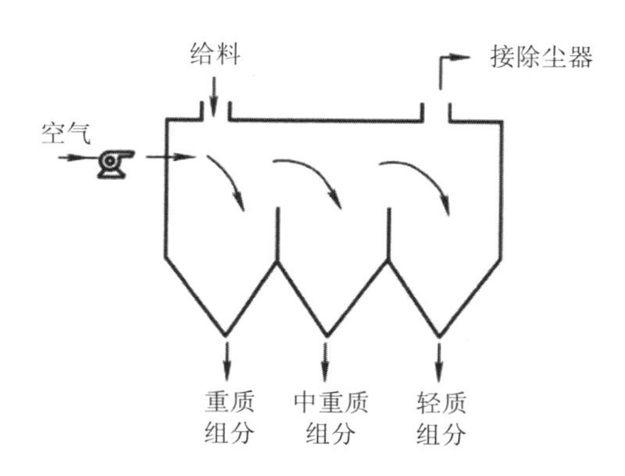

图 7-13　卧式风力分选机工作原理示意图

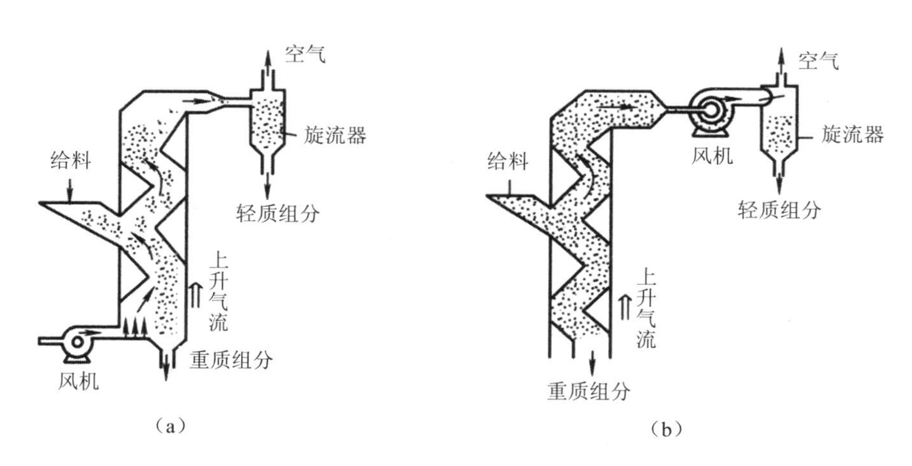

图 7-14　立式曲折风力分选机工作原理示意图

立式风力分选机分选精度较高。水平气流分选机构造简单，维修方便，但分选精度不高，一般很少单独使用，常与破碎、筛分、立式风力分选机组成联合处理工艺。

研究表明，要使物料在分选机内达到较好的分选效果，就要使气流在分选筒内产生湍流和剪切力，从而把物料团块进行分散。为达到这一目的，人们对分选筒进行了改造，比较成功的有锯齿形、振动式和回转式分选筒的气流通道。

为了取得更好的分选效果，通常可以将其他的分选手段与风力分选在一个设备中结合起来，如振动式风力分选机和回转式分选机。前者兼有振动和气流分选的作用，它是让给料沿着一个斜面振动，较轻的物料逐渐集中于表面层，随后被气流带走；后者实际上兼有圆筒筛的筛分作用和风力分选的作用，当圆筒旋转时，较轻颗粒悬浮在气流中而被带往集料斗，较重和较小的颗粒则透过圆筒壁上的筛孔落下，较重的大颗粒则在圆筒的下端排出。

②跳汰分选设备。跳汰分选是在垂直变速介质流中按密度分选固体废物的一种方法。跳汰分选通常使用水为介质，故称为水力跳汰分选。水力跳汰分选设备称为跳汰机（见图 7-15）。按推动水流运动方式的不同，跳汰分选设备分为隔膜跳汰机和无活塞跳汰机两种。隔膜跳汰机是利用偏心连杆机构带动橡胶隔膜做往复运动，借以推动水流在跳汰室内做脉冲运动。无活塞跳汰机采用压缩电气推动水流。

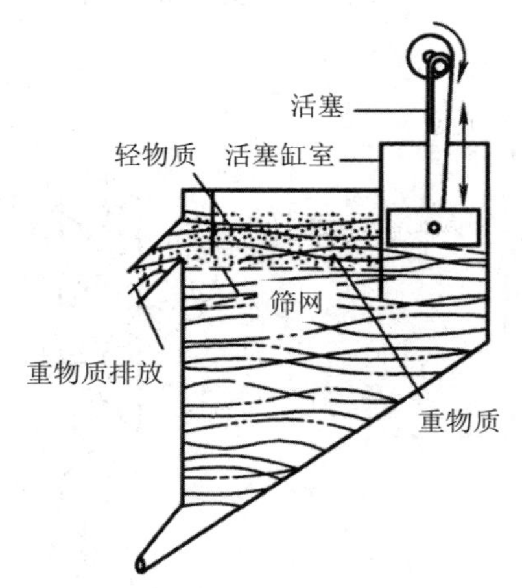

图 7-15　跳汰机的构造与工作原理示意图

跳汰分选机主要用于混合金属的分离与回收。尽管在此过程中水的消耗量并不大，但所排放的跳汰用水仍需处理。

③重介质分选设备。目前常用的重介质分选设备是鼓形重介质分选机，适用于分离粒度较粗（粒径为 40～60 mm）的固体废物。其有结构简单、紧凑、便于操作、动力消耗低、分选机内密度分布均匀等特点，但轻重产物量调节不方便。

（3）磁力分选设备

磁力分选有两种类型：一类是传统的磁选，主要应用于供料中磁性杂质的提纯、净化以及磁性物料的精选；另一类是近年发展起来的磁流体分选法，可应用于城市垃圾焚烧厂焚烧灰以及堆肥厂产品中铝、铁、铜、锌等金属的提取与回收。目前在废物处理系统中最常用的磁选设备为悬挂带式磁选机和滚筒式磁选机。悬挂带式磁选机有利于吸除输送带表层的铁，滚筒式磁选机则有利于吸除贴近皮带底部的铁，因此在工艺上常将它们串联在一起，以提高铁的分选效率。

（4）电力分选设备

电力分选简称电选，是依据固体废物中各组分在高压电场中的导电性能的差异实现分离的一种方法。通过电选既可以分离导体和绝缘体，也可对不同介电常数的绝缘体进行分离。电选设备主要有滚筒式静电分选机和 YD-4 型高压电选机等。

（5）浮选设备

浮选是固体废物资源化的一种重要技术，常用于从粉煤灰中回收炭，从煤矸石中回收硫铁矿，从焚烧炉渣中回收金属等。目前我国常用的浮选设备是机械搅拌式浮选机。

7.1.3.2 分选设备的选用

分选设备的选用主要依据待分选设备的性质、物料性质及分选设备的性能三个方面，其中以物料性质与设备性能最为重要。

7.2 堆肥设备

堆肥系统设备的流程如下：进料供料设备→预处理设备→一次发酵设备→二次发酵设备→后处理设备→产品细加工设备。堆肥的进料和供料系统是由贮料仓、进料斗等组成的。

堆肥系统的预处理设备是由破碎机、筛选机以及混合搅拌机等组成的。物料经过预处理后被送到一次发酵设备中，使发酵过程控制在适当的条件下，并使物料基本达到无害化和资源化；然后，送到熟化设备即二次发酵设备中，进行完全发酵；之后通过后处理设备进行更细致的筛选，以除去杂质。最后烘干，形成颗粒、压实，包装后运出。在整个过程中会产生臭气，必须用适当的设备来进行除臭，以达到环境能够接受的水平。供水和排水设备提供水源给每台设备和每座建筑物，并将污水排入污水处理设备中进行处理。本节将主要介绍预处理设备、发酵设备和后处理设备。

7.2.1 预处理设备

预处理设备主要由破碎机、混合设备、输送设备及各类分选设备组成。

7.2.2 发酵设备

有机物好氧分解的发酵过程是整个堆肥系统的关键组成部分。发酵的整个工艺过程包括通风、温度控制、翻堆、水分控制、无害化控制、堆肥的腐熟等。发酵设备不仅应尽可能地满足工艺要求，而且要满足机械化生产的需要。好氧堆肥主要设备为卧式发酵筒和立式发酵塔，配以自动进料、机械破碎、连续翻转、强制通风、除臭、除尘等装置。

7.2.2.1 发酵滚筒

发酵滚筒在世界上应用相当广泛。这种发酵设备结构简单，物料在滚筒内反复升高、跌落，同时可使物料的温度、水分均匀化，达到与曝气同样的效果，实现物料预发酵的功能。

当物料每转一周，均能从空气中穿过一次，达到充分曝气的目的，新鲜空气不断进入，废气不断被抽走，充分保证了微生物好氧分解的条件。物料随着滚筒的旋转，在螺旋板的拨动下不断向另一端推进，经过 36 h 或 48 h，物料将移到出料端。这种设备主要应用于预发酵阶段，常与立式发酵塔组合使用，能实现自动化生产。

7.2.2.2 多层立式发酵塔

发酵塔共分为 8 层，发酵塔的内外层均由水泥或钢板制成。

物料由发酵塔旋转臂上的犁形搅拌桨搅拌翻动，并从上层往下层移动。物料下移的同时用鼓风机将空气送到各层进行强制通风。塔是封闭型的，从塔的上部到下部，分为低温区、中温区和高温区；保持微生物在适宜的活动温度和所需空气环境下进行活动，以生产出高质量的堆肥。

这种堆肥设备具有处理量大、占地面积小的优点，但一次性投资较高。

7.2.2.3 多层桨式发酵塔

在这种塔内，其中心安有一圆柱形的旋转轴，上面支持着旋转桨。每层都有旋转桨，并且每层都有排料口。所有的桨都通过其中心的轴和齿轮带动，同时以相当慢的速度进行旋转。在运行期间，每层的可堆肥物料同时被搅拌，并被桨往后翻动，同时在与桨旋转相反的方向堆积起来，通过反复的作用，物料一层层地从上往下运行。

7.2.2.4 料仓型发酵装置

料仓型发酵装置有犁式翻堆机和搅拌式发酵装置两种。

①犁式翻堆机。这种发酵装置是一种犁式搅拌设备，它具有与耕犁一样的功能，可以使物料保持通气状态，使物料翻堆成均匀状态，并将物料从进口处移向出口处。空气输送管道配有一种特殊的爪形散气口，通气装置安装在料仓的底部，通过强制风提供所需的空气。

②搅拌式发酵装置。这种发酵装置属水平固定类型，通过安装在槽两边的翻堆机来对物料进行搅拌，为的是使物料水分均匀并均匀接触空气，并迅速分解防止臭气的产生。

7.2.2.5 组合型发酵系统及设备

这种系统是各类设备的组合，组合方式取决于经济实力、物料性质、场地大小、二次污染的要求等条件。经济发达国家通常是一次发酵采用达诺式滚筒，二次发酵采用多层立式塔，堆放可以采用熟化设备使之熟化。堆化场下设通风装置，促进堆肥熟化。这种组合投资最大，占地最小，效率最高，二次污染最小。另外，还有的组合为桨式翻堆机与吊斗式翻堆机；还可以有多种组合方式，都可以达到同样效果。因此一定要根据实际条件，选择合理的组合设备。

7.2.3 二次发酵设备

二次发酵设备也称熟化设备。只有经过二次发酵后的熟化堆肥才是有价值的产品，才能被植物吸收，变成有用的养料，而且熟化堆肥能够有效防止二次污染，即不再分解释放出臭气及产生污水。熟化的工艺方法及设备也是多种多样的。熟化过程中微生物的代谢毕竟不像一次发酵那样激烈，在无条件的情况下，可以采用静态条垛式堆放，一般高 3 m，可以适当给予通风。有条件考虑大规模生产的地区，可以采用多层式或多层立式发酵塔、桨式立式发酵塔、水平桨式翻堆机等设备，较多情况下是采用仓式熟化设备。

7.2.4 后处理设备

为提高堆肥产品的质量，精化堆肥产品，物料经二次发酵后，必须去除其中的玻璃、陶瓷、塑料、木片、纤维及石子等杂质，净化处理后得到散装堆肥产品。后处理设备包括分选、研磨、压实造粒、打包装袋等设备，在实际工艺过程中，根据当地的需要来选择组合后处理设备。

①分选设备。由于经预处理及二次发酵后的堆肥粒度范围往往远小于预处理的物料粒度范围，因此后处理分选设备比预处理分选设备更精巧，多采用弹性分选机、静电分选机等分选设备。

②造粒精化设备。造粒精化设备用于堆肥物料的粒化，使其有利于贮存、运输，以便满足季节对堆肥需求的变化。

③打包机。为方便运输、管理和保存，常使用打包机包装堆肥产品。而且往往需根据堆肥的数量和用途来选择包装的材料、大小和形状以及包装机的规格。

④焚烧炉。用于焚烧分选出的塑料、纺织品、木块等可燃物（也可直接送往焚烧厂）。

除上述设备外，堆肥厂还应配置除尘、降噪减振、污水治理、除臭等防治二次污染方面的设备。

7.3 焚烧设备

固体废物焚烧是高温分解和深度氧化的综合过程。固体废物经过焚烧处理，体积一般可减少 80%～90%；对于有害固体废物，焚烧可以破坏其结构或杀灭病原菌，达到解毒、除害的目的。几乎所有的有机废物均可以用焚烧法处理，回收热能用于发电或供热。所以，可燃固体废物的焚烧处理，能同时实现减量化、无害化和资源化，是一条重要的处理与资源化途径。

固体废物焚烧系统通常由进料漏斗、推料器、焚烧炉排、焚烧炉体、助燃设备、废气排放与污染控制系统、排渣系统、回收系统等构成。

（1）进料漏斗

进料漏斗是将固体废物吊车抓斗投入的垃圾进行暂时储存，再连续送入焚烧炉内的设备。它具有连接滑道的喇叭状漏斗，另附有单向双瓣阀，以备停机时或漏斗未盛满垃圾时防止外部的空气进入炉内或炉内的火焰蹿出炉外。

（2）给料系统

给料系统是将储存在垃圾漏斗内的垃圾，连续供给焚烧炉内燃烧的装置。目前应用较广的进料方式有炉排进料、螺旋给料、推料器给料等几种形式。

（3）推料器

推料器应具备下述功能：连续稳定均匀地向炉内供应垃圾；按要求调节垃圾供应量。推料器是水平往返移动，一般可改变推料器的冲程、运动速度、间隔时间来供给适当的垃圾量，驱动方式一般采用液压式。

常用的推料器有以下几种。

①炉排并用式。是将干燥炉排的上部延伸至漏斗下方，随着炉排的运动，将漏斗通道内的垃圾送入。因给料设备与炉排合为一体，故无法单独调整加料量。

②螺旋进料器。采用螺旋进料器，可维持较高的气密性，也可以起到破袋与破碎的功能，垃圾的进料量调整通常用螺旋转数来实现。

③旋转进料器。旋转进料器适用于具有前破碎处理的垃圾焚烧系统，一般设置在给料输送带的末端，输送带的形式多采用螺旋式或裙式输送带。旋转进料器的气密性高，且输送能力大，给料量可调整。此外，应在旋转给料器后装设拨送器，以使垃圾分散装入炉内。

（4）焚烧炉

焚烧炉是整个垃圾焚烧系统的核心。目前世界各地使用的各种型号的垃圾焚烧炉达到200多种，但应用广泛、具有代表性的垃圾焚烧炉主要有多段炉（见图7-16）、机械炉排焚烧炉、回转窑焚烧炉（见图7-17）、流化床焚烧炉（见图7-18）、垃圾热解气化焚烧炉。炉膛有多种形式，但其结构设计大致相同，一般由耐火材料砌筑或水管壁构成。炉膛的容积应满足燃烧烟气滞留时间等设计要求，并要考虑烟气的混合效果、二次空气的喷入、助燃器的布置等。在炉墙上设置有二次风供给装置、人孔与观察孔等。炉膛设计除了满足一般锅炉设计要求以外，还要考虑垃圾的特有性质，例如，易结焦、结块、垃圾的磨损、炉温的保持等。

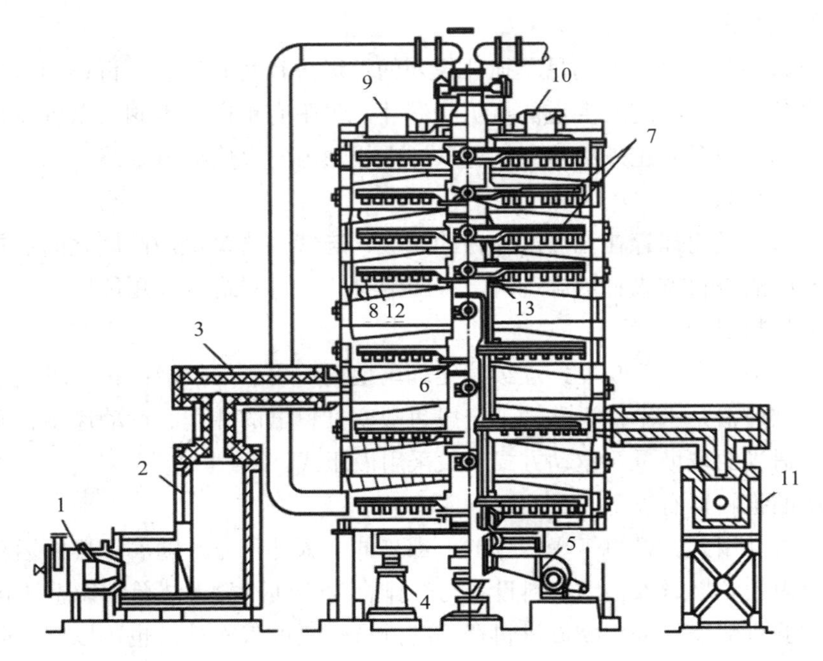

1—主燃烧嘴；2—热风发生炉；3—热风管；4—轴驱动电动机；5—轴冷却风机；
6—中心轴；7—搅拌臂；8—搅拌齿；9—排风口；10—加料口；
11—热风分配室；12—隔板；13—轴盖

图 7-16 多段炉结构示意图

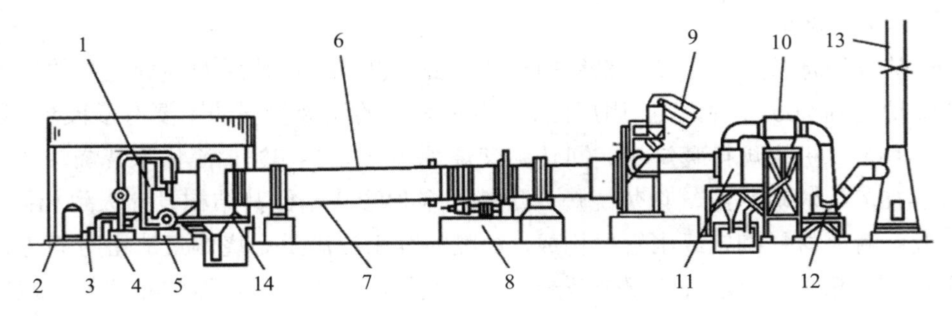

1—燃烧喷嘴；2—重油贮槽；3—油泵；4—三次空气风机；5—一次及二次空气风机；
6—回转窑焚烧炉；7—取样口；8—驱动装置；9—投料传送带；10—除尘器；
11—旋风分离器；12—排风机；13—烟囱；14—二次燃烧室

图 7-17 回转窑焚烧炉结构示意图

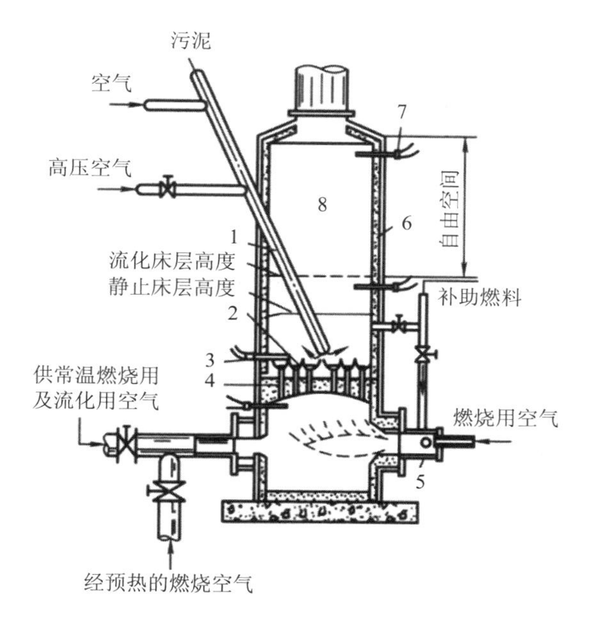

1—污泥供料管；2—泡罩；3、7—热电偶；4—分配板（耐火材料）；

5—补助燃烧室；6—耐火材料；8—燃烧室

图 7-18　典型流化床焚烧炉结构示意图

（5）助燃设备

助燃设备的作用是：启动炉时升温和停炉时降温；焚烧低热值垃圾时助燃；新筑炉和补修炉时干燥。助燃设备的位置和数目应根据炉型和操作特性决定。另外，燃烧器容量根据启炉和停炉时的升降幅度，以及垃圾热值低于自燃界限时助燃所需的容量，取其大者。

（6）废气排放与污染控制系统

废气排放与污染控制系统包括烟气通道、废气净化设施与烟囱。焚烧过程产生的主要污染物是粉尘与恶臭性物质，尚有少量的氮、硫的氧化物，主要污染控制对象是粉尘与气味。控制粉尘污染的常用设施是沉降室、旋风除尘器、湿式泡沫除尘设备、过滤器、静电除尘器等。废气通过除尘设施，含尘量应达到国家允许排放废气的标准。恶臭的控制目前尚无十分有效的方法，只能根据某种气味的成分进行适当的物理化学处理，减轻排出废气的异味。烟囱的作用有两个：一是产生焚烧炉中的负压，使助燃空气能顺利通过燃烧带；二是将燃烧后废气从顶口排入高空大气，使剩余的污染物、臭味与热量通过高空大气的稀释扩散作用，浓度得以降低。

（7）排渣系统

燃尽的残渣通过排渣系统及时排出，保证焚烧炉正常操作。排渣系统是由移动炉排、通道及与履带相连的水槽组成。灰渣在移动炉排上由重力作用经过通道，落入贮渣室水槽，经水淬冷却的灰渣由传送带送至渣斗，用车辆运走，或用水力冲击设施将炉渣冲至炉外运走。同时，对燃烧炉采用适当的控制系统，对克服焚烧固体废物所带来的许多问题，保证焚烧过程的高效良好运行是必要的。焚烧过程的测试与控制系统包括空气量的控制、炉温控制、压力控制、除尘器容量控制、压力与温度的指示、流量指示、烟气浓度及报警系统等。

（8）回收系统

建立垃圾焚烧系统的主要目的之一是回收垃圾焚烧系统的热能资源。焚烧炉热能回收系统有 3 种方式：①与锅炉合建焚烧系统，锅炉设在燃烧室后部，使热能转化为蒸汽回收利用；②利用水墙式焚烧炉结构，炉壁以纵向循环水管替代耐火材料，管内循环水被加热成热水，再通过后面相连的锅炉生成蒸汽回收利用；③将加工后的垃圾与燃料按比例混合作为大型发电站锅炉的混合燃料。

7.4 填埋场设备

建设垃圾卫生填埋场，需要选择与填埋工艺相一致的设备，以保证其顺利运行并尽可能降低运行费用。

7.4.1 推土机

推土机用于将填埋场的大块垃圾在相对较短的距离内从一处搬运或推铺至另一处。推土机具有推铺、搬移和压实垃圾的功能。选择推土机时要注意：推土机接地压力应适当，以避免推土机在垃圾上下陷；推土机功率应合适，能在填埋场正常作业。

最常用的履带式推土机（见图 7-19）的主要功能是分层推铺、压实垃圾、场地准备、日常覆盖及最终覆土、一般土方工作等。为使履带式设备达到最好的压实效果，要装上一个合适的推板，同时通过增加推板的面积来提高其推垃圾的能力，铁隔栅可用来增加推板的高度，但要避免挡住司机的视线。

图 7-19　履带式推土机

7.4.2　压实机

压实机的主要作用是铺展和压实废物，也可用于表层土的覆盖，当然最重要的是获得最佳的压实效果。每层垃圾铺得薄，压缩效果好。影响履带式机械压实后密度的最重要的可控因素是每一层的深度。为了达到最大压实密度，废物应以 400～800 mm 厚为一层进行铺展和压实（成分不同，厚度不同），一般情况下采用 500 mm 层厚。此外，垃圾的密度也取决于压实的次数。压实 2～4 次后可以达到理想的密度，继续压实效果不会有明显改善。

按压实过程工作原理，压实过程可分为碾（滚）压、夯实、振动三种，相应的压实机械有碾（滚）压实机、夯实压实机、振动压实机三大类，垃圾压实主要用碾（滚）压方式。填埋场常用的压实机有下列三种形式：轮胎式压实机（见图 7-20）、履带式压实机和钢轮式布料压实机（见图 7-21）。

图 7-20 轮胎式压实机

图 7-21 钢轮式布料压实机

选用压实机时应注意以下几点：

①在同等效率下，应选取压实力较大、功率较小的压实机，且整机对地面压力要小于垃圾表面的承载力。

②每天处理垃圾的质量、体积及填埋场占地费用是决定合适的压实机质量的主要参考数据。

③高度压实可延长填埋场的使用寿命，从而降低填埋场单位面积垃圾的处理成本。

在选择压实机时还应综合考虑压实方法、道路运输情况、天气、表面覆盖材料的类型和特性等。

7.4.3　挖掘机

挖掘机由工作装置、动力装置、行走装置、回转机构、司机室、操纵及控制系统等部分组成。挖掘机在填埋场主要用于挖掘各种基坑、排水沟、电缆沟、壕沟，拆除旧建筑，也可用于完成堆砌、采掘和装载等。

填埋场常用的挖掘机械有履带式挖掘机和前铲式挖掘机两种。

①履带式挖掘机（见图 7-22），主要用于挖土并装汽车，适用于日常或初始的垃圾覆盖，它可以用来完成一些特定的土方工程。挖掘机装有柴油发动机和液压系统，液压系统控制着挖掘臂和铲斗的运动。挖掘的整个过程由装料、装料抖动、卸料、卸料拌动四个阶段组成。

图 7-22　履带式挖掘机

②前铲式挖掘机，主要用来挖填垃圾的沟，日常的填埋单元的初步覆盖（没有压实和平整的功能）。这些设备装有机械操作的挖掘臂，其长度为 10～15 m。根据设备型号不同，其旋转半径为 6.1～13.7 m，挖掘深度可达 7.5 m。

7.4.4　铲运机

铲运机（见图 7-23）是一种利用铲斗铲削土壤，并将碎土装入铲斗进行运送的机械，能够完成铲土、装土、运土、卸土和分层填土、局部辗实的综合作业，其适用于中等距离的运土。在填埋场作业中，其用于开挖土方、填筑路堤、开挖沟渠、修筑堤坝、挖掘基坑、平整场地等工作。

图 7-23 铲运机

铲运机由铲斗、行走装置、操纵机构和牵引机等组成。铲运机的装运质量与其功率有关。

7.4.5 装载机

装载机用于将垃圾从一处运至另一处，如何将垃圾从低处搬至较高的位置，并可用于不需要推铺及推土处。装载机可分为轮式装载机（见图 7-24）和履带式装载机两类，前者适用于挖掘较软的土层，后者适用于挖掘较硬的土层。

图 7-24 轮式装载机

7.4.6　运输设备

垃圾场内垃圾的运输方式有多种方式，许多填埋场均允许场外垃圾运输车直接进场，把垃圾倾倒于指定的填埋单元。常用的车辆类型包括密闭式压缩垃圾车、普通垃圾自卸车、垃圾多用车等。除长距离运输车辆外，还有短距离的运输设备，包括带式输送机、固定带式输送机、移动带式输送机等。

①密闭式压缩垃圾车。车厢采用框架式全封闭结构，为了保证车厢具有足够的强度和刚度，在车厢外部增加了两道加强筋，后门与车厢通过铰链连接，后门上装有旋转板和滑板，在液压油缸的驱动下，旋转板旋转，将投入车内的垃圾收入车厢，同时滑板对垃圾进行压缩。排出垃圾时后门可高高抬起，启动车厢内多节伸缩套筒式油缸，驱动推板将垃圾一次排出，在后门的底部设计有污水收集箱。

②带式输送机，又称为胶带输送机或皮带输送机，其功能主要是水平或倾斜输送散物料和成型物品。带式输送机靠挠性带做牵引件和承载件，连续输送物料。带式输送机又可分为固定式带式输送机和移动式带式输送机。移动式带式输送机的机架安装在行走轮上，并且装有调整输送高度的装置，可根据现场需要，变换输送高度，随时进行移动，并且可将几台移动带式输送机相互搭接，形成一条长的运输线。

7.4.7　起重设备

起重设备用于垃圾装卸。起重设备包括各种简易起重设备、葫芦及通用桥式、门式起重机、冶金起重机等，是起重运输行业里生产品种最多的一个类别。

起重机的类型大致包括汽车式起重机、轮胎式起重机、履带式起重机、塔式起重机。

①汽车式起重机（见图 7-25）。通常安装在通用或专用载重汽车底盘上的起重机，又称为汽车吊。其具有行驶速度快、转移作业场地迅速、机动灵活、安装维修方便、生产成本低的特点，适用于流动性大，作业场地不固定的环境。

②轮胎式起重机（见图 7-26）。它是一种将起重机安装在专门设计的自行轮胎底盘上的起重设备。具有作业范围广（可在起重机的前、后、左、右 4 面进行），起重能力大，在平坦地面可不用支腿就能吊重的特点；而且还可以吊物慢速行驶，轮距宽且稳定性好，轴距小，车身短，转弯半径小，但行驶较慢、机动性差。其适用于狭窄作业场地及转移不频繁的场合。

图 7-25　汽车式起重机

图 7-26　轮胎式起重机

③履带式起重机（见图 7-27）。把起重机装在履带底盘上的自行起重设备，实际上是将单斗挖掘机换上起重装置。履带行走装置具有与地面接触面积大、接地压力小、牵引力大、爬坡度大、越野能力强、稳定性好、不需要安装支腿的优点。但其行驶速度慢，行驶过程中对路面有损伤，转移工作场地需用拖车，自重较大，制造成本高，适用于松散、泥泞、崎岖不平的场地行驶和作业，起吊质量大的货物。

④塔式起重机，也称为塔吊，是一种具有竖直塔身，起重臂可回转的起重设备。起重臂在塔身的上方形成“r”形工作间，这种结构形式具有工作空间大、有效高度大的优点。

图 7-27　履带式起重机

7.5　固体废物处理设备选用的基本要求

由于固体废物的复杂性与固体废物处理设备的多样性，要处理某种具体的废物，正确选用固体废物处理设备是保证处理设备正常运转并保持应有处理效果的前提条件。如果处理设备选择不当，不仅会浪费资金、动力，而且常常达不到应有的处理效果，甚至无法正常运行。

为了选择价格低廉、操作和维护简单、节省能源，又能满足当地环境保护要求的固体废物处理设备，必须考虑以下主要因素。

7.5.1　固体废物的性质

固体废物的性质是选择固体废物处理设备的决定性因素。了解和掌握固体废物的性质既是为了确定废物本身的特性是否与不同处理设备所要求的供料相符合，以排除那些不适用的或可能不适用的设备，也是为了确定待处理废物是否与典型处理设备及其性能参数相符合，同时可确定是否会产生二次污染问题。需要了解和掌握的固体废物性质，包括以下几方面。

①废物的物理特性，主要包括形状、黏性、熔点、沸点、蒸气压、热值、密度、磁性、电性、光电性、弹性、摩擦性、表面特性等。

②废物的化学组成。

③废物的有害特性，主要包括易燃性、腐蚀性、反应性、急性毒性、浸出毒性、放射性及其他有害特性等。

④典型的物理、化学性质的变化范围。

⑤废物的来源、体积、数量。

7.5.2 固体废物处理的目的

弄清处理的目的，帮助建立一个用以判别满足各种变动方案的标准，以便于优先选出适宜于处理给定废物的设备。关于处理目的方面需了解的内容包括以下几个方面。

①必须遵循的大气、水和其他环境质量标准。

②要使废物排放所必须去除的成分以及去除的水平。

③排出物流循环或重复利用所要求的化学性质和物理性质。

④排出物作土地处置或排入水体所要求的化学性质和物理性质。

⑤处理目的或目标以及优先次序。

7.5.3 固体废物处理设备的技术要求

固体废物处理设备的技术要求是指其技术适应性，它主要包括以下几个方面。

①哪些设备能单独或组合起来实现处理目标？

②如果需要一系列设备组合成一个处理系统来实现处理目标，这些设备如何进行组合，相互之间是否匹配？

③处理系统的关键设备能否满足处理废物的目的，在技术上是否确有吸引力？

④废物中是否存在某种组分，这些组分会影响技术上有吸引力的关键设备的采用，这些影响能否尽可能减少或消除？

⑤选定设备的主要技术参数，如处理效率、处理能力、运行参数与操作条件等。

选定固体废物处理设备，除了正确把握以上 5 个方面的内容，还应对经济因素、环境因素和能源因素加以综合考虑。通过多方案的对比研究，因地制宜，择优实施，以使固体废物污染控制的投入最小，环境效益和社会效益最佳。

参考文献

[1] 王爱民，张云新．环保设备及应用[M]．北京：化学工业出版社，2011．
[2] 朱世勇．环境与工业气体净化技术[M]．北京：化学工业出版社，2001．
[3] 郭正，张宝军．水污染控制与设备运行[M]．北京：高等教育出版社，2007．
[4] 王继斌，宋来州．环保设备选择、运行与维[M]．北京：化学工业出版社，2007．
[5] 李广超．大气污染控制技术[M]．北京：化学工业出版社，2011．
[6] 吴忠标．实用环境工程手册——大气污染控制工程[M]．北京：化学工业出版社，2001．
[7] 蒋展鹏．环境工程学[M]．北京：高等教育出版社，1992．
[8] 李明俊，孙鸿燕．环保机械与设备[M]．北京：中国环境科学出版社，2005．
[9] 罗辉．环保设备设计与应用[M]．北京：高等教育出版社，2002．
[10] 严煦世，范瑾初．给水工程（下册）[M]．4 版．北京：中国建筑工业出版社，1999．
[11] 谢径良，沈晓南．污水处理设备操作维护问答[M]．北京：化学工业出版社，2006．
[12] 徐志毅．环境保护技术和设备[M]．上海：上海交通大学出版社，2001．
[13] 金毓荃，李坚．环境工程设计基础[M]．北京：化学工业出版社，2002．
[14] 周敬宣，段金明．环保设备及应用[M]．北京：化学工业出版社，2014．
[15] 陈家庆．环保设备原理与设计[M]．北京：中国石化出版社，2005．
[16] 刘天齐．三废处理工程技术手册——废气卷[M]．北京：化学工业出版社，1999．
[17] 聂永丰．三废处理工程技术手册——固体废物卷[M]．北京：化学工业出版社，1999．
[18] 北京水环境技术与设备研究中心，北京市环境保护研究院，国家城市环境污染控制工程技术研究中心．三废处理工程技术手册——固体废物卷[M]．北京：化学工业出版社，1999．
[19] 刘天齐，黄小林．环境保护[M]．北京：化学工业出版社，2001．
[20] 孙明湖．环境保护设备选用手册——固体废物处理、噪声控制及节能设备[M]．北京：化学工业出版社，2002．
[21] 丁德全．金属工艺学[M]．北京：机械工业出版社，2000．
[22] 童志权．工业废气净化与利用[M]．北京：化学工业出版社，2001．
[23] 张自杰．排水工程（下册）[M]．4 版．北京：中国建筑工业出版社，2000．
[24] 郑铭．环保设备——原理·设计·应用[M]．北京：化学工业出版社，2001．
[25] 沈耀良，王宝贞．废水生物处理新技术：理论与应用[M]．2 版．北京：中国环境科学出版社，2006．
[26] 姚玉英，陈常贵，柴成敬．化工原理[M]．天津：天津大学出版社，1999．
[27] 刘景良．大气污染控制工程[M]．北京：中国轻工业出版社，2001．